CAP

Mathématiques

Groupements A et B

Nathalie Granjoux
Sandrine Lafaye
Christian Maurel

DELAGRAVE

Je découvre un chapitre

L'ouverture de chapitre

Pour se lancer

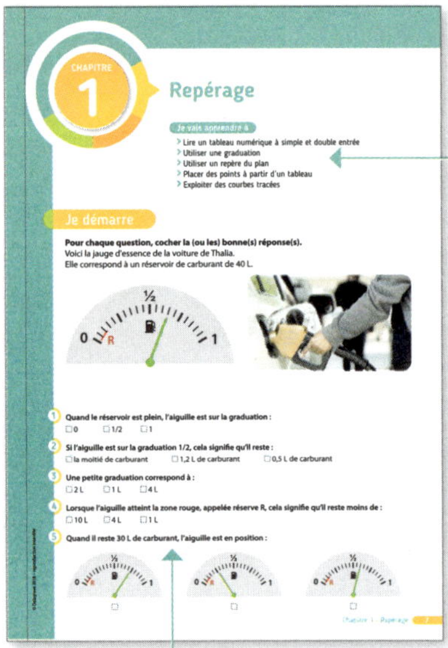

Les **objectifs** du chapitre

Un **QCM** pour **bien démarrer**

Tout au long de l'ouvrage, les 5 compétences de la grille d'évaluation nationale (voir page 6)

- S'approprier
- Analyser-Raisonner
- Réaliser
- Valider
- Communiquer

Je fais le bilan

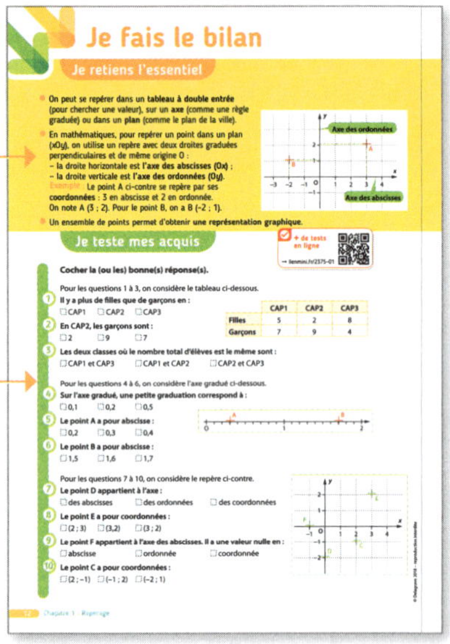

L'essentiel à retenir du chapitre

Un QCM pour **vérifier ses connaissances**

Les activités

Pour découvrir et maîtriser les notions du chapitre

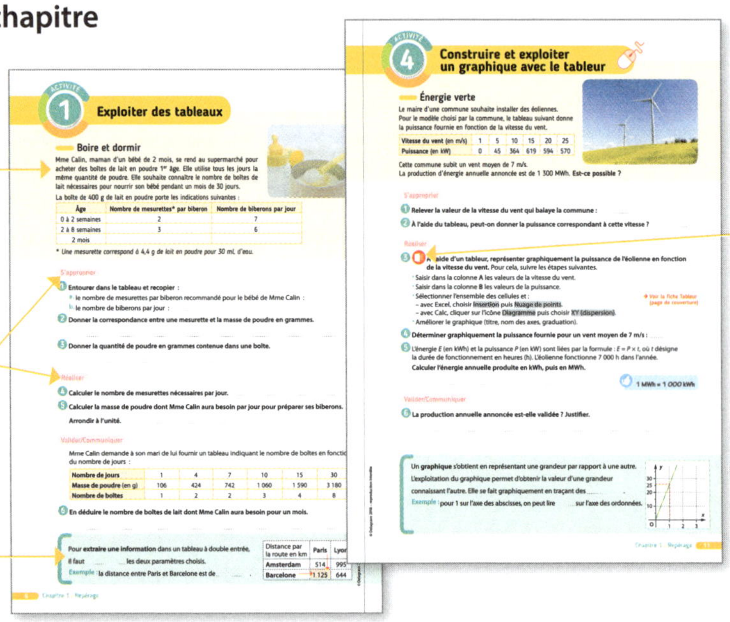

Une **situation** issue de la vie quotidienne ou professionnelle

Des questions structurées par **compétences**

Les **notions** découvertes dans l'activité à compléter

Dans chaque chapitre, une ou deux activités **informatiques** sur tableur, GeoGebra ou Scratch

ISBN : 978-2-206-10237-5 – © Delagrave, 2018
Éditions Delagrave — 5, allée de la 2e DB, 75015 Paris — www.editions-delagrave.fr

Les exercices

J'applique :
des exercices pour appliquer ses acquis.

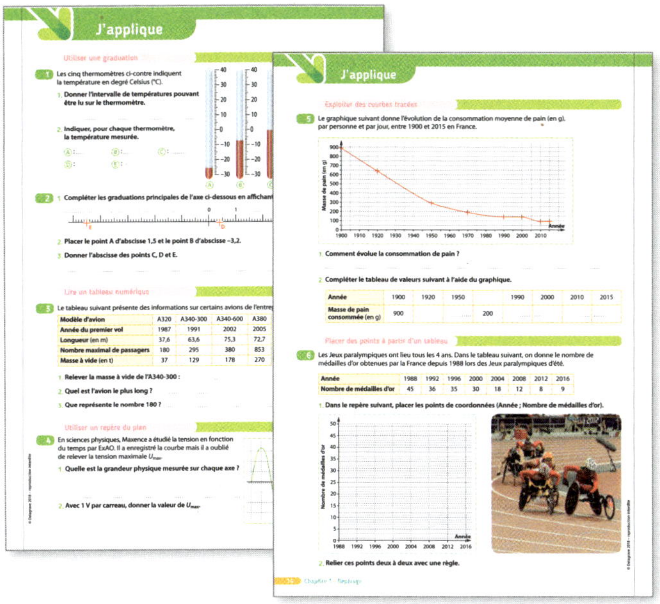

J'approfondis :
des exercices pour aller plus loin.

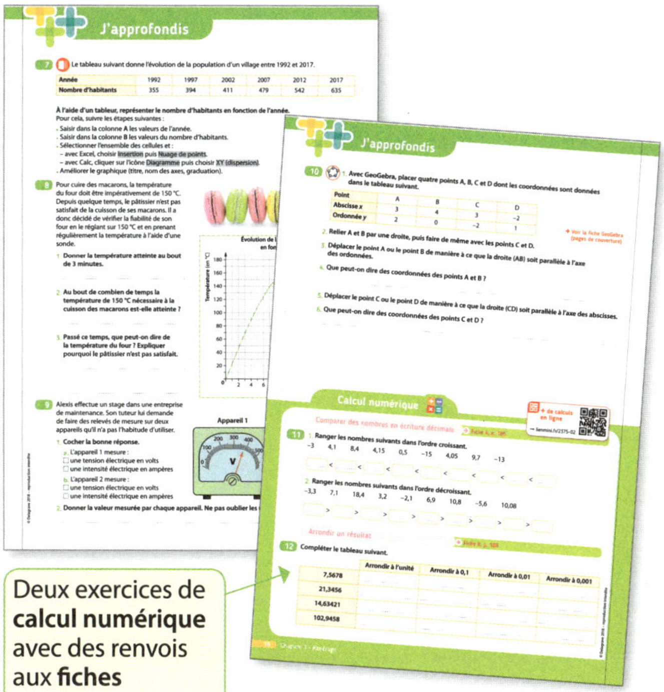

Deux exercices de **calcul numérique** avec des renvois aux **fiches concernées**

Je m'évalue

Deux pages pour **s'évaluer**

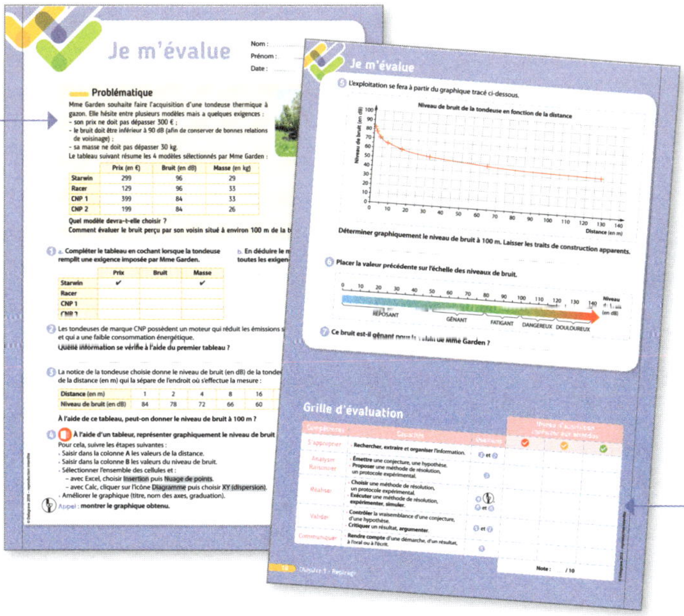

Une **problématique** concrète

Une **grille d'évaluation** pour évaluer les **compétences** mises en oeuvre

Découvrez les ressources connectées en accès gratuit pour tous

Fichier à télécharger
→ lienmini.fr/2375-03

Tous les **fichiers tableur, GeoGebra** et **Scratch** des exercices et des activités.

+ de tests en ligne
→ lienmini.fr/2375-01

13 **QCM d'autoévaluation** pour un entraînement optimal.

+ de calculs en ligne
→ lienmini.fr/2375-02

130 **questions de calcul numérique** pour se perfectionner.

Sommaire

Des activités et exercices TICE
• Tableur • GeoGebra • Scratch

Je découvre les compétences

Les mathématiques constituent un cadre privilégié pour développer, mobiliser et combiner **cinq compétences** en termes de connaissances, de capacités et d'attitudes dans le but de faciliter une poursuite d'études et de s'adapter aux évolutions des métiers.

Maîtriser une compétence, c'est pouvoir mobiliser et réinvestir des connaissances, des capacités et des attitudes pour résoudre un problème dans des situations variées et issues de la vie courante ou professionnelle.

Compétences	C'est être capable de…	Comment dois-je faire ?
S'approprier	**Rechercher** **Extraire** **Organiser l'information**	• Je **lis** attentivement la consigne et les documents fournis (texte, graphique, tableau…). • Je **mets en relation** la consigne, les informations fournies dans les documents et mes connaissances. • Je me **pose la question** « qu'est-ce que je cherche ? » pour organiser les données fournies en adoptant une attitude critique. • J'**extrais** uniquement les données utiles en les surlignant, soulignant, entourant…
Analyser-Raisonner	**Proposer une hypothèse** **Proposer une démarche de résolution**	• Je **lis** attentivement la consigne pour m'aider à formuler une hypothèse en faisant preuve d'esprit d'initiative. • Je **réfléchis** aux notions mathématiques qui me permettraient de résoudre le problème posé. • Je **propose** une hypothèse et une démarche de résolution que je vais chercher à vérifier.
Réaliser	**Choisir une méthode de résolution** **Mener une démarche de résolution avec ou sans calculatrice ou logiciel**	• Je **mets en œuvre** la démarche proposée. • Je **fais** des calculs, je **réalise** ou je **complète** des tableaux et des graphiques avec rigueur. • J'**utilise** ma calculatrice ou des logiciels de mathématiques mis à ma disposition si nécessaire.
Valider	**Contrôler la vraisemblance du résultat obtenu** **Critiquer de façon argumentée**	• Je **vérifie** la vraisemblance de mes résultats par rapport aux données du problème. • Je **confirme** ou j'**infirme** mon hypothèse de départ ou ma démarche au regard des résultats obtenus. • Je **fais preuve** d'esprit critique en validant la démarche suivie ou en en proposant une nouvelle.
Communiquer	**Utiliser le vocabulaire mathématique adapté** **Rendre compte d'une démarche, d'un résultat à l'écrit et à l'oral**	• J'**utilise** le vocabulaire mathématique à bon escient. • J'**utilise** une argumentation mathématique correcte à l'écrit et à l'oral. • Je m'**exprime** avec clarté et précision.

CHAPITRE 1

Repérage

Je vais apprendre à

- Lire un tableau numérique à simple et double entrée
- Utiliser une graduation
- Utiliser un repère du plan
- Placer des points à partir d'un tableau
- Exploiter des courbes tracées

Je démarre

Pour chaque question, cocher la (ou les) bonne(s) réponse(s).
Voici la jauge d'essence de la voiture de Thalia.
Elle correspond à un réservoir de carburant de 40 L.

1. **Quand le réservoir est plein, l'aiguille est sur la graduation :**
☐ 0 ☐ 1/2 ☐ 1

2. **Si l'aiguille est sur la graduation 1/2, cela signifie qu'il reste :**
☐ la moitié de carburant ☐ 1,2 L de carburant ☐ 0,5 L de carburant

3. **Une petite graduation correspond à :**
☐ 2 L ☐ 1 L ☐ 4 L

4. **Lorsque l'aiguille atteint la zone rouge, appelée réserve R, cela signifie qu'il reste moins de :**
☐ 10 L ☐ 4 L ☐ 1 L

5. **Quand il reste 30 L de carburant, l'aiguille est en position :**

☐

☐

☐

ACTIVITÉ 1

Exploiter des tableaux

Boire et dormir

Mme Calin, maman d'un bébé de 2 mois, se rend au supermarché pour acheter des boîtes de lait en poudre 1er âge. Elle utilise tous les jours la même quantité de poudre. Elle souhaite connaître le nombre de boîtes de lait nécessaires pour nourrir son bébé pendant un mois de 30 jours.

La boîte de 400 g de lait en poudre porte les indications suivantes :

Âge	Nombre de mesurettes* par biberon	Nombre de biberons par jour
0 à 2 semaines	2	7
2 à 8 semaines	3	6
2 mois	4	6

* *Une mesurette correspond à 4,4 g de lait en poudre pour 30 mL d'eau.*

S'approprier

1 Entourer dans le tableau et recopier :

a. le nombre de mesurettes par biberon recommandé pour le bébé de Mme Calin : ....

b. le nombre de biberons par jour : ....

2 Donner la correspondance entre une mesurette et la masse de poudre en grammes.

....

3 Donner la quantité de poudre en grammes contenue dans une boîte.

....

Réaliser

4 Calculer le nombre de mesurettes nécessaires par jour. ....

5 Calculer la masse de poudre dont Mme Calin aura besoin par jour pour préparer ses biberons.

Arrondir à l'unité. ....

Valider/Communiquer

Mme Calin demande à son mari de lui fournir un tableau indiquant le nombre de boîtes en fonction du nombre de jours :

Nombre de jours	1	4	7	10	15	30
Masse de poudre (en g)	106	424	742	1 060	1 590	3 180
Nombre de boîtes	1	2	2	3	4	8

6 En déduire le nombre de boîtes de lait dont Mme Calin aura besoin pour un mois.

....

Pour **extraire une information** dans un tableau à double entrée, il faut .... les deux paramètres choisis.

Exemple : la distance entre Paris et Barcelone est de ....

Distance par la route en km	**Paris**	**Lyon**
Amsterdam	514	995
Barcelone	1 125	644

ACTIVITÉ 2

Se repérer sur un axe

Glagla...

Deux Canadiens constatent un jour que leurs deux thermomètres, gradués l'un en degré Celsius (°C) et l'autre en degré Fahrenheit (°F), affichent la même valeur.

Ont-ils fait une erreur de lecture ?

Sinon, quelle est cette température ?

Réaliser

1 **Relever, sur chaque thermomètre, les températures indiquées et compléter le tableau.**

Thermomètre	Ⓐ	Ⓑ	Ⓒ
Température (en °F)	....	....	....
Température (en °C)	....	....	....

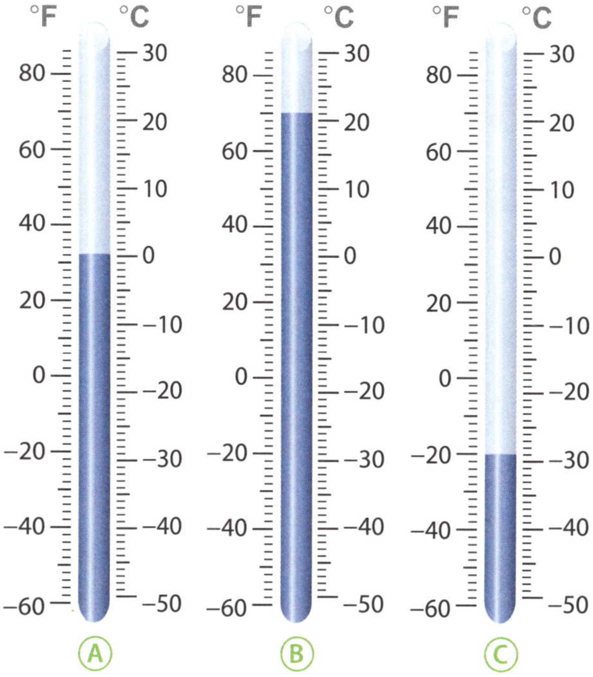

2 **Donner la température en degrés Celsius correspondant à chacune des températures négatives données en degrés Fahrenheit ci-dessous.** On s'aidera des thermomètres ci-dessus.

Température (en °F)	−50	−40	−30	−20	−10	0
Température (en °C)	....	....	....	....	....	....

Valider/Communiquer

3 **Les deux Canadiens ont-ils fait une erreur de lecture ? Justifier.**

....

....

4 **Est-ce une température possible au Canada ?** ....

Pour **se repérer sur un axe**, il faut une .... O, un sens donné par la flèche et une unité.

Exemple : le point A est repéré par la valeur ....

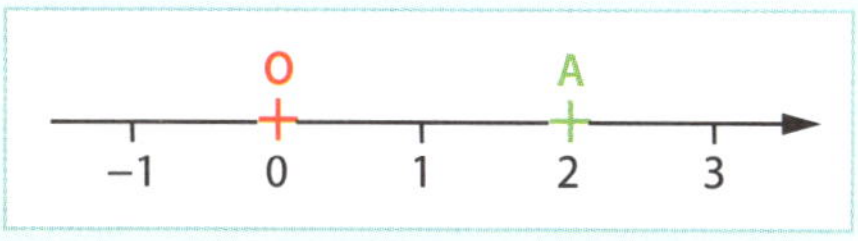

ACTIVITÉ 3

Se repérer dans le plan

La tête dans les étoiles !

Alice et Mohammed souhaitent dessiner la constellation de la Grande Ourse pour un article d'astronomie dans le journal du lycée. Mohammed donne à Alice les coordonnées des 7 points correspondant aux 7 étoiles de la constellation. **Le dessin obtenu sera-t-il fidèle à la réalité ?**

Analyser-Raisonner

1 Pour repérer un point sur un axe, il est nécessaire de lui attribuer une valeur (abscisse). **Dans le plan, représenté par deux axes perpendiculaires, indiquer le nombre de valeurs nécessaires pour repérer un point :** ....

Réaliser

Le repère suivant est un repère du plan avec deux axes :
l'**axe des abscisses** est représenté par la lettre *x* et l'**axe des ordonnées** par la lettre *y*.
Chaque point M se repère par ses coordonnées de la manière suivante : **M (*x* ; *y*)**.

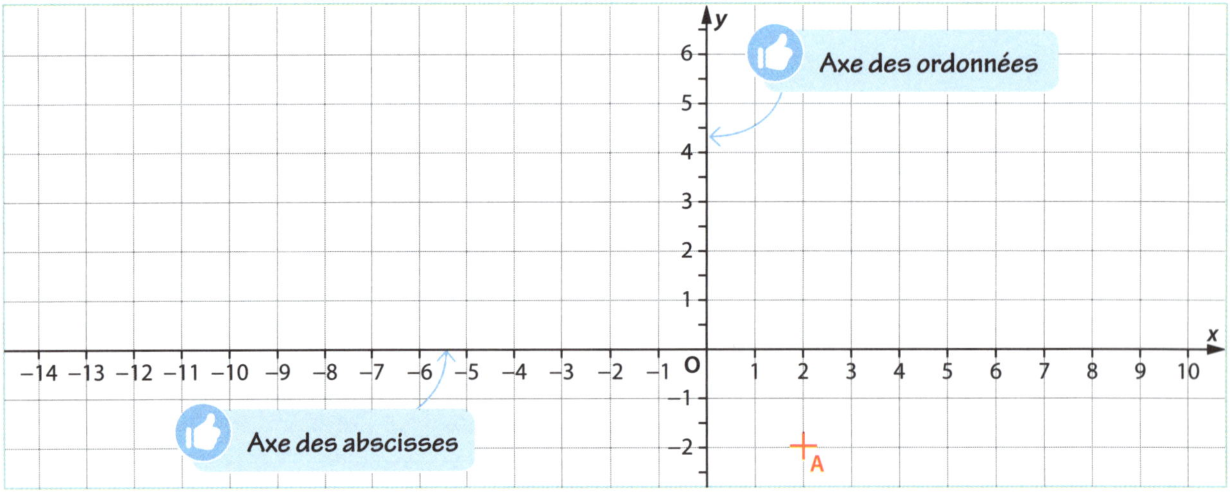

2 Dans le repère, le point A est placé. **Donner ses coordonnées :** ....

3 **Dans le repère, placer les points de coordonnées :**

B (9 ; −2)   C (10 ; 3)   D (1 ; 2)   E (−4 ; 4)   F (−8 ; 6)   G (−14 ; 4,5).

4 **Relier les points afin de donner à cette constellation la forme d'une casserole.**

Valider/Communiquer

5 **L'allure obtenue correspond-elle à celle donnée dans le schéma de l'énoncé ?** ....

Chaque point du plan se repère à l'aide de deux valeurs, appelées **coordonnées** :

– une sur l'axe horizontal, appelée ....

– une autre sur l'axe vertical, appelée ....

Exemple : le point A ci-contre a pour coordonnées ....

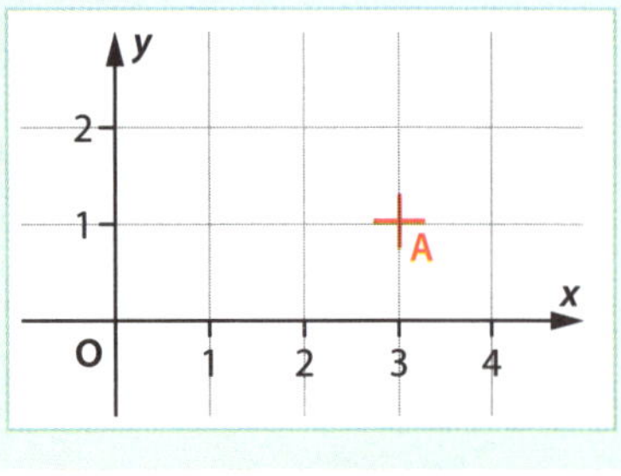

ACTIVITÉ 4

Construire et exploiter un graphique avec le tableur

Énergie verte

Le maire d'une commune souhaite installer des éoliennes.
Pour le modèle choisi par la commune, le tableau suivant donne la puissance fournie en fonction de la vitesse du vent.

Vitesse du vent (en m/s)	1	5	10	15	20	25
Puissance (en kW)	0	45	364	619	594	570

Cette commune subit un vent moyen de 7 m/s.
La production d'énergie annuelle annoncée est de 1 300 MWh. **Est-ce possible ?**

S'approprier

1 **Relever la valeur de la vitesse du vent qui balaye la commune :** ....

2 **À l'aide du tableau, peut-on donner la puissance correspondant à cette vitesse ?** ....

Réaliser

3 **À l'aide d'un tableur, représenter graphiquement la puissance de l'éolienne en fonction de la vitesse du vent.** Pour cela, suivre les étapes suivantes.

- Saisir dans la colonne **A** les valeurs de la vitesse du vent.
- Saisir dans la colonne **B** les valeurs de la puissance.
- Sélectionner l'ensemble des cellules et :
  – avec Excel, choisir Insertion puis Nuage de points.
  – avec Calc, cliquer sur l'icône Diagramme puis choisir XY (dispersion).
- Améliorer le graphique (titre, nom des axes, graduation).

→ Voir la fiche Tableur (page de couverture)

4 **Déterminer graphiquement la puissance fournie pour un vent moyen de 7 m/s :** ....

5 L'énergie E (en kWh) et la puissance P (en kW) sont liées par la formule : $E = P \times t$, où t désigne la durée de fonctionnement en heures (h). L'éolienne fonctionne 7 000 h dans l'année.
Calculer l'énergie annuelle produite en kWh, puis en MWh.

....

1 MWh = 1 000 kWh

Valider/Communiquer

6 **La production annuelle annoncée est-elle validée ? Justifier.**

....

Un **graphique** s'obtient en représentant une grandeur par rapport à une autre.
L'exploitation du graphique permet d'obtenir la valeur d'une grandeur connaissant l'autre. Elle se fait graphiquement en traçant des ....
Exemple : pour 1 sur l'axe des abscisses, on peut lire .... sur l'axe des ordonnées.

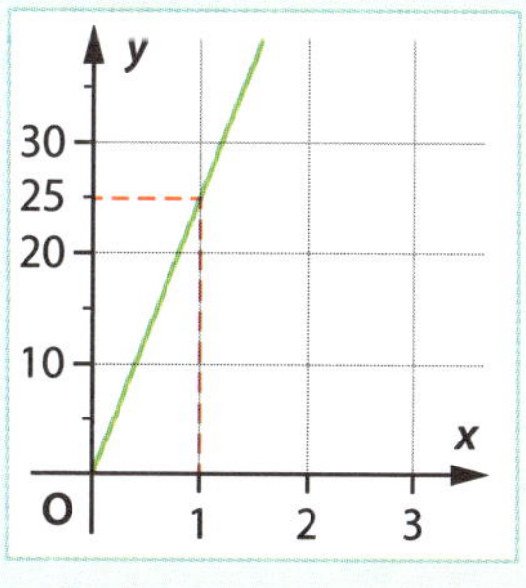

Je fais le bilan

Je retiens l'essentiel

- On peut se repérer dans un **tableau à double entrée** (pour chercher une valeur), sur un **axe** (comme une règle graduée) ou dans un **plan** (comme le plan de la ville).
- En mathématiques, pour repérer un point dans un plan (xOy), on utilise un repère avec deux droites graduées perpendiculaires et de même origine O :
  – la droite horizontale est **l'axe des abscisses (Ox)** ;
  – la droite verticale est **l'axe des ordonnées (Oy)**.
  Exemple : Le point A ci-contre se repère par ses **coordonnées** : 3 en abscisse et 2 en ordonnée.
  On note A (3 ; 2). Pour le point B, on a B (-2 ; 1).

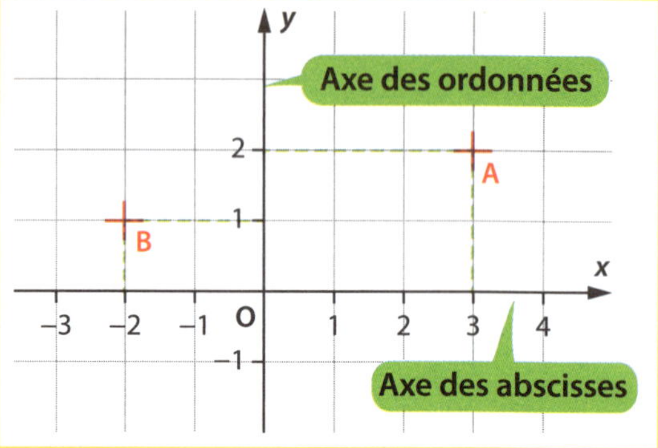

- Un ensemble de points permet d'obtenir **une représentation graphique**.

Je teste mes acquis

+ de tests en ligne
→ lienmini.fr/2375-01

Cocher la (ou les) bonne(s) réponse(s).

Pour les questions 1 à 3, on considère le tableau ci-dessous.

	CAP1	CAP2	CAP3
Filles	5	2	8
Garçons	7	9	4

1 Il y a plus de filles que de garçons en :
☐ CAP1 ☐ CAP2 ☐ CAP3

2 En CAP2, les garçons sont :
☐ 2 ☐ 9 ☐ 7

3 Les deux classes où le nombre total d'élèves est le même sont :
☐ CAP1 et CAP3 ☐ CAP1 et CAP2 ☐ CAP2 et CAP3

Pour les questions 4 à 6, on considère l'axe gradué ci-dessous.

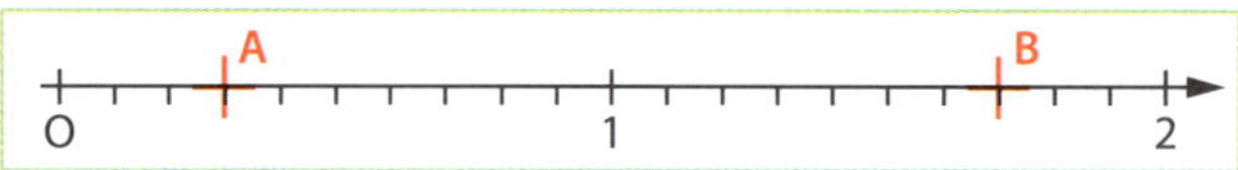

4 Sur l'axe gradué, une petite graduation correspond à :
☐ 0,1 ☐ 0,2 ☐ 0,5

5 Le point A a pour abscisse :
☐ 0,2 ☐ 0,3 ☐ 0,4

6 Le point B a pour abscisse :
☐ 1,5 ☐ 1,6 ☐ 1,7

Pour les questions 7 à 10, on considère le repère ci-contre.

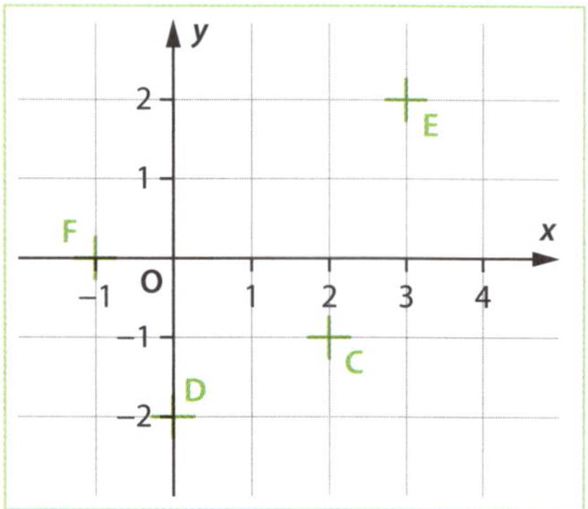

7 Le point D appartient à l'axe :
☐ des abscisses ☐ des ordonnées ☐ des coordonnées

8 Le point E a pour coordonnées :
☐ (2 ; 3) ☐ (3,2) ☐ (3 ; 2)

9 Le point F appartient à l'axe des abscisses. Il a une valeur nulle en :
☐ abscisse ☐ ordonnée ☐ coordonnée

10 Le point C a pour coordonnées :
☐ (2 ; –1) ☐ (–1 ; 2) ☐ (–2 ; 1)

J'applique

Utiliser une graduation

1 Les cinq thermomètres ci-contre indiquent la température en degré Celsius (°C).

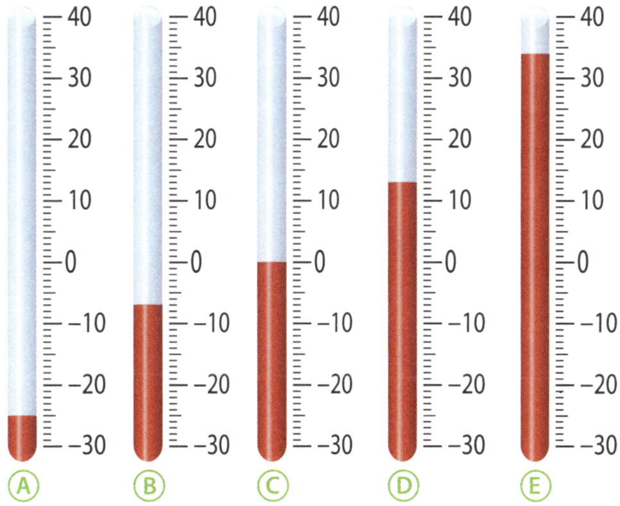

1. Donner l'intervalle de températures pouvant être lu sur le thermomètre.

....

2. Indiquer, pour chaque thermomètre, la température mesurée.

Ⓐ : .... Ⓑ : .... Ⓒ : ....

Ⓓ : .... Ⓔ : ....

2 **1. Compléter les graduations principales de l'axe ci-dessous en affichant de –5 à 5.**

2. Placer le point A d'abscisse 1,5 et le point B d'abscisse –3,2.

3. Donner l'abscisse des points C, D et E.

....

Lire un tableau numérique

3 Le tableau suivant présente des informations sur certains avions de l'entreprise Airbus.

Modèle d'avion	A320	A340-300	A340-600	A380
Année du premier vol	1987	1991	2002	2005
Longueur (en m)	37,6	63,6	75,3	72,7
Nombre maximal de passagers	180	295	380	853
Masse à vide (en t)	37	129	178	270

1. Relever la masse à vide de l'A340-300 : ....

2. Quel est l'avion le plus long ? ....

3. Que représente le nombre 180 ? ....

Utiliser un repère du plan

4 En sciences physiques, Maxence a étudié la tension en fonction du temps par ExAO. Il a enregistré la courbe mais il a oublié de relever la tension maximale U_{max}.

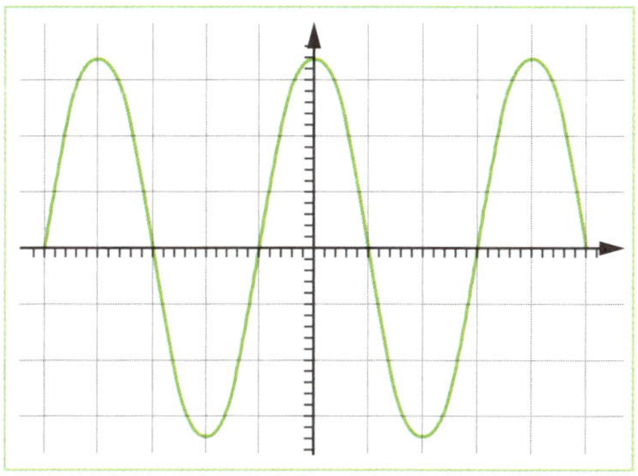

1. Quelle est la grandeur physique mesurée sur chaque axe ?

....

....

2. Avec 1 V par carreau, donner la valeur de U_{max}.

....

J'applique

Exploiter des courbes tracées

5 Le graphique suivant donne l'évolution de la consommation moyenne de pain (en g), par personne et par jour, entre 1900 et 2015 en France.

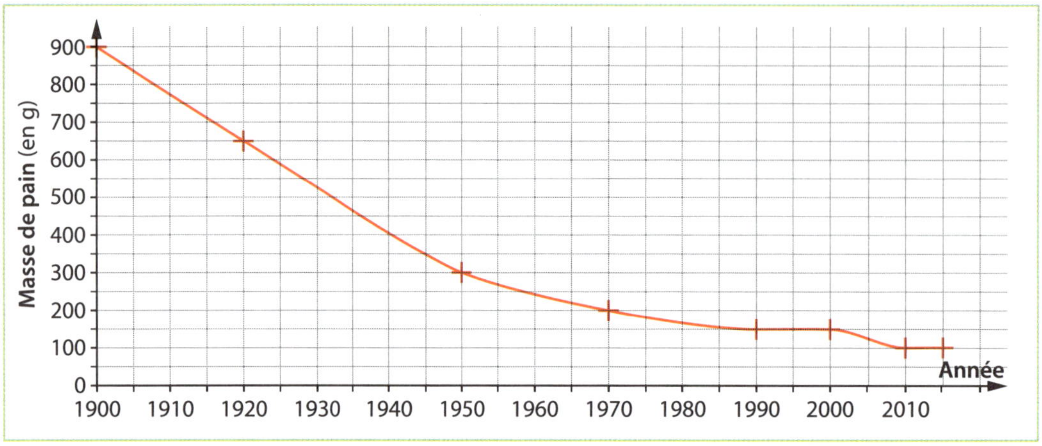

1. **Comment évolue la consommation de pain ?**

....

2. **Compléter le tableau de valeurs suivant à l'aide du graphique.**

Année	1900	1920	1950	....	1990	2000	2010	2015
Masse de pain consommée (en g)	900	....	....	200	....	....	....	....

Placer des points à partir d'un tableau

6 Les Jeux paralympiques ont lieu tous les 4 ans. Dans le tableau suivant, on donne le nombre de médailles d'or obtenues par la France depuis 1988 lors des Jeux paralympiques d'été.

Année	1988	1992	1996	2000	2004	2008	2012	2016
Nombre de médailles d'or	45	36	35	30	18	12	8	9

1. **Dans le repère suivant, placer les points de coordonnées (Année ; Nombre de médailles d'or).**

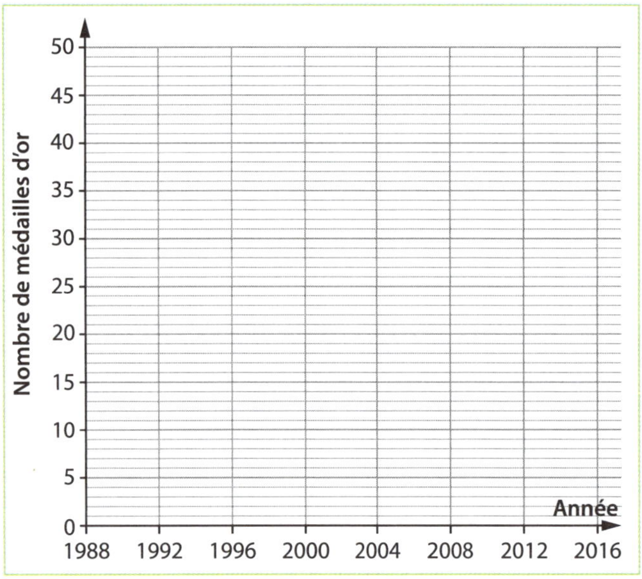

2. **Relier ces points deux à deux avec une règle.**

J'approfondis

7 Le tableau suivant donne l'évolution de la population d'un village entre 1992 et 2017.

Année	1992	1997	2002	2007	2012	2017
Nombre d'habitants	355	394	411	479	542	635

À l'aide d'un tableur, représenter le nombre d'habitants en fonction de l'année.
Pour cela, suivre les étapes suivantes :

- Saisir dans la colonne **A** les valeurs de l'année.
- Saisir dans la colonne **B** les valeurs du nombre d'habitants.
- Sélectionner l'ensemble des cellules et :
  – avec Excel, choisir Insertion puis Nuage de points.
  – avec Calc, cliquer sur l'icône Diagramme puis choisir XY (dispersion).
- Améliorer le graphique (titre, nom des axes, graduation).

→ Voir la fiche Tableur (page de couverture)

8 Pour cuire des macarons, la température du four doit être impérativement de 150 °C. Depuis quelque temps, le pâtissier n'est pas satisfait de la cuisson de ses macarons. Il a donc décidé de vérifier la fiabilité de son four en le réglant sur 150 °C et en prenant régulièrement la température à l'aide d'une sonde.

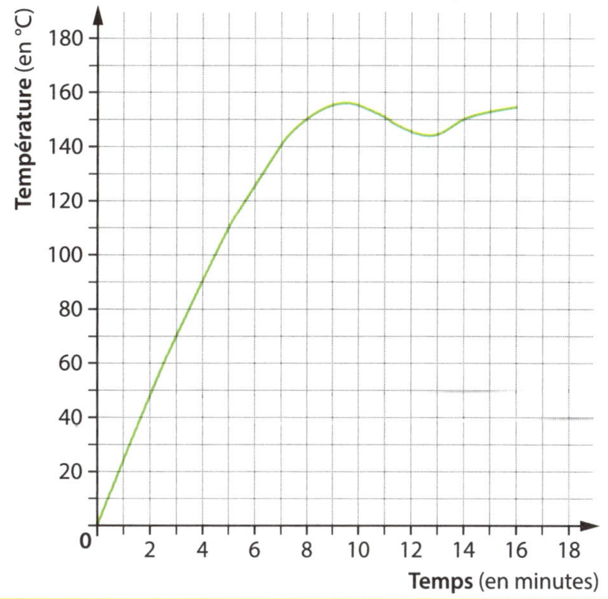

1. **Donner la température atteinte au bout de 3 minutes.**

....

2. **Au bout de combien de temps la température de 150 °C nécessaire à la cuisson des macarons est-elle atteinte ?**

....

3. **Passé ce temps, que peut-on dire de la température du four ? Expliquer pourquoi le pâtissier n'est pas satisfait.**

....

....

....

9 Alexis effectue un stage dans une entreprise de maintenance. Son tuteur lui demande de faire des relevés de mesure sur deux appareils qu'il n'a pas l'habitude d'utiliser.

Appareil 1

Appareil 2

1. **Cocher la bonne réponse.**
   a. L'appareil 1 mesure :
   ☐ une tension électrique en volts
   ☐ une intensité électrique en ampères
   b. L'appareil 2 mesure :
   ☐ une tension électrique en volts
   ☐ une intensité électrique en ampères

2. **Donner la valeur mesurée par chaque appareil. Ne pas oublier les unités.**

....

J'approfondis

10 1. Avec GeoGebra, placer quatre points A, B, C et D dont les coordonnées sont données dans le tableau suivant.

Point	A	B	C	D
Abscisse *x*	3	4	3	−2
Ordonnée *y*	2	0	−2	1

→ Voir la fiche GeoGebra (pages de couverture)

2. Relier A et B par une droite, puis faire de même avec les points C et D.

3. Déplacer le point A ou le point B de manière à ce que la droite (AB) soit parallèle à l'axe des ordonnées.

4. Que peut-on dire des coordonnées des points A et B ?

....

5. Déplacer le point C ou le point D de manière à ce que la droite (CD) soit parallèle à l'axe des abscisses.

6. Que peut-on dire des coordonnées des points C et D ?

....

Calcul numérique

+ de calculs en ligne
→ lienmini.fr/2375-02

Comparer des nombres en écriture décimale

→ Fiche 4, p. 186

11 1. Ranger les nombres suivants dans l'ordre croissant.

−3 4,1 8,4 4,15 0,5 −15 4,05 9,7 −13

.... < .... < .... < .... < .... < .... < .... < .... < ....

2. Ranger les nombres suivants dans l'ordre décroissant.

−3,3 7,1 18,4 3,2 −2,1 6,9 10,8 −5,6 10,08

.... > .... > .... > .... > .... > .... > .... > .... > ....

Arrondir un résultat

→ Fiche 8, p. 188

12 Compléter le tableau suivant.

	Arrondir à l'unité	Arrondir à 0,1	Arrondir à 0,01	Arrondir à 0,001
7,5678	....	....	....	....
21,3456	....	....	....	....
14,63421	....	....	....	....
102,9458	....	....	....	....

Je m'évalue

Nom : ....

Prénom : ....

Date : ....

Problématique

Mme Garden souhaite faire l'acquisition d'une tondeuse thermique à gazon. Elle hésite entre plusieurs modèles mais a quelques exigences :
- son prix ne doit pas dépasser 300 € ;
- le bruit doit être inférieur à 90 dB (afin de conserver de bonnes relations de voisinage) ;
- sa masse ne doit pas dépasser 30 kg.

Le tableau suivant résume les 4 modèles sélectionnés par Mme Garden :

	Prix (en €)	**Bruit** (en dB)	**Masse** (en kg)
Starwin	299	96	29
Racer	129	96	33
CNP 1	399	84	33
CNP 2	199	84	26

Quel modèle devra-t-elle choisir ?
Comment évaluer le bruit perçu par son voisin situé à environ 100 m de la tondeuse ?

1 **a. Compléter le tableau en cochant lorsque la tondeuse remplit une exigence imposée par Mme Garden.**

	Prix	**Bruit**	**Masse**
Starwin	✔		✔
Racer			
CNP 1			
CNP 2			

b. En déduire le modèle qui remplit toutes les exigences de Mme Garden.

....

2 Les tondeuses de marque CNP possèdent un moteur qui réduit les émissions sonores et polluantes et qui a une faible consommation énergétique.
Quelle information se vérifie à l'aide du premier tableau ?

....

3 La notice de la tondeuse choisie donne le niveau de bruit (en dB) de la tondeuse en marche en fonction de la distance (en m) qui la sépare de l'endroit où s'effectue la mesure :

Distance (en m)	1	2	4	8	16	32	64	128
Niveau de bruit (en dB)	84	78	72	66	60	54	48	42

À l'aide de ce tableau, peut-on donner le niveau de bruit à 100 m ? ....

4 **À l'aide d'un tableur, représenter graphiquement le niveau de bruit en fonction de la distance.**
Pour cela, suivre les étapes suivantes :
- Saisir dans la colonne **A** les valeurs de la distance.
- Saisir dans la colonne **B** les valeurs du niveau de bruit.
- Sélectionner l'ensemble des cellules et :
  - avec Excel, choisir Insertion puis Nuage de points.
  - avec Calc, cliquer sur l'icône Diagramme puis choisir XY (dispersion).
- Améliorer le graphique (titre, nom des axes, graduation).

Appel : **montrer le graphique obtenu.**

Je m'évalue

5 L'exploitation se fera à partir du graphique tracé ci-dessous.

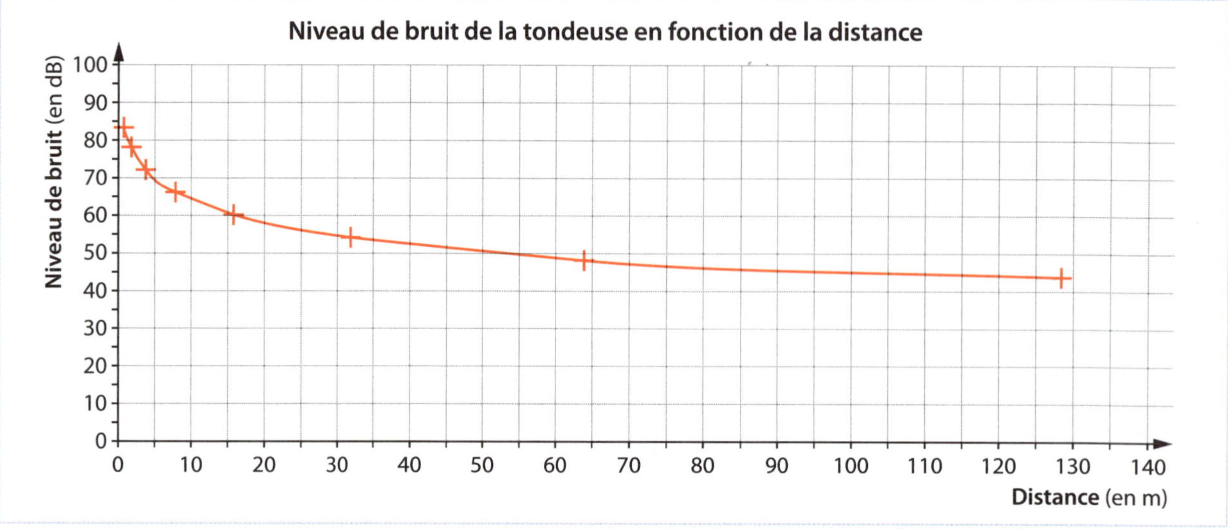

Déterminer graphiquement le niveau de bruit à 100 m. Laisser les traits de construction apparents.

....

6 **Placer la valeur précédente sur l'échelle des niveaux de bruit.**

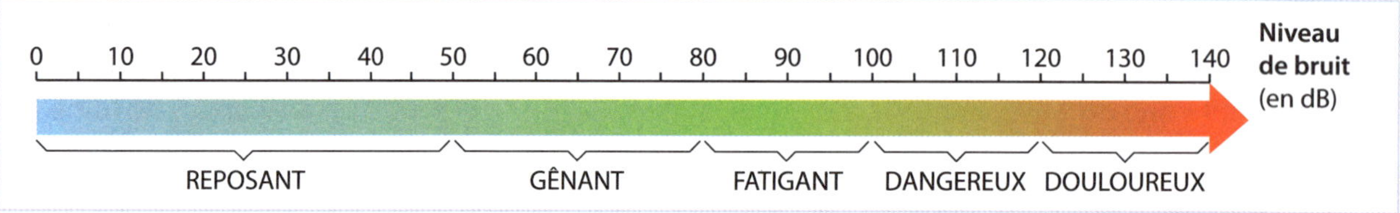

7 **Ce bruit est-il gênant pour le voisin de Mme Garden ?** ....

Grille d'évaluation

Compétences	Capacités	Questions	Niveau d'acquisition conforme aux attendus ✗	✓	✓
S'approprier	• **Rechercher**, **extraire** et **organiser** l'information.	1 et 2			
Analyser Raisonner	• **Émettre** une conjecture, une hypothèse. • **Proposer** une méthode de résolution, un protocole expérimental.	3			
Réaliser	• **Choisir** une méthode de résolution, un protocole expérimental. • **Exécuter** une méthode de résolution, **expérimenter**, **simuler**.	4, 5 et 6			
Valider	• **Contrôler** la vraisemblance d'une conjecture, d'une hypothèse. • **Critiquer** un résultat, **argumenter**.	1 et 7			
Communiquer	• **Rendre compte** d'une démarche, d'un résultat, à l'oral ou à l'écrit.	5			

Note : .... **/ 10**

CHAPITRE 2

Proportionnalité

Je vais apprendre à

- Traiter des problèmes relatifs à deux suites de nombres proportionnelles
- Traiter des problèmes de pourcentage de la vie courante et professionnelle

Je démarre

Pour chaque question, cocher la (ou les) bonne(s) réponse(s).
Le safran est une épice très chère, issue de la fleur de crocus.
Chaque fleur de crocus contient trois stigmates (filaments rouges) de safran.

1 **Pour 10 fleurs de crocus, le nombre de stigmates est de :**
☐ 10 ☐ 20 ☐ 30

2 **Pour 45 stigmates, on obtient 0,1 g de safran. Pour avoir 1 g de safran, il faut :**
☐ 450 stigmates ☐ 150 fleurs de crocus ☐ 150 stigmates

3 **Un gramme de safran coûte en moyenne 35 €. Le prix du kilogramme de safran est de :**
☐ 350 € ☐ 35 000 € ☐ 3 500 €

4 **L'ensemble des trois stigmates s'appelle un pistil. Avec 60 fleurs de crocus, on obtient :**
☐ 60 pistils ☐ 20 pistils ☐ 180 pistils

5 **Avec 900 stigmates, on obtient 2 g de safran.**
Dans quelle(s) situation(s) cette même proportion est-elle respectée ?

1 800 stigmates

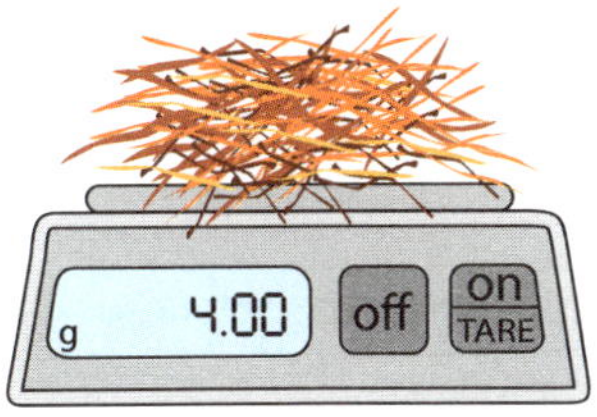

☐

1 000 stigmates

☐

90 stigmates

☐

ACTIVITÉ 1

Traiter une situation de proportionnalité

Ça va sauter !

Théo décide de faire des crêpes pour son anniversaire. Il trouve une recette avec des proportions pour 20 crêpes, mais il souhaite en faire deux fois plus. Il pense démarrer la cuisson des crêpes une heure et demie avant de partir pour son match de foot.
A-t-il suffisamment d'ingrédients et de temps pour faire ses crêpes ?

S'approprier

1 **Donner le nombre de crêpes que Théo souhaite faire.** ....

Réaliser

2 Le tableau suivant donne les quantités d'ingrédients pour 20 crêpes.

a. **Donner la valeur du coefficient de proportionnalité et compléter la deuxième ligne du tableau (pour 40 crêpes).**

× ......

	Farine (en g)	**Œufs**	**Lait** (en cL)	**Sucre** (en cs*)	**Huile** (en cs*)
20 crêpes	300	4	60	1	2
40 crêpes	....	....	....	....	....
....	....	6	....	....	....

*cs : cuillère à soupe

b. Théo s'aperçoit qu'il n'a que 6 œufs. Il faut donc adapter les proportions.
Compléter la dernière ligne du tableau.

MÉTHODE

Pour trouver les valeurs manquantes, il faut utiliser la méthode du **produit en croix**.
Par exemple, pour trouver la quantité de farine, le produit en croix donne $6 \times \frac{300}{4}$, soit 450 g de farine pour 6 œufs.

300	4
450	6

3 Théo a estimé à environ 2 min le temps de cuisson d'une crêpe. **Calculer le temps de cuisson nécessaire pour la cuisson de 30 crêpes. Présenter les résultats sous la forme d'un tableau.**

	....	....
....	....	....

Valider/Communiquer

4 a. **Théo peut-il faire 40 crêpes comme il le souhaitait ? Justifier.**

....

b. **A-t-il suffisamment de temps pour cuire ses crêpes ? Justifier.**

....

Deux grandeurs sont **proportionnelles** lorsqu'on peut calculer un .... qui permet de passer d'une grandeur à l'autre. Pour traiter une **situation de proportionnalité**, on peut utiliser le coefficient de proportionnalité ou le ....

ACTIVITÉ 2

Utiliser et calculer des pourcentages

Réfléchir avant d'acheter !

Camille reçoit les deux offres promotionnelles différentes ci-contre. Elle pense que l'offre n° 1 est plus intéressante pour elle, sachant qu'elle dépense 70 € en produits alimentaires.
A-t-elle raison ?

5 € OFFERTS en bon d'achat
tous les 50 € d'achat !

Offre n° 1

6 %
de remise
sur tous vos achats !
(remise sous forme de bon d'achat)

Offre n° 2

Analyser-Raisonner

1 **Quel est le point commun entre ces deux offres ?** ....

Réaliser

2 On considère l'offre n° 1. **Compléter le tableau suivant.**

Montant de l'achat (en €)	40	50	60	70	80	90	100
Montant du bon d'achat (en €)	....	....	....	....	....	....	....

3 **Quel est le montant du bon d'achat reçu par Camille ?** ....

4 **Compléter le tableau de proportionnalité à l'aide du produit en croix (arrondir à 0,01).**

Prix initial (en €)	70	100
Économie (en €)	5	....

Le nombre trouvé correspond au **pourcentage de réduction**, il est égal à ....

5 On considère maintenant l'offre n° 2. Pour calculer le montant de la remise, on multiplie le montant de l'achat par le pourcentage de réduction. **Compléter le tableau suivant.**

$6\,\% = \frac{6}{100} = 0{,}06$

Montant de l'achat (en €)	40	50	60	70	80	90	100
Montant du bon d'achat (en €)	....	....	....	....	....	....	....

6 **Quel est le montant du bon d'achat de Camille ?** ....

Valider/Communiquer

7 **Résumer les deux offres pour 70 € d'achat en complétant.**

a. Offre n°1 : bon d'achat de .... €, soit .... % d'économie.

b. Offre n°2 : bon d'achat de .... €, soit .... % d'économie.

8 **Camille a-t-elle raison ? Justifier.**

....

Un **pourcentage** exprime une quantité par rapport à ....

Appliquer un pourcentage à un nombre, c'est .... ce nombre par le pourcentage.

ACTIVITÉ 3

Utiliser une échelle

Kutch ou pas ?

Pour ses dessins techniques, Romain utilise très souvent l'échelle 1:50. Sa collègue lui conseille d'acheter un kutch : c'est une règle où sont indiquées les mesures à l'échelle voulue.
Avec cet outil, peut-il rapidement construire un rectangle de 3 m sur 1 m 50 à l'échelle 1:50 ?

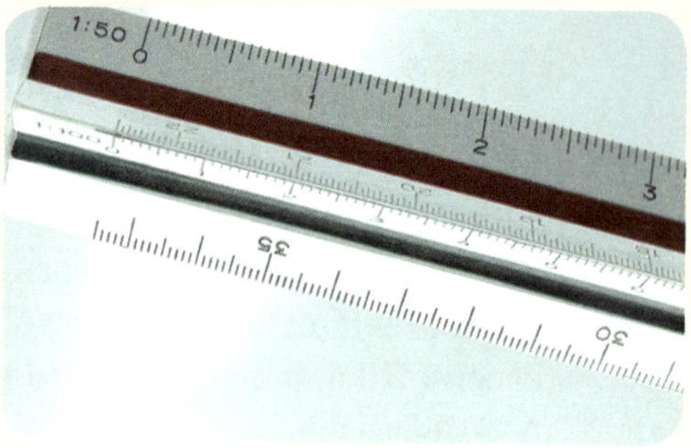

Analyser-Raisonner

1 Cocher la (ou les) bonne(s) réponse(s).

L'échelle 1:50 signifie que 1 cm sur le dessin représente en réalité :

☐ 50 m ☐ 50 cm ☐ 0,5 m

Réaliser

L'échelle 1:50 est une échelle de réduction. Les mesures réelles ont été réduites : elles ont été divisées par 50, c'est-à-dire multipliées par $\frac{1}{50}$.

2 Compléter :

a. la deuxième ligne du tableau suivant en convertissant.
b. la troisième ligne du tableau en appliquant le coefficient de proportionnalité.

Mesures réelles (en m)	0,5	2,5	5	7,5	10	15
Mesures réelles (en cm)	....	....	....	....	....	....
Mesures sur le plan (en cm)	....	....	....	....	....	....

$\times \frac{1}{50}$

3 Reporter les mesures réelles (en m) sur cette règle graduée en cm.

4 Construire ci-contre le rectangle de 3 m sur 1 m 50 à l'échelle 1:50.

Valider/Communiquer

5 Pourquoi le kutch est-il pratique ?

....

....

....

Les mesures réelles et les mesures sur un plan sont deux grandeurs ....

Le **coefficient de proportionnalité** représente ....

Une **échelle de réduction** s'écrit sous la forme d'une fraction ayant pour numérateur 1.

Exemple : l'échelle « un millième » peut s'écrire 1/1 000 ; $\frac{1}{1\,000}$ ou 1:1 000.

ACTIVITÉ 4

Utiliser le tableur pour calculer des prix

Une grille de tarifs

M. Dujardin vend des pommes aux tarifs suivants :

- 1,10 € le kilogramme pour moins de 10 kg (vente au kg) ;
- remise de 20 % entre 10 et 45 kg (vente par multiple de 5 kg) ;
- 0,60 € le kilogramme pour 50 kg et plus (vente par multiple de 10 kg).

Il souhaite informer les clients du prix de son produit avec des tableaux. **Est-ce une bonne idée ?**

S'approprier

1 **Compléter le tableau et indiquer par une phrase comment évolue le prix avec la quantité.**

	Entre 1 et 9 kg	Entre 10 et 45 kg	50 kg et plus
Prix au kg (en €)	....	....	....

....

Réaliser

Fichier à télécharger
→ lienmini.fr/2375-03

2 **Ouvrir le fichier fourni.** On considère d'abord le premier tableau.

a. **Cocher la bonne réponse.** En **B3**, la formule à saisir pour calculer le prix de 1 kg est :

☐ `=1,10` ☐ `=B2*1,10` ☐ `=1*1,10` ☐ `=B2+1,10`

b. **Saisir la formule choisie, puis la copier sur l'ensemble des autres cellules du tableau.**

3 On considère maintenant le deuxième tableau. **Compléter la première ligne de ce tableau.**

4 a. **Cocher la bonne réponse.** En **B7**, la formule à saisir pour calculer le prix de 10 kg de pommes est :

☐ `=0,88` ☐ `=B6*0,88` ☐ `=10*0,88` ☐ `=B6*0,22`

b. **Saisir la formule choisie, puis la copier sur l'ensemble des autres cellules du tableau.**

5 On considère enfin le troisième tableau. **Compléter ce tableau.**

Valider/Communiquer

6 **Pour chaque tableau, donner le coefficient de proportionnalité. À quoi correspond-il ?**

....

7 **Quel est l'intérêt de la présentation sous forme de tableau ?**

....

Le .... permet de calculer **rapidement** des prix en copiant une formule comportant un ....

Je fais le bilan

Je retiens l'essentiel

- Lorsqu'on passe d'une grandeur à une autre en multipliant par un même nombre, appelé **coefficient de proportionnalité**, alors les deux grandeurs sont **proportionnelles**.
- Si l'on connaît trois valeurs sur quatre, alors la quatrième valeur est appelée « **quatrième proportionnelle** ».

  Exemple : Léa a acheté deux caisses pour 30 €. Combien aurait-elle payé pour 5 caisses ?

Nombre de caisses	2	5
Prix (en €)	30	y ← Quatrième proportionnelle

  La méthode du **produit en croix** donne : $2 \times y = 5 \times 30$ soit $y = 150/2 = 75$; soit 75 € pour 5 caisses.
- Un **pourcentage** se note p % ou $\frac{p}{100}$. Pour calculer p % d'une quantité, on **multiplie** cette quantité par $\frac{p}{100}$.

  Exemple : Un fromage contient 30 % de matières grasses. Une portion de 20 g de fromage contient : $20 \times \frac{30}{100} = 6$, soit 6 g de matières grasses.
- Une **échelle** indique la valeur du coefficient de proportionnalité entre la mesure réelle et la mesure sur le plan.

  Exemple : l'échelle « un dixième », notée 1:10 ou 1/10, signifie que 1 cm sur le plan représente en réalité 1 × 10, soit 10 cm.

Je teste mes acquis

+ de tests en ligne
→ lienmini.fr/2375-04

Cocher la (ou les) bonne(s) réponse(s).

1 **Une échelle de 1:20 signifie que 1 cm sur le plan représente en réalité :**

☐ 20 cm ☐ 20 m ☐ 0,2 m

2 **Le produit en croix appliqué au tableau ci-contre donne :**

5	10
42	y

☐ $y = 42 \times 10/5$ ☐ $y = 42 \times 5/10$ ☐ $y = 5 \times 10/42$

3 **Un fromage blanc contient 80 % d'eau. Dans un pot de 500 g de fromage blanc, la masse d'eau est de :**

☐ 420 g ☐ 400 g ☐ 100 g

4 **L'indication ⊢50 m⊣ signifie que l'échelle est égale à :**

☐ $\frac{1}{50}$ ☐ $\frac{1}{500}$ ☐ $\frac{1}{5\,000}$

5 **Une réduction de 20 % sur un article coûtant 100 € représente :**

☐ 2 € ☐ 20 € ☐ 80 €

6 **À l'unité, un timbre « lettre verte » coûte 0,80 €. Un carnet de 12 timbres coûte :**

☐ 12,80 € ☐ 8 € ☐ 9,60 €

7 **Pour passer de la première à la deuxième ligne du tableau ci-contre, le coefficient de proportionnalité est :**

7	12
21	36

☐ 3 ☐ 4 ☐ 5

J'applique

Repérer une situation de proportionnalité

1 Le tableau suivant indique la quantité de jus d'oranges pressées obtenu en fonction du nombre et de la masse d'oranges.

Quantité de jus (en L)	0,5	1	2	5	10
Masse d'oranges (en kg)	1,250	2,5	5	12,5	25
Nombre d'oranges	8	16	32	80	160

Indiquer si chacune des affirmations suivantes est vraie ou fausse.

1. **La quantité de jus est proportionnelle au nombre d'oranges.** ....

2. **La quantité de jus est proportionnelle à la masse d'oranges.** ....

3. **Le nombre d'oranges n'est pas proportionnel à la masse d'oranges.** ....

2 Le bruit généré par les transports, en décibels (dB), peut être illustré de la manière suivante.

1. Une voiture seule génère 60 dB. **Relever sur le schéma le niveau de bruit produit par 10 voitures.**

....

2. **Le niveau de bruit est-il proportionnel au nombre de voitures ? Justifier.**

....

Traiter un problème de proportionnalité

3 Une entreprise du bâtiment propose la rénovation de murs au prix de 55 € TTC le m².

1. **Indiquer les deux grandeurs proportionnelles.**

....

2. **Calculer le prix à payer pour rénover 16 m² de murs.**

....

4 Une coccinelle mange 80 pucerons par jour.

1. **Compléter le tableau de proportionnalité suivant :**

Nombre de coccinelles	1	5	10	12	20	50
Nombre de pucerons	....	....	....	....	....	....

2. **Pour 20 coccinelles, calculer le nombre de pucerons mangés en 10 jours.**

....

....

5 Voici la photo aérienne d'un champ où sont implantées trois éoliennes :

1. **Mesurer la distance entre chaque éolienne.** AB = ... BC = ...
2. **À quoi correspond 1 cm sur la carte en réalité ?** ....
3. **Cocher la bonne réponse. L'échelle de la carte est :**

☐ $\frac{1}{80}$ ☐ $\frac{1}{800}$ ☐ $\frac{1}{8\,000}$ ☐ $\frac{1}{80\,000}$

4. **a. Compléter le tableau de proportionnalité suivant et expliquer le calcul.**

Distance sur le plan (en cm)	....	....
Distance réelle (en m)	....	....

....

....

b. En déduire la distance réelle entre deux éoliennes : ....

5. Afin d'éviter les perturbations, chaque éolienne doit être placée à au moins 200 m d'une autre éolienne. **Cette règle est-elle respectée ? Justifier.**

....

....

Traiter des problèmes de pourcentage

6 En fin d'année scolaire, on mesure la réussite des élèves aux examens en donnant un taux de réussite sous forme de pourcentage. En juin 2018, 10 élèves sur 16 ont obtenu le CAP.
Calculer le taux de réussite à l'aide du tableau suivant. Expliquer le calcul effectué pour déterminer la quatrième proportionnelle.

Nombre d'élèves reçus	10	....
Nombre total d'élèves	16	....

....

Le taux de réussite est de : ....

7 Alice effectue son stage dans le service comptable de l'entreprise d'informatique Pixel à Montpellier.

Fichier à télécharger
→ lienmini.fr/2375-05

Elle doit envoyer une facture à la médiathèque municipale d'Arles pour l'achat de 5 ordinateurs portables à 579,90 € l'unité, 2 imprimantes multifonctions à 109,90 € l'unité et 3 écrans LCD à 459 € l'unité. Les prix indiqués sont des prix HT (hors taxes).

Ouvrir le fichier fourni, puis modifier le modèle afin d'éditer une facture pour la médiathèque d'Arles.

J'approfondis

8 Une entreprise réalise des ventes par téléphone. Chaque jour, 45 employés de cette entreprise peuvent contacter en moyenne 675 clients.
L'entreprise constate qu'en moyenne, pour 75 personnes appelées, 3 acceptent d'acheter le produit proposé. Son objectif est de réaliser 30 ventes par jour.
L'entreprise se demande si elle a besoin d'embaucher des personnes supplémentaires.

1. Compléter le tableau de proportionnalité suivant.

Nombre de personnes appelées	75	675
Nombre de ventes réalisées	3	....

2. Avec 45 employés, l'objectif de vente est-il atteint ? ....

3. Calculer le nombre d'appels par employé.

....

4. En déduire le nombre d'appels à prévoir en plus, puis le nombre de personnes à embaucher.

....

....

....

....

9 L'*Hermione*, navire de guerre français, a été construit au XVIIIe siècle à Rochefort (Charente-Maritime). Une réplique de ce navire a vu le jour en 2014 grâce à une association.
C'est un voilier dont les dimensions sont :
hauteur : 54 m ; largeur : 11,20 m et longueur : 65 m.
Le Salon de la maquette souhaite exposer un modèle réduit de l'*Hermione* mais son transport impose une contrainte de hauteur : elle ne doit pas dépasser 2,20 m.
Le responsable décide donc de fixer la hauteur du modèle réduit à 2,16 m.

1. Calculer l'échelle du modèle réduit.

....

2. En déduire les deux autres dimensions du modèle réduit.

....

10 Mme Martin est pensionnaire d'une maison de retraite. Avant les vacances de Noël, un goûter est organisé avec les enfants de l'école voisine. Pour les boissons, Mme Martin prépare à l'avance une boisson au sirop de framboise.
Elle souhaite préparer 20 L de sirop de cette boisson.
Sur une bouteille de sirop de 1 L, on peut lire les indications suivantes :

> 1 volume de sirop pour 4 volumes d'eau
> Agiter avant emploi.
> Pour 1 L de sirop, vous disposez de 5 L de boisson !

J'approfondis

1. Compléter le tableau suivant.

Volume de sirop pur (en L)	1	2	3	5	6	8
Volume de boisson prête à boire (en L)	....	....	....	....	....	....

2. Peut-on dire que le volume de boisson et le volume de sirop pur sont des grandeurs proportionnelles ? Justifier.

....

....

3. En déduire le nombre de bouteilles de sirop que Mme Martin doit prévoir.

....

Calcul numérique

+ de calculs en ligne
→ lienmini.fr/2375-06

Effectuer des opérations sur les nombres en écriture décimale

→ Fiche 1, p. 185

11 Compléter chaque tableau avec la valeur de la quatrième proportionnelle (par calcul mental ou avec la calculatrice).

4,1	0,6
8,2	....

3,3	6
....	2

0,4	....
4	42

3	0,5
12	....

100	....
500	0,5

....	3,5
5	7

3,1	1,1
....	3,3

150	600
25	....

1	....
20	50

Multiplier un nombre par une fraction

→ Fiche 10, p. 189

12 Calculer la valeur des expressions suivantes en donnant le résultat sous forme de fraction, puis sous forme décimale.

a. $4 \times \frac{25}{100} =$ ....

b. $12 \times \frac{20}{100} =$ ....

c. $60 \times \frac{40}{100} =$ ....

d. $90 \times \frac{30}{100} =$ ....

e. $15 \times \frac{70}{100} =$ ....

f. $8 \times \frac{25}{100} =$ ....

Je m'évalue

Nom : ....

Prénom : ....

Date : ....

Problématique

Amir, élève de CAP, a trouvé un stage de 4 semaines dans la restauration.
Il a décidé d'utiliser le train pour se rendre sur son lieu de stage.
Deux propositions s'offrent à lui.
- Proposition 1 : le train coûte 8 € par trajet (un aller-retour est équivalent à deux trajets).
- Proposition 2 : après acquisition d'une carte Jeune, vendue 50 € et valable un an, le tarif de chaque trajet est réduit de 40 %.

Quelle est la formule la plus avantageuse pour Amir ?

1 **Indiquer l'avantage que donne la carte Jeune sur le tarif des billets de train.**

....

A Étude de la proposition 1

On étudie la proposition 1, sans la carte Jeune.

2 **Calculer le coût d'un aller-retour.**

....

3 **Compléter le tableau de proportionnalité suivant.**

Nombre d'allers-retours	1	2	5	....
Coût (en €)	16	....	....	320

B Étude de la proposition 2

On étudie maintenant la proposition 2, avec la carte Jeune.

4 **Calculer le tarif d'un aller-retour avec la réduction de 40 %.**

....

5 **Justifier le fait que le prix d'un aller-retour avec l'achat de la carte Jeune coûte 59,60 €.**

....

....

6 **Sachant que la carte Jeune ne s'achète qu'une seule fois, donner le prix de deux allers-retours en cochant la bonne réponse.**

☐ 119,20 €   ☐ 32 €   ☐ 69,20 €

7 **Ouvrir une feuille de calcul et recopier la capture d'écran suivante.**

	A	B	C	D	E	F
1	Nombres d'allers-retours	2	5	10	15	20
2	Prix (en €)					

8 **Saisir la formule** `=9,60*B1+50` **dans la cellule B2, puis copier la formule sur l'ensemble des autres cellules de la ligne 2.**

Appel : **Faire vérifier le tableau.**

9 **Relever le coût de 20 allers-retours.**

....

C Comparaison des deux propositions

10 Amir va travailler du mardi au samedi, soit 5 jours par semaine.

a. **En déduire le nombre total de jours de stage.**

....

b. **En déduire le nombre d'allers-retours dont Amir aura besoin.**

....

11 **Comparer le coût de 20 allers-retours avec les deux propositions.**

....

....

....

12 **Dans ces conditions, Amir doit-il acheter la carte Jeune ? Justifier.**

....

Grille d'évaluation

Compétences	Capacités	Questions	Niveau d'acquisition conforme aux attendus		
			✓ (rouge)	✓ (orange)	✓ (vert)
S'approprier	• **Rechercher**, **extraire** et **organiser** l'information.	1 et 10			
Analyser Raisonner	• **Émettre** une conjecture, une hypothèse. • **Proposer** une méthode de résolution, un protocole expérimental.	5			
Réaliser	• **Choisir** une méthode de résolution, un protocole expérimental. • **Exécuter** une méthode de résolution, **expérimenter**, **simuler**.	2, 3, 4, 6, 7, 8 et 10			
Valider	• **Contrôler** la vraisemblance d'une conjecture, d'une hypothèse. • **Critiquer** un résultat, **argumenter**.	9, 11 et 12			
Communiquer	• **Rendre compte** d'une démarche, d'un résultat, à l'oral ou à l'écrit.	5 et 12			

Note : .... / 10

CHAPITRE 3

Fonctions linéaires

Je vais apprendre à

- Vérifier qu'une situation est de type linéaire de trois manières différentes
- Passer d'un mode de représentation à chacun des deux autres

Je démarre

Pour chaque question, cocher la (ou les) bonne(s) réponse(s).
Léo achète parfois des bonbons au détail chez un confiseur, au prix de 7,50 € le kg.

1 **Pour 1 kg de bonbons achetés, Léo va payer :**

☐ 1 € ☐ 7,50 € ☐ 3,50 €

2 **Si Léo achète 1,250 kg de bonbons, il devra régler :**

☐ moins de 7,50 € ☐ plus de 7,50 € ☐ 7,50 €

3 **Le montant payé est :**

☐ proportionnel à la masse ☐ égal à la masse ☐ indépendant de la masse

4 **Pour 460 g de bonbons, Léo doit :**

☐ 2,54 € ☐ 3,45 € ☐ 7,50 €

5 **Léo a payé 6,75 €. L'affichage sur la balance qui correspond à cet achat est :**

☐

☐

☐

ACTIVITÉ 1

Vérifier qu'une situation est linéaire avec le coefficient de proportionnalité

Zumba !

Lio, Emma et Soumia se sont inscrites à un cours de zumba. Elles comparent le prix qu'elles ont payé selon le nombre de séances pratiquées :

Lio	Emma	Soumia
3 séances : 21,75 €	5 séances : 36,25 €	12 séances : 87 €

Soumia affirme que le prix payé est proportionnel au nombre de séances et que, pour 18 séances, elle aurait payé 130,50 €.
A-t-elle raison ?

S'approprier

1 a. **Combien Emma a-t-elle payé pour ses 5 séances ?** ....

b. **Quelle est l'affirmation de Soumia ?** ....

....

Réaliser

2 **Compléter le tableau ci-contre à partir du prix payé par chacune des trois amies.**

Nombre de séances	....	....	....
Prix payé (en €)	....	....	....

3 **S'agit-il d'un tableau de proportionnalité ? Justifier.**

....

....

4 **Quelle est la valeur du coefficient de proportionnalité pour passer de la première à la deuxième ligne du tableau ?** ....

5 Une situation de proportionnalité est aussi appelée une **situation linéaire**.
Peut-on dire que l'évolution du prix payé en fonction du nombre de séances est une situation linéaire ?

....

6 a. **Quel est le prix d'une seule séance ?** ....

b. **Déterminer le prix de 18 séances.**

....

Valider/Communiquer

7 **Soumia a-t-elle raison ? Justifier.**

....

....

Pour vérifier qu'une situation définie par deux **grandeurs** x et y est ...., on peut montrer que les deux grandeurs sont **proportionnelles**.

ACTIVITÉ 2

Vérifier qu'une situation est linéaire avec une représentation graphique

Fuite d'eau

Raphaël vient de recevoir un courrier de la société qui alimente l'eau de sa ville. Il est noté qu'un simple robinet qui goutte peut faire perdre jusqu'à 120 litres d'eau par jour.
Raphaël décide de vérifier cette affirmation en plaçant sous un robinet qui goutte une éprouvette graduée. Il relève 32 cL d'eau en 4 minutes ; 40 cL en 5 minutes ; 0,48 L en 6 minutes ; 0,64 L en 8 minutes.
Son expérience permet-elle de vérifier l'affirmation de la société ?

S'approprier

1 **À partir des résultats de l'expérience de Raphaël, compléter ce tableau en convertissant les valeurs en cL.**

Temps (en min)	4	5	6	8
Quantité d'eau perdue (en cL)	....	....	....	....

1 L = 100 cL

Réaliser

2 a. **Dans le repère ci-contre, placer les points de coordonnées (Temps ; Quantité d'eau perdue).**
b. **Que constate-t-on ?**

....

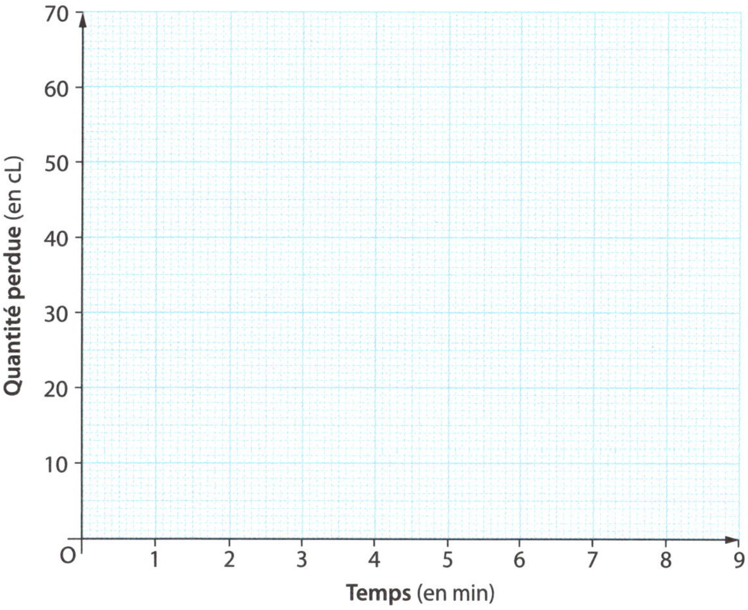

3 **Tracer la droite passant par tous les points. Passe-t-elle par l'origine du repère ?** ....

4 **Déterminer graphiquement la quantité perdue (en cL) au bout d'une minute.**

....

5 **Calculer la quantité perdue (en L) pendant 1 jour.**

....

Valider/Communiquer

6 **Cette expérience permet-elle de confirmer l'affirmation de la société d'alimentation en eau ?**

....

....

Pour vérifier qu'une situation définie par deux grandeurs est **linéaire**, on peut montrer que le **graphique** associé à ces deux grandeurs montre des points .... **avec** .... du repère.

ACTIVITÉ 3

Vérifier qu'une situation est linéaire en trouvant une relation algébrique

Chez le primeur

Cheyenne fait ses courses chez un marchand de légumes. Elle achète des courgettes, des aubergines et des poivrons. Elle paie :

- 1,92 € pour 600 g de courgettes ;
- 2,56 € pour 800 g d'aubergines ;
- 1,04 € pour 325 g de poivrons.

Cheyenne affirme que le prix au kg est le même pour chacun des légumes. **A-t-elle raison ?**

S'approprier

1 **Relever la masse en grammes des poivrons, puis convertir cette masse en kg.**

....

2 **Donner le prix associé à cette masse de poivrons :** ....

3 **Dans le tableau ci-contre, compléter les lignes « Masse » et « Prix » pour les trois légumes de l'énoncé.**

	Poivrons	Courgettes	Aubergines
Masse *x* (en kg)	....	....	....
Prix *y* (en €)	....	....	....
Rapport $\frac{y}{x}$	....	....	....

Réaliser

4 **Calculer le rapport $\frac{y}{x}$ pour chaque colonne du tableau, puis compléter ce dernier.**

5 **Peut-on dire qu'il y a proportionnalité entre *y* et *x* ? Si oui, quel est le coefficient de proportionnalité permettant de passer de *x* à *y* ?**

....

....

6 **Cocher la bonne réponse.**

La relation algébrique entre les grandeurs *x* et *y* est :

☐ $y = \frac{x}{3,2}$ ☐ $y = 1,4x$ ☐ $y = 3,2x$

7 **Que vaut *y* si $x = 0,450$? En déduire le prix de 450 g de courgettes.**

....

Une relation algébrique est une égalité dans laquelle des grandeurs sont représentées par des lettres.

Valider/Communiquer

8 **Cheyenne a-t-elle raison de dire que le prix au kg est le même ? Si oui, donner ce prix.**

....

Lorsque deux grandeurs *x* et *y* sont proportionnelles, alors il existe une **relation algébrique $y = a \times x$**, où *a* est le coefficient de .... entre ces deux grandeurs.

Cette relation se note aussi **$f(x) = a \times x$** : on l'appelle **fonction** ....

ACTIVITÉ 4

Passer d'une représentation à l'autre

Prix d'un pain

Faouzi est gérant d'un restaurant et se fournit quotidiennement chez un boulanger pour avoir des petits pains aux olives. Sa commande de pains change souvent et il fixe chaque jour le nombre de pains à commander. Il ne sait pas quel est le prix unitaire d'un pain, mais il dispose du tableau ci-contre. **Quelles sont les méthodes pour trouver ce prix unitaire ?**

	Mardi	Vendredi	Samedi
Nombre de pains *x*	45	65	85
Prix total à payer *y* (en €)	11,25	16,25	21,25

Réaliser

Ouvrir le fichier fourni. Il sera utilisé pour chacune des méthodes.

Fichier à télécharger
→ lienmini.fr/2375-07

A 1re méthode : avec le coefficient de proportionnalité

1 **Dans la colonne C, pour chaque ligne, diviser le prix par le nombre de pains.**
Par exemple, dans la cellule **C2**, saisir la formule `=B2/A2`.

2 **Les valeurs *x* et *y* sont-elles proportionnelles ?**
Si oui, donner le coefficient qui permet de passer de *x* à *y* : ....

B 2e méthode : avec un graphique

3 a. **Sélectionner les valeurs de *x* et *y*, puis créer une liste de points en cliquant sur la flèche rouge de l'outil {1,2} puis sur Liste de points. Cliquer ensuite sur Créer.**

b. **Ajuster les axes avec l'outil , puis tracer une droite passant par A et C avec l'outil .**

4 **Cette droite passe-t-elle par l'origine ?** ....

5 a. **Dans la zone de saisie, écrire** `x=1`.

b. **Avec la molette de la sourls, zoomer pour trouver l'ordonnée du point d'intersection des deux droites. Donner les coordonnées du point d'intersection :** ....

6 **L'ordonnée de ce point correspond-elle à la réponse donnée à la question 1 ?** ....

C 3e méthode : avec la formule algébrique

7 a. **Sélectionner les valeurs de *x* et *y*, puis choisir Statistiques à 2 variables.**

b. **Cliquer sur Analyse, puis choisir un modèle d'ajustement linéaire.**

c. **Recopier la relation entre *x* et *y* qui s'affiche en rouge :** ....

d. **Déterminer la fonction linéaire associée : $f(x) =$** ....

Valider/Communiquer

8 **Quel est le prix d'un pain aux olives ?** ....

Une situation linéaire peut être représentée avec un **tableau de valeurs**, une **expression algébrique** ou une ....

Je fais le bilan

Je retiens l'essentiel

- Une **fonction linéaire** fait correspondre à tout nombre x un nombre y tel que $\boldsymbol{y = a \times x}$, où a est un nombre. On la note $\boldsymbol{f(x) = a \times x}$ (on lit « f de x égale a fois x »).
- Une fonction linéaire peut être représentée de trois façons :

Avec un tableau de valeurs	Avec une expression algébrique	Avec une représentation graphique
<table><tr><td>x</td><td>1</td><td>3</td><td>6</td></tr><tr><td>y</td><td>10</td><td>30</td><td>60</td></tr></table> a se calcule en divisant les valeurs de y par celles de x. Ici : $a = \frac{10}{1} = \frac{30}{3} = \frac{60}{6} = 10$	$y = 10x$ a est le nombre qui se trouve devant la lettre x. Ici, $a = 10$.	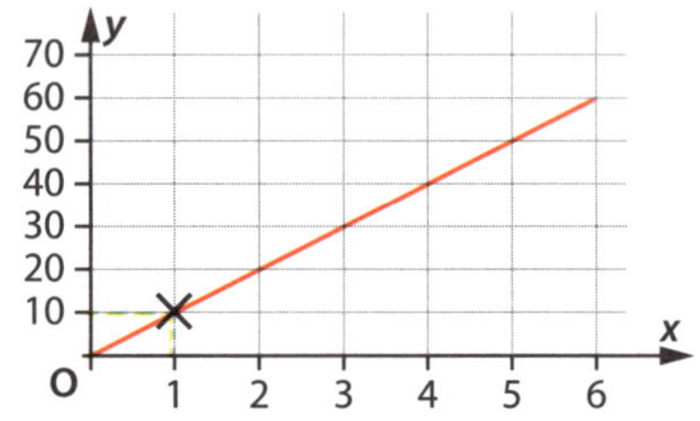 a est l'ordonnée du point d'abscisse 1. Ici, $a = 10$.

Je teste mes acquis

+ de tests en ligne
→ lienmini.fr/2375-08

Cocher la (ou les) bonne(s) réponse(s).

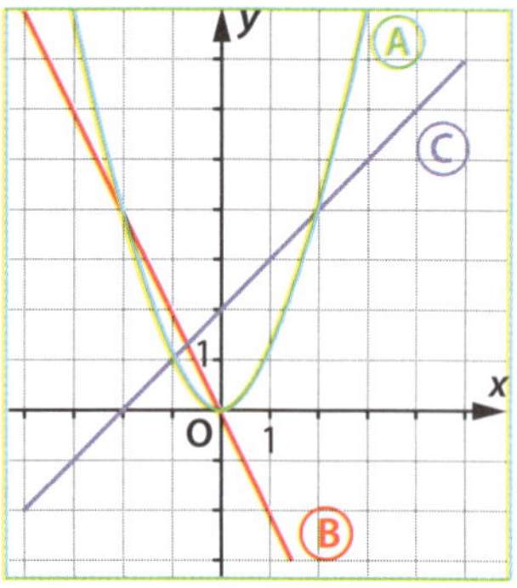

1 **Parmi les représentations graphiques ci-contre, laquelle représente une situation linéaire ?**

☐ Ⓐ ☐ Ⓑ ☐ Ⓒ

2 **Le graphique représentant une situation de proportionnalité est :**

☐ une droite passant par l'origine du repère ☐ une droite horizontale
☐ une droite verticale

3 **Des oranges sont vendues 2,30 € le kg. La relation algébrique entre la masse x des oranges et le prix de vente y est :**

☐ $y = 2{,}30x$ ☐ $y = x/2{,}30$ ☐ $x = 2{,}30y$

4 **La valeur du coefficient a associée à la fonction linéaire f définie par $f(x) = 0{,}5x$ est :**

☐ 0,2 ☐ 0,5 ☐ $\frac{1}{2}$

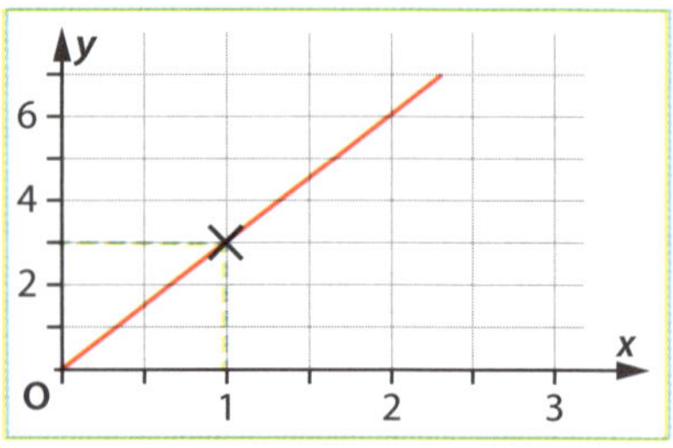

5 **Le graphique ci-contre est associé à la relation algébrique :**

☐ $y = 2{,}5x$ ☐ $y = 1$ ☐ $y = 3x$

6 **Une situation linéaire peut être représentée par :**

☐ un graphique ☐ une droite ne passant par l'origine
☐ une expression algébrique

7 **Le tableau ci-contre correspond à la fonction linéaire f définie par :**

x	1	2	3
y	0,4	0,8	1,2

☐ $f(x) = 0{,}4x$ ☐ $f(x) = 0{,}8x$ ☐ $f(x) = 1{,}2x$

8 **Soit la fonction linéaire f définie par $f(x) = 1{,}6x$. Alors $f(1{,}5)$ est égal à :**

☐ 1,6 ☐ 0,6 ☐ 2,4

9 **Une situation linéaire est représentée par une droite qui passe par un point A de coordonnées (1 ; 4,5). La valeur 4,5 est :**

☐ le coefficient de proportionnalité ☐ l'ordonnée de A ☐ l'abscisse de A

J'applique

Reconnaître une situation linéaire

1 **Indiquer si chacune de ces situations est linéaire. Justifier la réponse.**

a. **Situation 1 :** Emy doit acheter des bobines de fil pour sa machine à coudre. Voici les données qu'elle possède :

Nombre de bobines	2	5	7
Prix à payer (en €)	5,50	13,75	19,25

b. **Situation 2 :** Emy souhaite acheter une paire de ciseaux à 4 € et des boutons pour ses réalisations.
Elle a sa disposition le graphique ci-contre.

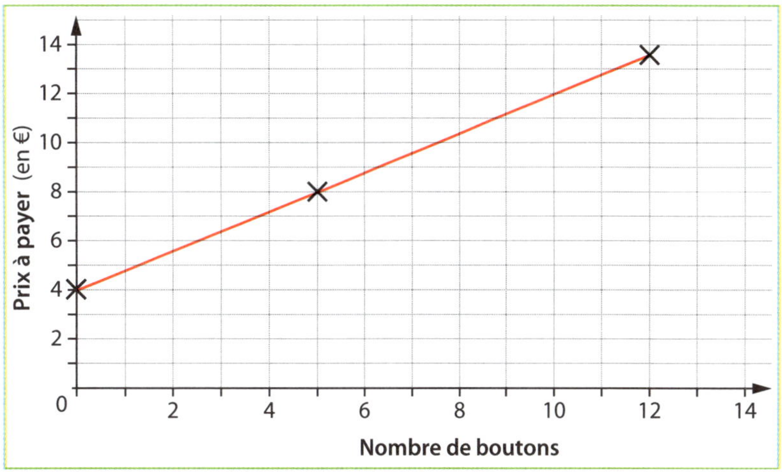

2 Yannis est serveur à temps partiel dans un restaurant. Son salaire mensuel dépend du nombre d'heures travaillées pendant le mois. Il compare ses salaires des trois derniers mois afin de déterminer son taux horaire (salaire pour une heure).

Nombre d'heures travaillées	35	75	140
Salaire (en €)	285,25	611,25	1 141

1. **Le salaire de Yannis est-il proportionnel au nombre d'heures travaillées ? Justifier.**

2. **Est-ce une situation linéaire ?**

3. **Quel est le taux horaire ?**

3 Une fonction linéaire est définie par l'expression algébrique : $y = 1{,}5x$.

1. **Donner la valeur du coefficient** ***a*****.**

2. **Calculer la valeur de** y **si** $x = 7{,}25$**.**

4 Lors d'un feu d'artifice, le son met plus de temps que la lumière à nous parvenir, car la vitesse du son est plus faible que celle de la lumière. La distance y (en m) parcourue par le son en fonction du temps x (en s) est définie par la fonction linéaire f, avec $f(x) = 343x$.

1. **Calculer** y **si** $x = 2$**.**

2. **En déduire la distance (en m) parcourue par le son pendant 2 s.**

3. **Calculer** y **si** $x = 8$**.**

4. **En déduire la distance en m, puis en km, parcourue par le son pendant 8 s.**

Exploiter une situation linéaire de la vie courante

5 Enzo et Ratiba voyagent à Toronto, au Canada. La monnaie du Canada est le dollar canadien.
Pour pouvoir convertir rapidement les prix sans faire de calculs, ils décident de réaliser et d'utiliser un graphique de conversion entre dollars canadiens et euros à partir du tableau suivant.

Prix en dollars canadiens	5	12	18
Prix en euros	3,5	8,4	12,6

1. **Ouvrir un tableur, puis recopier le tableau ci-dessus.**
2. **Sélectionner les cellules du tableur et insérer un graphique du type** Nuage de points **ou** XY (dispersion) **dont les points sont reliés entre eux.**

→ Voir la fiche Tableur (page de couverture)

3. **Justifier qu'il s'agit d'une situation linéaire :**
   a. **graphiquement :** ....
   b. **par le calcul :** ....
   ....
4. **Déterminer graphiquement le prix en euros d'un sandwich vendu 7 dollars canadiens**

....

Passer d'un mode de représentation à un autre

6 La tension U (en V) aux bornes d'un dipôle et l'intensité du courant I (en A) le traversant sont liées par une relation de proportionnalité $U = R \times I$, où R est la résistance (en ohm) du dipôle. Pour déterminer la résistance d'un dipôle, Sienna, Tino et Norah utilisent des techniques différentes.

<table>
<tr><th>Sienna utilise un tableau de valeurs de U et I</th><th>Tino utilise l'expression algébrique liant U et I</th><th>Norah utilise un graphique représentant U en fonction de I</th></tr>
<tr><td><table><tr><td>I (en A)</td><td>0,04</td><td>0,08</td><td>0,12</td></tr><tr><td>U (en V)</td><td>2</td><td>4</td><td>6</td></tr></table></td><td>$U = 50 \times I$</td><td>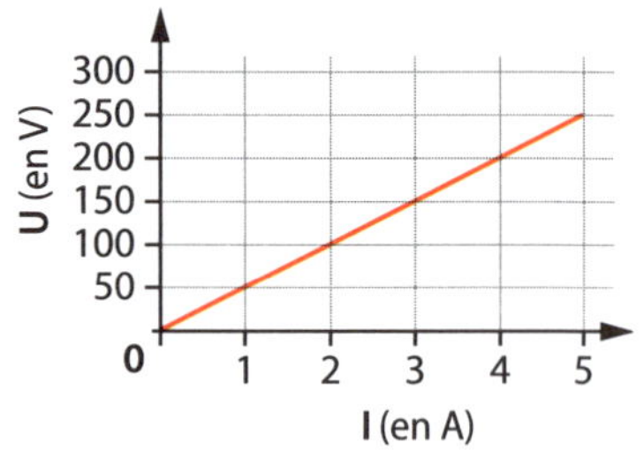
</td></tr>
</table>

1. **Sienna obtient la résistance R en déterminant le coefficient de proportionnalité du tableau de valeurs. Calculer la valeur de R.**

....
....

2. **Comment Tino a-t-il trouvé la valeur de R ?**

....

3. **Pour trouver R, Norah lit l'ordonnée du point de la droite d'abscisse 1. Représenter sur le graphique les traits permettant de trouver R. Donner la valeur de R lue.**

....

J'approfondis

7 Sophie fait un stage dans un magasin de vente de tissus vendus au mètre. Le prix du tissu est de 8,55 € par mètre.

1. Un client souhaite acheter 50 cm de tissu.

   a. **Convertir cette longueur en m.**

   ....

   b. **Combien va-t-il payer ?**

   ....

2. **Cocher la bonne réponse.**
   Pour calculer le prix à payer y (en €) en fonction de la longueur de tissu acheté x (en m), il faut utiliser la formule :
   ☐ $y = x/8{,}55$ ☐ $y = 8{,}55x$ ☐ $y = 8{,}55 + x$

3. **Utiliser l'expression algébrique trouvée pour compléter le tableau suivant.**

Longueur de tissu *x* (en m)	0,6	1,20	2,4
Prix à payer *y* (en €)	....	....	....

4. **Est-ce un tableau de proportionnalité ? Justifier.**

....

....

8 Lors d'un reportage sur les astronautes, un journaliste annonce : « *La masse d'un objet est identique sur la Terre et sur la Lune. On ne peut pas en dire autant du poids de cet objet, qui est 6 fois plus faible sur la Lune.* »
On cherche à vérifier cette affirmation.
L'expression algébrique qui relie le poids P (en newton) d'un objet sur Terre à sa masse m (en kg) est $P = 9{,}8m$. On peut lui associer la fonction f telle que $P = f(m) = 9{,}8m$.

1. **Peut-on dire que la fonction f est linéaire ? Si oui, quel est son coefficient a ?**

....

2. Si l'on mesure le poids P de plusieurs objets de masse m sur la Lune, on obtient le tableau ci-contre.
   Est-ce un tableau de proportionnalité ? Justifier.

m (en kg)	0,100	0,300	0,500
P (en N)	0,1622	0,4866	0,811

....

3. Sur la Lune, la relation entre le poids P et la masse m d'un objet est définie par la fonction linéaire g telle que $P = g(m) = 1{,}622\ m$ avec $a = 1{,}622$.
   Calculer :

   a. **le poids d'un homme de masse 70 kg sur la Lune.**
   $g(70) =$ ....

   b. **le poids d'un homme de masse 70 kg sur la Terre.**
   $f(70) =$ ....

4. **Calculer le rapport entre les coefficients a sur la Terre et la Lune (arrondi à l'unité).**

....

5. **Sachant que la masse m reste la même sur la Terre et sur la Lune, le journaliste a-t-il raison ? Justifier.**

....

....

J'approfondis

9 SCRATCH Thomas a réalisé le programme Scratch ci-contre.

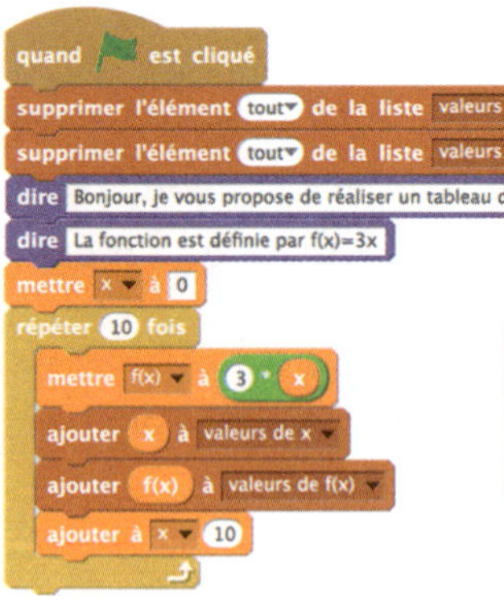

Fichier à télécharger
→ lienmini.fr/2375-09

1. **Lancer, puis tester le programme et expliquer son rôle.**

....

....

2. **Donner la formule algébrique de la fonction citée dans le programme. Est-ce une fonction linéaire ?**

....

....

3. **Modifier le programme pour afficher la fonction $f(x) = 8{,}4x$. Expliquer le travail réalisé.**

....

....

4. a. **Modifier et utiliser le programme pour compléter le tableau de valeurs suivant.**

x	0	5	10	15	20	25	30
$f(x) = 8{,}4x$	....	....	....	....	....	....	....

b. **Expliquer le travail réalisé.**

....

....

5. **Comment faire pour que les valeurs de x s'étendent de –5 à 5 ?**

....

Calcul numérique

+ de calculs en ligne
→ lienmini.fr/2375-10

Arrondir un résultat

→ Fiche 8, p. 188

10 **1.** **Arrondir à 0,1.**

a. $\frac{1}{3} \approx$ .... b. $\frac{1}{6} \approx$ .... c. $\frac{2}{3} \approx$ .... d. $\frac{1}{7} \approx$ .... e. $\frac{1}{9} \approx$ ....

2. **Arrondir à 0,01.**

a. $\frac{1}{3} \approx$ .... b. $\frac{1}{6} \approx$ .... c. $\frac{2}{3} \approx$ .... d. $\frac{1}{7} \approx$ .... e. $\frac{1}{9} \approx$ ....

Déterminer la valeur numérique d'une expression littérale

→ Fiche 12, p. 190

11 **1.** **Si $x = 2$, compléter les égalités.**

a. $3x =$ .... b. $-2x =$ .... c. $1{,}5x + 4 =$ .... d. $4x - 5 =$ .... e. $-0{,}5x + 6 =$ ....

2. **Si $x = -2$, compléter les égalités.**

a. $3x =$ .... b. $-2x =$ .... c. $1{,}5x + 4 =$ .... d. $4x - 5 =$ .... e. $-0{,}5x + 6 =$ ....

Je m'évalue

Nom : ....

Prénom : ....

Date : ....

Problématique

Le mois dernier, Louane est passée trois fois à la station essence pour remplir le réservoir de sa voiture. Elle paie des valeurs différentes à chaque fois. Elle compare les trois derniers tickets de caisse qu'elle possède et affirme que le prix au litre n'a pas changé pendant le mois.

A-t-elle raison ? Combien lui coûtera alors le plein d'essence (5 L) de son scooter ?

A Stabilité du prix de l'essence

Le tableau ci-dessous résume les informations des trois tickets de caisse de Louane.

	Ticket 1	**Ticket 2**	**Ticket 3**
Volume de carburant (en L)	35	40	45
Prix payé (en €)	46,06	52,64	59,22

1 Retrouver le prix payé sur le ticket 3, puis donner le volume de carburant acheté correspondant.

....

2 Cocher la bonne réponse.

Pour savoir si ce tableau est un tableau de proportionnalité, il faut :

☐ multiplier le volume de carburant par le prix payé.

☐ additionner le volume de carburant et le prix payé.

☐ **diviser le prix payé par le volume de carburant.**

3 Ce tableau est-il un tableau de proportionnalité ? Justifier.

....

....

4 Que représente le nombre obtenu en divisant le prix payé par le volume de carburant ?

....

....

5 En déduire le prix, en euros, d'un litre d'essence.

....

....

6 Le prix au litre a-t-il changé pendant le mois ? Louane a-t-elle raison ?

....

....

Je m'évalue

B Détermination du prix payé pour 5 L d'essence

7 On cherche à représenter graphiquement la situation avec GeoGebra.

Pour cela, suivre, les étapes ci-dessous.

- Dans le tableur de GeoGebra, recopier le volume de carburant dans la colonne **A** et le prix payé dans la colonne **B**.
- Dans l'onglet Options, puis Arrondi, choisir 3 décimales.
- Sélectionner toutes les valeurs des colonnes **A** et **B**, puis choisir l'outil Statistiques à 2 variables
- Une nouvelle fenêtre Source des données apparaît : cliquer sur Analyse.
- La fenêtre devient Analyse des données et un graphique apparaît. Choisir un modèle d'ajustement linéaire.

8 **Relever la relation algébrique entre *x* et *y* qui s'affiche en rouge.**

....

- Faire un clic droit sur le graphique puis choisir Copier vers graphique. Fermer la fenêtre Analyse des données, puis ajuster le graphique afin de visualiser l'origine du repère O.

9 **Est-ce une situation linéaire ? Expliquer.**

....

....

10 **Quelle est la fonction linéaire associée ?**

....

11 **Calculer la valeur de la fonction si $x = 5$.**

....

12 **Répondre à la question que se pose Louane concernant le plein de son scooter.**

....

Grille d'évaluation

Compétences	Capacités	Questions	Niveau d'acquisition conforme aux attendus ✗	✓	✓
S'approprier	• **Rechercher**, **extraire** et **organiser** l'information.	1, 7 et 8			
Analyser Raisonner	• **Émettre** une conjecture, une hypothèse. • **Proposer** une méthode de résolution, un protocole expérimental.	2			
Réaliser	• **Choisir** une méthode de résolution, un protocole expérimental. • **Exécuter** une méthode de résolution, **expérimenter**, **simuler**.	3, 5 et 10			
Valider	• **Contrôler** la vraisemblance d'une conjecture, d'une hypothèse. • **Critiquer** un résultat, **argumenter**.	4, 6, 9, 11 et 12			
Communiquer	• **Rendre compte** d'une démarche, d'un résultat, à l'oral ou à l'écrit.	6 et 11			

Note : .... / 10

CHAPITRE 4

Situations du premier degré

Je vais apprendre à

- Résoudre algébriquement une équation du type $ax + b = c$
- Résoudre un problème formalisé à l'aide d'une équation du 1er degré

Je démarre

Pour chaque question, cocher la (ou les) bonne(s) réponse(s).
Le samedi matin, Julia fait ses courses au marché. Elle est souvent confrontée à des problèmes mathématiques lorsqu'elle règle ses achats.

1 **Julia a acheté quatre pots d'herbes aromatiques à 3,50 € chacun. Pour calculer le prix à payer, l'égalité traduisant le problème est :**

☐ Prix à payer = 4 × 3,50 ☐ 4 × Prix à payer = 3,50 ☐ Prix à payer = 14 €

2 **Julia doit payer 8,25 € à un commerçant. Elle donne un billet de 20 €. Si l'on appelle *S* la somme rendue par le commerçant, l'égalité qui traduit le problème est :**

☐ $S = 8{,}25 + 20$ ☐ $S = 8{,}25 - 20$ ☐ $S = 20 - 8{,}25$

3 **La somme d'argent rendue par le commerçant à Julia est :**

☐ 8,25 € ☐ 11,75 € ☐ 12,75 €

4 **Julia achète trois barquettes de framboises. Elle paie 5,55 €. Si l'on appelle *x* le prix d'une barquette en €, l'égalité qui traduit le problème est :**

☐ $x + 3 = 5{,}55$ ☐ $3x = 5{,}55$
☐ $3 - x = 5{,}55$

5 **Le prix d'une barquette de framboises est :**

☐ 1,55 € ☐ 1,85 € ☐ 3 €

ACTIVITÉ 1 Mettre en équation un problème

Eau du robinet ou en bouteille ?

Timeo observe sa facture d'eau du robinet et constate que le prix du litre d'eau est de 0,00105 €. Comme il achète régulièrement de l'eau minérale, il se demande si le prix de l'eau du robinet est identique à celui de l'eau en bouteille.
Il paye généralement 2,25 € un pack de six bouteilles de 1,5 L d'eau minérale.
Timeo affirme que le prix d'un litre d'eau en bouteille est dix fois plus élevé que celui d'un litre d'eau du robinet. **A-t-il raison ?**

S'approprier

1 Quel est le prix d'un pack d'eau en bouteilles ? ....

2 Combien y a-t-il de litres d'eau dans un pack de 6 bouteilles ? ....

Analyser-Raisonner

3 Cocher la bonne réponse.

Si l'on appelle x le prix d'un litre d'eau en bouteille, l'égalité traduisant le problème est :

☐ $6x + 1,5 = 2,25$ ☐ $9x = 2,25$ ☐ $9 = 2,25x$

Réaliser

4 Trouver la valeur de x en calculant le rapport 2,25/9.

....

5 Donner le prix d'un litre d'eau en bouteille : ....

6 Calculer le rapport suivant (arrondir à l'unité) :

$$\frac{\text{Prix d'un litre d'eau minérale}}{\text{Prix d'un litre d'eau du robinet}} = \ldots\ldots$$

Valider/Communiquer

7 Quelle comparaison peut-on faire entre le prix d'un litre d'eau minérale et celui d'un litre d'eau du robinet ?

....

8 Timeo a-t-il raison ?

....

Mettre en **équation** un problème, c'est écrire une égalité entre deux expressions (deux membres) contenant un nombre ...., très souvent noté x.

Exemple : Un boulanger vend 6 baguettes pour 5,10 €. Pour trouver le prix x d'une baguette, on peut écrire l'équation suivante :

inconnue

$$6x = 5,10$$

1er membre — 2e membre

ACTIVITÉ 2

Écrire une équation du 1er degré et tester une valeur

Prix du plat

Candice invite ses amis Hugo et Fatou au restaurant. Ils prennent tous les trois un plat identique mais Hugo prend, en plus, un dessert à 5,50 € et Fatou un thé à la menthe à 2,80 €.
À la fin du repas, le serveur apporte l'addition à payer qui s'élève à 59,30 €.
Les trois amis se mettent d'accord pour que chacun paye ce qu'il a consommé, mais ils ont oublié le prix du plat.
Comment déterminer ce prix ?

S'approprier

1 **Lister tous les produits consommés par les trois amis.**

....

2 **Dans le total de l'addition (59,30 €), quels sont les prix connus ?**

....

Analyser-Raisonner

3 **Quelle est l'inconnue du problème ?** On la notera x.

....

4 **Cocher la bonne réponse.** L'égalité traduisant le problème est :

☐ $2x + 59{,}30 = 5{,}50 + 2{,}80$ ☐ $3x + 59{,}30 = 8{,}30$ ☐ $3x + 8{,}30 = 59{,}30$

Réaliser

5 Les trois amis donnent des prix de plats différents : Hugo pense que le plat était à 19 €, Fatou 15 € et Candice 17 €.

Remplacer x par chacun de ces trois prix dans l'expression $3x + 8{,}30$, puis calculer.

a. Pour Hugo : ....

b. Pour Fatou : ....

c. Pour Candice : ....

6 **L'égalité choisie à la question 4 est-elle vérifiée pour l'une des personnes ?**

....

Valider/Communiquer

7 **Quel est le prix du plat ?** ....

Une **équation** du 1er degré à une inconnue est une .... de la forme $ax + b = c$, où a, b et c sont des nombres et a est différent de 0.

La **solution** de l'équation est le nombre tel que, si l'on remplace x par ce nombre, l'égalité est ....

ACTIVITÉ 3

Résoudre une équation du type $ax + b = c$

Le 3 000 m

En athlétisme, le record du monde masculin du 3 000 m est détenu depuis 1996 par le Kényan Daniel Komen. Pour franchir la ligne d'arrivée du 3 000 m, il est nécessaire de parcourir 7 tours de stade et 200 m.
Quelle est la longueur d'un tour de stade ?

S'approprier

1 Quelle est la longueur de la course réalisée par Daniel Komen ?

....

2 Combien de tours cela représente-t-il ?

....

Réaliser

L'inconnue du problème, notée x, est la longueur d'un tour. L'équation représentative du problème est donc $7x + 200 = 3\,000$.

3 Résoudre l'équation en répondant aux questions suivantes.

a. L'équation est de la forme $ax + b = c$.
Noter les valeurs de *a*, *b* et *c* dans le tableau ci-contre.

a	*b*	*c*
....	....	....

b. **À l'aide de la démarche donnée dans la colonne de gauche, compléter et réaliser les calculs attendus.**

Démarche générale	Calculs
$ax + b = c$	....
$ax + \cancel{b} - \cancel{b} = c - b$	....
$ax = c - b$	....
$\dfrac{\cancel{a}x}{\cancel{a}} = \dfrac{c - b}{a}$	....
$x = \dfrac{c - b}{a}$	....

Valider/Communiquer

4 Quelle est la longueur d'un tour de stade ? ....

Pour **résoudre une équation** du type $\boldsymbol{ax + b = c}$, on identifie les nombres ...., puis on utilise la relation $x = \dfrac{c - b}{a}$. On obtient ainsi x, la .... de l'équation.

Exemple : Soit l'équation $6x + 2{,}80 = 7{,}90$. Ici, $a = 6$; $b = 2{,}80$ et $c = 7{,}90$.

Résoudre l'équation revient à calculer $x = \dfrac{7{,}90 - 2{,}80}{6} = 0{,}85$.

ACTIVITÉ 4

Résoudre un problème du 1er degré avec le tableur

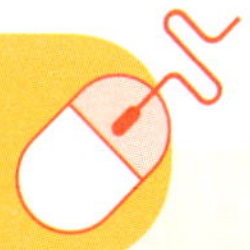

Déclarer ses revenus

Imane travaille au service des impôts. Elle doit vérifier le dossier d'un contribuable, une personne qui paie des impôts.
Ce contribuable a déclaré des frais réels en 2017 liés aux transports domicile-travail pour un montant égal à 4 848 €.
Quelle distance a-t-il parcourue en 2017 ?

Analyser-Raisonner

1 La puissance administrative du véhicule du contribuable est de 5 CV (chevaux) et la distance parcourue est comprise entre 5 001 et 20 000 km.
Dans le tableau ci-dessous, entourer la formule permettant de calculer les frais réels.

Calcul des frais réels générés par les transports domicile-travail (x est la distance annuelle parcourue en km)			
Puissance administrative	**Jusqu'à 5 000 km**	**De 5 001 à 20 000 km**	**Au-delà de 20 000 km**
3 CV et moins	$0{,}41x$	$0{,}245x + 824$	$0{,}286x$
4 CV	$0{,}493x$	$0{,}227x + 1\ 082$	$0{,}332x$
5 CV	$0{,}543x$	$0{,}305x + 1\ 188$	$0{,}364x$
6 CV	$0{,}568x$	$0{,}32x + 1\ 244$	$0{,}382x$
7 CV et plus	$0{,}595x$	$0{,}337x + 1\ 288$	$0{,}401x$

2 **Si x est l'inconnue du problème et 4 848 € est le tarif payé par le contribuable, écrire l'équation associée au problème sous la forme $ax + b = c$.** ....

3 **Donner les valeurs de a, b et c.** $a =$ .... $b =$ .... $c =$ ....

Réaliser

4 Imane va utiliser un tableur pour résoudre cette équation.
- **Ouvrir le fichier fourni avec un tableur.**
- **Dans les cellules B2, B3 et B4, écrire les valeurs de a, b et c.**
- **Vérifier que l'équation s'écrit correctement.**

Fichier à télécharger
→ lienmini.fr/2375-11

5 **Cocher la bonne réponse.**
Dans la cellule **B10**, la formule permettant de calculer la solution de l'équation, $x = \frac{c - b}{a}$, est :

☐ `=(B2-B3)/B4` ☐ `=(B3-B4)/B2` ☐ `=(B4-B3)/B2`

6 **Saisir cette formule et donner la solution de l'équation.** ....

Valider

7 **En déduire la distance parcourue par le contribuable en 2017.** ....

Pour résoudre une équation de la forme $ax + b = c$ avec un ...., on peut utiliser les fonctionnalités du logiciel pour qu'il calcule **automatiquement** la solution de l'équation.

Je fais le bilan

Je retiens l'essentiel

- Une **équation du 1er degré à une inconnue** x est de la forme $\boldsymbol{ax + b = c}$ ($a \neq 0$).
  Sa **solution** est $x = \dfrac{c - b}{a}$.
- Pour **résoudre un problème du 1er degré à une inconnue**, on peut suivre ces étapes pas à pas.

  Exemple : « Amine a acheté six baguettes et un éclair au chocolat à 2,80 €. Il a payé 7,90 € en tout. Combien coûte une baguette ? »

1re étape. Identifier l'inconnue.	L'inconnue x est le prix d'une baguette.
2e étape. Traduire l'énoncé par une équation de la forme $ax + b = c$.	$6x + 2{,}80 = 7{,}90$ avec $a = 6$, $b = 2{,}80$ et $c = 7{,}90$
3e étape. Résoudre l'équation : - en soustrayant b à chaque membre de l'équation, puis en divisant chaque membre par a. →	$6x + 2{,}80 - 2{,}80 = 7{,}90 - 2{,}80$ $6x = 5{,}10$ $\dfrac{6x}{6} = \dfrac{5{,}10}{6}$ donc $x = 0{,}85$
- ou en utilisant directement la relation $x = \dfrac{c - b}{a}$ →	$x = \dfrac{7{,}90 - 2{,}80}{6} = 0{,}85$ donc $x = 0{,}85$
4e étape. Conclure.	Le prix d'une baguette est 0,85 €.
5e étape. Vérifier le résultat en remplaçant x par la valeur trouvée.	On remplace x par 0,85 dans l'équation : $6 \times 0{,}85 + 2{,}80 = 7{,}90$

Je teste mes acquis

+ de tests en ligne
→ lienmini.fr/2375-12

Cocher la (ou les) bonne(s) réponse(s).

1 **Le chiffre 5 est solution de l'équation :**

☐ $x + 1 = 4$ ☐ $x - 1 = 4$ ☐ $2x + 1 = 11$

2 **Le nombre 2,5 est solution de l'équation :**

☐ $3 + 2x = 15$ ☐ $5 = 0{,}5x + 3{,}75$ ☐ $0{,}5x + 3{,}75 = 4$

3 **L'équation $2x + 5 = 7$ est de la forme $ax + b = c$. La valeur de c est :**

☐ 2 ☐ 5 ☐ 7

4 **L'équation $-8x + 3{,}50 = 20$ est de la forme $ax + b = c$. La valeur de a est :**

☐ 8 ☐ –8 ☐ 20

5 **L'équation $4x - 2 = 24$ est de la forme $ax + b = c$, où $a = 4$, $b = -2$ et $c = 24$. Elle a pour solution :**

☐ $x = \dfrac{24 + 2}{4}$ ☐ $x = \dfrac{4 + 24}{-2}$ ☐ $x = \dfrac{24 - 2}{4}$

6 **L'égalité $4x - 1 = 3$ est vraie pour :**

☐ $x = 0$ ☐ $x = 0{,}5$ ☐ 1

7 **Johan possède une piscine de capacité totale 12 m³. Il a rempli sa piscine avec 7,5 m³ et veut savoir la quantité d'eau qu'il doit ajouter. L'inconnue x de ce problème est :**

☐ la capacité totale ☐ la quantité d'eau à ajouter ☐ la quantité d'eau déjà versée

8 **L'équation du problème précédent peut s'écrire :**

☐ $x + 12 = 7{,}5$ ☐ $7{,}5x = 12$ ☐ $x + 7{,}5 = 12$

J'applique

Reconnaître une équation du 1er degré à une inconnue

1 **Parmi les équations suivantes, cocher celles qui sont du 1er degré à une inconnue.**

☐ $2x + z = 3$ ☐ $5 - 2x = 21$ ☐ $58 = 0{,}25x + 32$ ☐ $2x^3 - 3 = 25$

☐ $3x + 2{,}5 = 15$ ☐ $2x^2 + 5 = 64$ ☐ $0{,}4y + 3 = 9$ ☐ $\frac{8}{4} = \frac{1}{4}x + \frac{3}{4}$

Mettre en équation un problème

2 **Écrire l'équation associée à chaque opération effectuée par l'ordinateur.**

On appelle x le nombre choisi par l'ordinateur.

a. Un ordinateur est programmé pour choisir un nombre au hasard, puis le multiplier par 10.
Le résultat final est 50.

....

b. Un ordinateur est programmé pour choisir un nombre au hasard, puis doubler ce nombre et enfin soustraire 4.
Le résultat final est 28.

....

c. Un ordinateur est programmé pour choisir un nombre au hasard, puis le multiplier par 5, et ajouter 3.
Le résultat final est 25.

....

3 **Écrire l'équation associée à chaque situation.**

1. Une sortie scolaire au cinéma avec 16 élèves coûte 94,40 €. Le trajet en bus coûte 38,40 €. Le prix d'une place de cinéma est l'inconnue x.

....

2. Une sortie scolaire à la piscine est organisée. Le coût d'une entrée à la piscine est de 2,80 € et le lycée a payé en tout 124,80 €. Le nombre d'élèves est l'inconnue x.

....

Résoudre une équation du 1er degré à une inconnue

4 On souhaite résoudre l'équation $3x + 4 = 16$. Elle est du type $ax + b = c$.

1. Déterminer les valeurs de *a*, *b* et *c*.

....

2. La solution de l'équation $ax + b = c$ s'écrit $x = \frac{c - b}{a}$.

Cocher la bonne réponse. La solution de l'équation $3x + 4 = 16$ est :

☐ $x = \frac{16 - 4}{3}$ ☐ $x = \frac{16 + 4}{3}$ ☐ $x = \frac{16 - 3}{4}$

3. Calculer la solution de l'équation. ....

5 On cherche à résoudre l'équation $2{,}8x + 3{,}5 = 10{,}5$. Elle est du type $ax + b = c$.

1. Compléter la méthode suivante pour résoudre l'équation.

$2{,}8x + 3{,}5 -$ .... $= 10{,}5 -$ ....

$2{,}8x =$ ....

$\frac{2{,}8x}{\dots\dots} = \frac{\dots\dots}{\dots\dots}$

2. En déduire la solution de l'équation. ....

6 SCRATCH Le chat Scratch propose le programme ci-dessous.

Fichier à télécharger
→ lienmini.fr/2375-13

1. **Ouvrir le programme, puis le tester. Quel est son rôle ?**

....

....

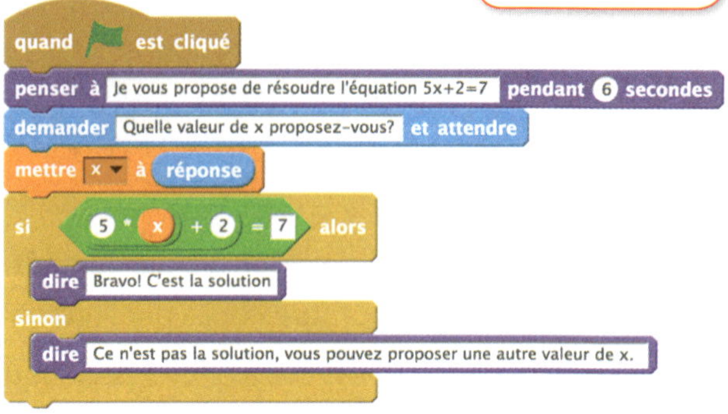

2. **Modifier le programme pour afficher l'équation $2x + 3 = 18$.**

3. **À l'aide du programme, donner la solution de l'équation $2x + 3 = 18$.**

....

4. **Modifier le programme pour afficher l'équation $2x - 3 = 5$ en utilisant les opérateurs**  **;**  **et**  **à la place de**  **.**

5. **Utiliser le programme pour donner la solution de l'équation $2x - 3 = 5$.**

....

Résoudre un problème formalisé à l'aide d'une équation du 1er degré

7 Matéo fait son stage de gestion dans une entreprise. En prévision de l'archivage des dossiers de l'année 2017, il doit commander 45 boîtes d'archivage sur Internet.
Les frais de port lors de l'envoi du colis sont de 4,50 €.
Le prix total payé par Matéo est 46,80 €. Il se demande quel est le prix d'une boîte d'archivage.

1. **Quelle est l'inconnue du problème ? On l'appellera *x*.**

....

2. **Cocher la bonne réponse.**

L'équation représentant le problème est :

☐ $4{,}50x + 45 = 46{,}80$ ☐ $45x + 4{,}50 = 46{,}80$ ☐ $4{,}50x - 46{,}50 = 0$

3. **Résoudre l'équation choisie.**

....

....

....

4. **En déduire la valeur de *x* :** ....

5. **Si l'on remplace *x* dans l'équation de départ par la solution trouvée, l'égalité est-elle vérifiée ?**

....

6. **En déduire le prix d'une boîte d'archivage.**

....

J'approfondis

8 Lorsqu'il veut laver son linge, Axel utilise un adoucissant. Il achète ce produit en berlingot et doit le préparer selon une procédure de dilution notée sur l'étiquette.

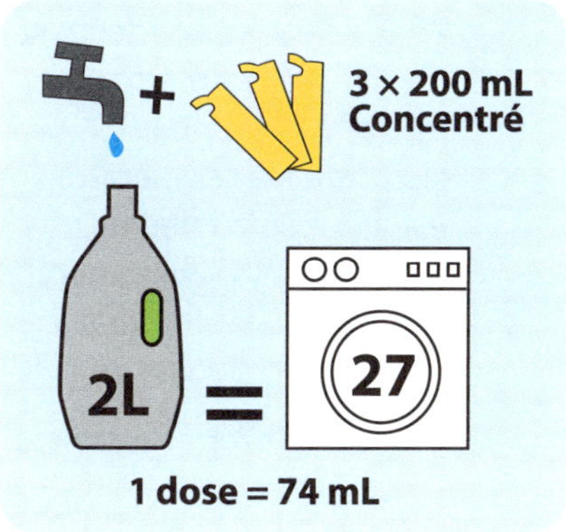

1. **Expliquer la méthode de dilution donnée sur l'étiquette.**

2. **Quel volume d'adoucissant est-il conseillé d'utiliser lors d'un lavage ?**

3. Axel a utilisé 800 mL de produit sur les 2 L de produit dilué préparé. Il souhaite connaître le nombre de lavages qu'il pourra faire avec ce qu'il lui reste.
Si l'on appelle x le nombre de lavages restants, écrire une équation sous la forme $ax + b = c$ qui permet de résoudre le problème.

4. **Résoudre cette équation en utilisant $x = \frac{c - b}{a}$. Arrondir à l'unité.**

5. **Combien de lavages Axel peut-il réaliser avec la quantité restante ?**

9 Aya vient de rénover sa chambre de forme carrée. Elle souhaite placer des plinthes contre le mur au niveau du sol. Ces plinthes ont une longueur de 20 cm. Les dimensions en cm de la chambre sont données sur le croquis ci-contre.

Aya se demande combien de plinthes elle devra acheter.

Elle affirme qu'il faut résoudre l'équation

$20x + 190 = 1\,200$.

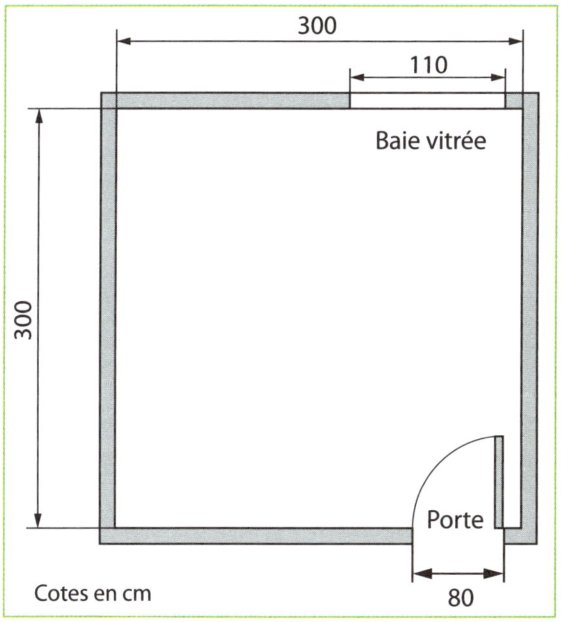

1. **Quelle est l'inconnue x du problème ?**

2. **Que représente $20x$?**

3. **À quelle valeur correspond le nombre 1 200 ?**

4. **À quelle valeur correspond 190 ?**

5. **L'équation proposée est-elle correcte ?**

6. **Résoudre cette équation avec la formule $x = \frac{c - b}{a}$.**

7. **Les plinthes sont vendues à l'unité. Combien de plinthes Aya devra-t-elle acheter ?**

J'approfondis

10 Avant de partir pour New York, Léane se connecte sur un site météorologique et trouve les données ci-contre. La température est affichée en degrés Fahrenheit (°F). Elle cherche à convertir la température du lundi en degrés Celsius (°C), car elle pense qu'il va faire très chaud.

Samedi	Dimanche	Dimanche soir	Lundi	Lundi soir
61 °F	74 °F	56 °F	75 °F	57 °F

1. **Quelle température est affichée pour lundi ?** ....

La formule pour convertir une température T_C en °C en une température T_F en °F est : $T_F = 1{,}8 \times T_C + 32$

2. **Quelle est l'inconnue x du problème ?** ....

3. **Écrire une équation du type $ax + b = c$ pour déterminer la température en °C le lundi.**

....

4. Pour déterminer la solution de cette équation et la température correspondante, on utilise GeoGebra.

Ouvrir GeoGebra, puis créer un curseur en utilisant l'outil [a=2]. Prendre pour réglages min : 0 ; max :125 et Incrément : 1.

- **Dans la zone de saisie, saisir `1.8x+32`, taper sur Entrée puis, dans la même zone, saisir `y=a` et taper sur Entrée.**
- **Créer un point à l'intersection des deux droites.**
- **Déplacer le curseur à 75 et déterminer l'abscisse du point A arrondie à 0,1 :** ....

L'abscisse du point d'intersection est la solution de l'équation.

5. **En déduire la température en °C (arrondie à 0,1 près) affichée le lundi. Va-t-il faire très chaud comme le craint Léane ?**

....

6. **Utiliser GeoGebra pour déterminer la température en °C (arrondie à 0,1) le lundi soir.**

....

+ de calculs en ligne → lienmini.fr/2375-14

Calcul numérique

Effectuer des opérations sur les nombres en écriture décimale

→ Fiche 1, p. 185

11 **Calculer mentalement les valeurs de x permettant de vérifier l'égalité.**

$x + 3 = 12{,}5$	$x - 2{,}25 = 25$	$x + 1{,}75 = 3$	$x - 2{,}4 = 3{,}8$
....	....	....	....

Déterminer la valeur numérique d'une expression littérale

→ Fiche 12, p. 190

12 **Remplacer x dans l'expression $ax + b$, puis dire quelle valeur de x est solution de l'équation $ax + b = 20$.**

$ax + b$	$x = 2$	$x = 3$	$x = 6$	Solution de $ax + b = 20$
$3x + 2$				
$2{,}5x + 12{,}5$				
$-2{,}3x + 24{,}6$				

Je m'évalue

Nom : ....
Prénom : ....
Date : ....

Problématique

Esteban et Capucine ont acheté la parcelle 213 de forme rectangulaire.
Le couple connaît la longueur du terrain (35 m) et son périmètre (104 m).
Capucine affirme qu'il est possible avec ces données de retrouver la largeur du terrain et d'en déduire ainsi l'aire de la parcelle.
Comment faire pour trouver la largeur du terrain ?
Comment en déduire l'aire de la parcelle ?

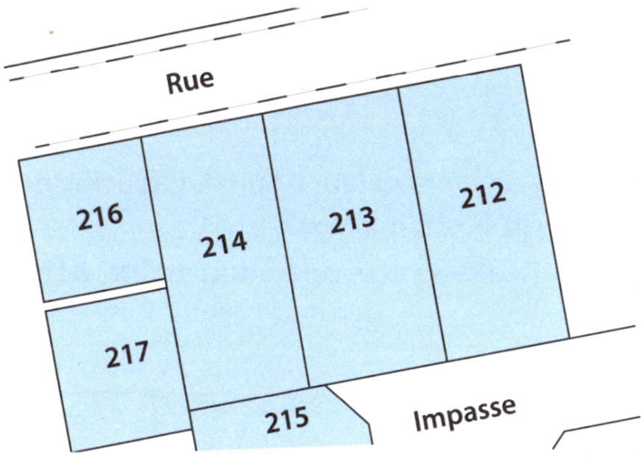

A Introduction

1 **Donner la forme du terrain d'Esteban et Capucine, sa longueur et son périmètre.**

....

2 **Cocher la bonne réponse.**
L'inconnue du problème, que l'on notera x, est :
☐ la longueur du terrain ☐ la largeur du terrain ☐ le périmètre du terrain

3 Le périmètre $\mathcal{P}$ d'un rectangle en fonction de sa longueur L et de sa largeur ℓ est donné par la formule $\mathcal{P} = 2 \times L + 2 \times \ell$.
Cocher la bonne réponse. L'équation représentant le problème est :
☐ $35x + 104 = 213$ ☐ $2x + 35 = 208$ ☐ $2x + 70 = 104$

4 L'équation choisie à la question précédente s'écrit sous la forme $ax + b = c$. **Identifier *a*, *b* et *c*.**

....

Pour déterminer la solution de cette équation, Capucine et Esteban utilisent chacun une méthode.

B Méthode d'Esteban (sur papier)

5 **Résoudre l'équation.**

....
....
....

C Méthode de Capucine (avec l'ordinateur)

6 **Ouvrir le fichier fourni avec un tableur. Dans les cellules B2, B3 et B4, écrire les valeurs de *a*, *b* et *c*. Vérifier que l'équation s'écrit correctement.**

Fichier à télécharger
→ lienmini.fr/2375-15

7 **Cocher la bonne réponse.** Dans la cellule **B10**, la formule permettant de calculer la solution de l'équation $x = \dfrac{c - b}{a}$ est :
☐ `=(B2-B3)/B4` ☐ `=(B4-B3)/B2` ☐ `=(B3-B4)/B2`

Je m'évalue

8 **Saisir la relation choisie, puis donner la solution de l'équation et en déduire la largeur de la parcelle.**

....

9 **La valeur de la largeur trouvée par Esteban est-elle la même que celle trouvée par Capucine ?**

....

D Vérification et calcul de l'aire

10 Pour vérifier leur résultat, Capucine et Esteban remplacent x dans l'équation de départ par la valeur qu'ils ont trouvée.

Réaliser cette opération et dire si l'égalité est vérifiée.

....

....

11 Pour calculer l'aire, le couple utilise la relation Aire = Longueur × Largeur

Déterminer l'aire $\mathcal{A}$ (en m^2) de la parcelle.

....

....

12 **Quelles sont la largeur et l'aire du terrain de Capucine et Esteban ?**

....

....

Grille d'évaluation

Compétences	Capacités	Questions	Niveau d'acquisition conforme aux attendus ✔ (rouge)	✔ (orange)	✔ (vert)
S'approprier	• **Rechercher**, **extraire** et **organiser** l'information.	1, 2, 4 et 6			
Analyser Raisonner	• **Émettre** une conjecture, une hypothèse. • **Proposer** une méthode de résolution, un protocole expérimental.	3 et 7			
Réaliser	• **Choisir** une méthode de résolution, un protocole expérimental. • **Exécuter** une méthode de résolution, **expérimenter**, **simuler**.	5, 8, 10 et 11			
Valider	• **Contrôler** la vraisemblance d'une conjecture, d'une hypothèse. • **Critiquer** un résultat, **argumenter**.	8 et 9			
Communiquer	• **Rendre compte** d'une démarche, d'un résultat, à l'oral ou à l'écrit.	9 et 12			

Note : .... / 10

CHAPITRE 5

Données et représentations statistiques

Je vais apprendre à

- Lire des données statistiques présentées dans un graphique ou dans un tableau
- Identifier le caractère qualitatif ou quantitatif d'une situation donnée
- Représenter une série statistique par un diagramme en bâtons, un diagramme en secteurs circulaires et un histogramme

Je démarre

Pour chaque question, cocher la (ou les) bonne(s) réponse(s).
Voici l'infographie réalisée par un organisme de sondage sur le nombre d'utilisateurs des réseaux sociaux les plus populaires au monde en janvier 2016.

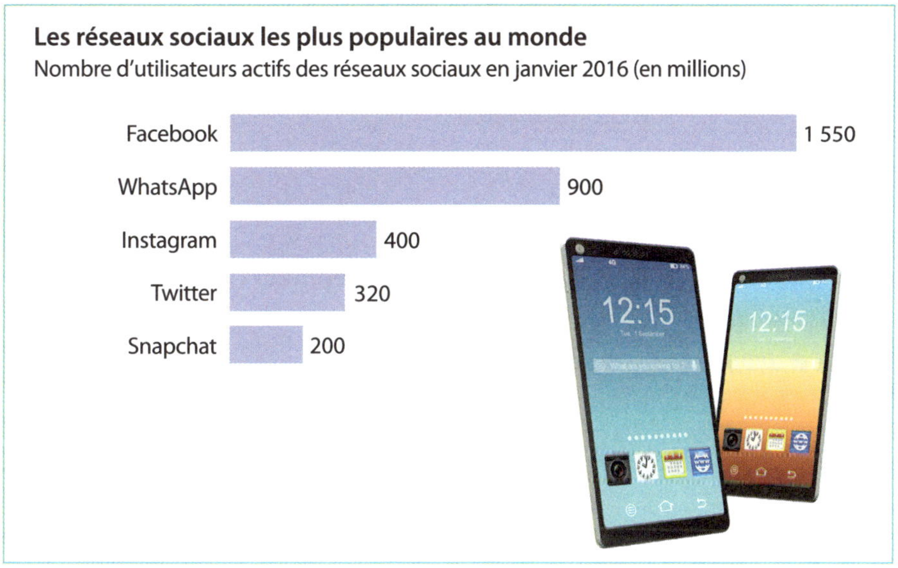

1 **Sur combien de réseaux sociaux cette infographie porte-t-elle ?**
☐ 4 ☐ 5 ☐ 6

2 **Le réseau social le plus utilisé dans le monde est :**
☐ Facebook ☐ WhatsApp ☐ Snapchat

3 **Le troisième réseau social le plus utilisé dans le monde est :**
☐ WhatsApp ☐ Twitter ☐ Instagram

4 **Le réseau social fréquenté par 200 millions d'utilisateurs est :**
☐ Instagram ☐ Twitter ☐ Snapchat

5 **Les réseaux sociaux utilisés par plus de 500 millions d'utilisateurs sont :**
☐ Facebook ☐ WhatsApp ☐ Twitter

ACTIVITÉ 1

Lire des données statistiques et se familiariser avec le vocabulaire

Les usages du smartphone

Naïma profite de son stage dans un magasin de smartphones pour réaliser une enquête statistique auprès des clients du magasin. Elle leur demande : « *Quelle est la fonction que vous utilisez le plus sur votre smartphone ?* » Elle obtient les réponses ci-contre.

SMS	Internet	téléphone	jeux	SMS
Internet	SMS	SMS	Internet	SMS
téléphone	jeux	Internet	SMS	Internet
SMS	jeux	SMS	jeux	Internet

Comment organiser ces données pour déterminer la fonction la plus utilisée sur un smartphone par les clients de ce magasin ?

S'approprier

1 **Sur qui porte l'enquête statistique ?**

....

> *L'ensemble des objets ou personnes sur lequel porte une étude statistique s'appelle la population.*

2 **À partir des réponses données, relever les fonctions qu'utilisent les clients sur leur smartphone.**

....

Analyser-Raisonner

3 **Quel est le caractère statistique étudié ?**

....

....

> *Le caractère est la propriété étudiée dans une étude statistique.*

4 Si les valeurs énoncées sont des nombres, le caractère est dit **quantitatif**.
Si les valeurs énoncées sont des mots, le caractère est dit **qualitatif**.

Cocher la bonne réponse.

Dans cette enquête statistique, le caractère étudié est : ☐ quantitatif ☐ qualitatif

Communiquer

5 **Parmi les tableaux ci-dessous, cocher celui qui rend compte des données statistiques étudiées.**

☐

Fonction la plus utilisée	Nombre
SMS	8
Internet	2
Jeux	6
Téléphone	4

☐

Fonction la plus utilisée	Nombre
SMS	8
Internet	6
Jeux	4
Téléphone	2

6 **En déduire la fonction la plus utilisée par les acheteurs de smartphone de ce magasin.**

....

La .... d'une **série statistique** est l'ensemble des personnes ou objets sur lequel porte une **étude statistique**. Le **caractère** étudié est une propriété de la population.
Les données statistiques obtenues lors d'une enquête peuvent être organisées dans un .... statistique.

ACTIVITÉ 2

Construire un diagramme en bâtons

Tourisme à Paris

Voici l'extrait d'une infographie présentant les monuments et musées les plus visités en France au cours de l'année 2015.

Comment réaliser un diagramme en bâtons pour comparer visuellement les données de cette infographie ?

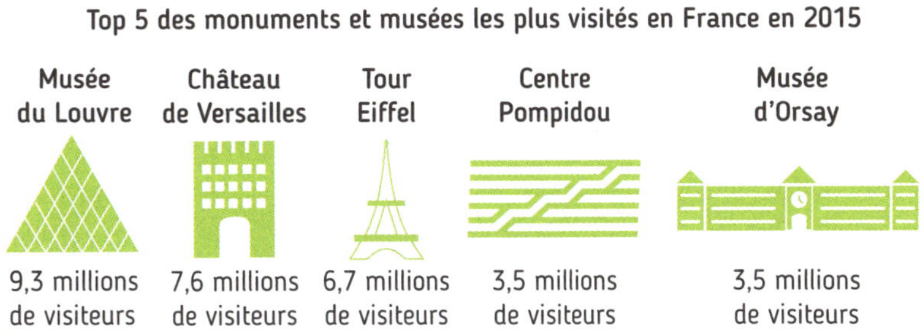

S'approprier

1 **Observer l'infographie et indiquer le message délivré au public.** ....

....

2 **Cocher la bonne réponse.** Le caractère étudié ici est :

☐ le nombre de visiteurs ☐ le monument ou musée visité ☐ la nationalité des visiteurs

3 **Compléter le tableau statistique suivant.**

Nom du monument ou musée	Nombre de visiteurs en 2015 (effectif)
Musée du Louvre	9 300 000
	7 600 000
Tour Eiffel	
Musée d'Orsay	

L'effectif est le nombre de fois où la valeur du caractère apparaît.

Réaliser

4 Dans un diagramme en bâtons, la hauteur des bâtons est proportionnelle aux effectifs.

Avec un tableur, construire le diagramme en bâtons représentant les monuments ou musées de France les plus visités en 2015.

- Ouvrir le fichier fourni, puis sélectionner les cellules **A2** jusqu'à **B6**.

Avec Excel :

- Dans l'onglet Insertion, sélectionner l'icône Colonne de l'onglet Graphiques.
- Choisir l'icône Histogramme groupé dans l'onglet Histogramme 2D.

Avec Calc :

- Cliquer sur Diagramme, puis sélectionner l'icône Colonne.

Fichier à télécharger
→ lienmini.fr/2375-16

Valider/Communiquer

5 **Donner un avantage d'une représentation en diagramme en bâtons.**

....

Un .... est une **représentation graphique** de données statistiques construite à partir de bâtons. Il permet de comparer visuellement des données.

ACTIVITÉ 3

Construire un diagramme circulaire

Des frais de carburant

Sur un site Internet, Léo a lu que les dépenses annuelles liées à l'usage quotidien de la voiture se répartissent de la manière suivante : « *Le carburant compte pour plus de la moitié des dépenses avec 1 850 €. L'assurance coûte 680 € et l'entretien 500 €. Le reste des dépenses, correspondant aux frais de stationnement et de péage, s'élève à 570 €.* »
Comment représenter ces données par un diagramme circulaire ?

S'approprier

1 Compléter le tableau suivant.

Type de dépenses	Carburant	Assurance	Entretien	Autres frais (stationnement, péage)	Total
Montant (en €)	1 850	....	500	....	....

Réaliser/Valider

2 Calculer le coût total annuel des dépenses liées à l'usage quotidien d'une voiture. Reporter le résultat dans le tableau. ....

3 Dans le diagramme circulaire de Léo, la valeur du montant total correspond à un angle de 360°.
Cocher le calcul qui permet de déterminer l'angle du secteur correspondant aux dépenses d'entretien.

> La mesure de l'angle est égale à : montant × $\frac{360}{\text{montant total}}$.

☐ $570 \times \frac{360}{3\,600} = 57°$ ☐ $500 \times \frac{360}{3\,600} = 50°$ ☐ $680 \times \frac{360}{3\,600} = 68°$

4 Vérifier par un calcul que l'angle correspondant aux dépenses de carburant vaut 185°.

....

5 Compléter le diagramme à secteurs circulaires représentant la répartition des dépenses liées à l'utilisation d'un véhicule en :
- traçant les secteurs angulaires correspondant aux dépenses d'assurance et de carburant ;
- indiquant la légende de chaque secteur.

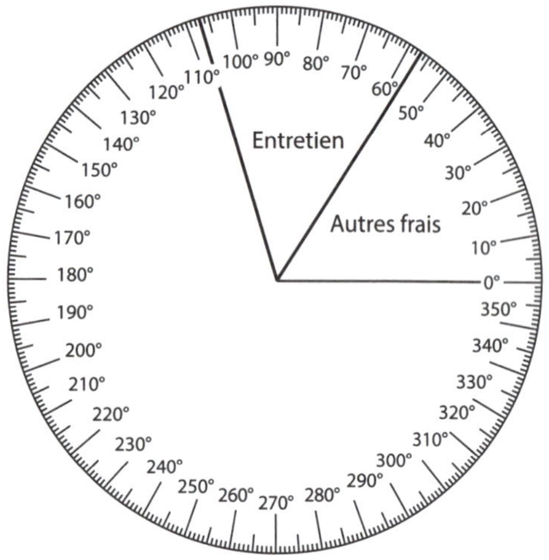

Communiquer

6 Le carburant représente-t-il plus de la moitié des dépenses liées à l'usage quotidien de son véhicule ?

....

....

> Un .... permet d'organiser des données pour faciliter leur lecture.
> Un .... est une **représentation graphique** qui permet de visualiser une répartition des données statistiques. Il est constitué d'un **disque** partagé en .... dont les **angles** sont .... aux effectifs représentés.

ACTIVITÉ 4

Construire un histogramme

Souriez... vous n'êtes pas flashé !

Des gendarmes relèvent les vitesses des automobilistes à l'entrée d'une agglomération où la vitesse est limitée à 50 km/h.
Ils reportent les informations dans le tableau ci-contre. Lola est chargée de présenter au maire de l'agglomération ces données sous forme d'un histogramme.

Est-il pertinent d'installer un radar à l'entrée de l'agglomération ?

Vitesse relevée (en km/h)	Nombre de véhicules (effectif)
[30 ; 50[	24
[50 ; 70[	14
[70 ; 90[	7

S'approprier

L'intervalle [50 ; 70[contient tous les nombres allant de 50 inclus à 70 exclu.

1 Cocher la bonne réponse.

a. Le caractère relevé par les gendarmes est :

☐ la couleur du véhicule
☐ le port de la ceinture de sécurité
☐ la vitesse du véhicule

b. Le caractère étudié est : ☐ quantitatif ☐ qualitatif

2 Indiquer le nombre total de véhicules dont la vitesse est relevée.

....

Réaliser

3 Pour représenter les données par un histogramme, suivre les étapes ci-dessous.

- Finir de graduer l'axe des abscisses.
- Indiquer la légende sur l'axe des abscisses.
- Compléter l'histogramme des vitesses des véhicules contrôlés par les gendarmes.

*Deux véhicules sont représentés par un rectangle de hauteur 1 carreau.
Le rectangle représentant 24 véhicules aura donc pour hauteur 12 carreaux.*

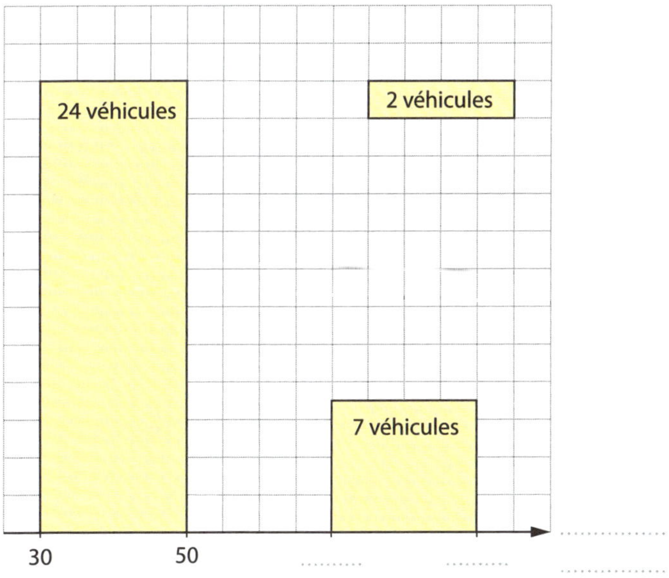

Communiquer

4 Cocher la bonne réponse.

Le nombre de véhicules qui roulent à 50 km/h et plus est : ☐ 14 ☐ 24 ☐ 21

5 À la lecture de ce graphique, peut-on dire qu'il est pertinent d'installer un radar à l'entrée de la ville ?

....

Des données statistiques regroupées dans des .... (intervalles) sont représentées par un ....

Je fais le bilan

Je retiens l'essentiel

- L'ensemble des objets ou personnes sur lequel porte une étude statistique s'appelle la **population**.
- Le **caractère** correspond à la propriété étudiée de l'enquête statistique. Il peut être **qualitatif** (non mesurable) ou **quantitatif** (mesurable).
- L'**effectif** est le nombre de fois qu'apparaît la même valeur du caractère.
- Une série statistique peut être **représentée** par :

Un diagramme circulaire	Un diagramme en bâtons	Un histogramme
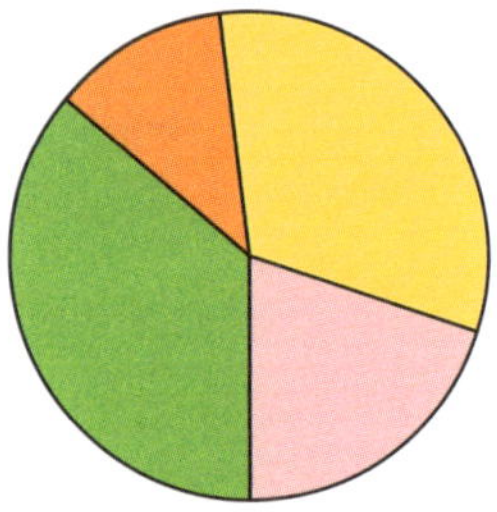	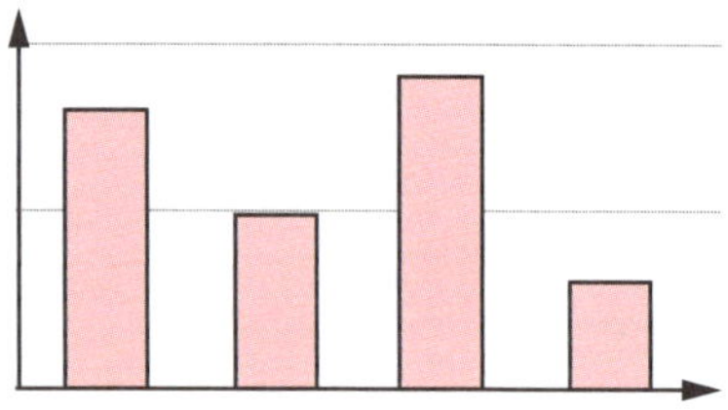	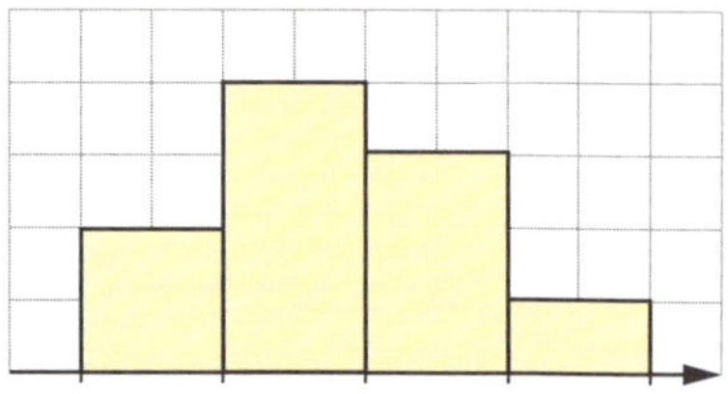
Caractère quantitatif ou qualitatif	Caractère quantitatif ou qualitatif	Caractère quantitatif (valeurs du caractère regroupées dans des intervalles appelés **classes**)

Je teste mes acquis

+ de tests en ligne
→ lienmini.fr/2375-17

Cocher la (ou les) bonne(s) réponse(s).

1 **Le nombre d'écrans par foyer est un caractère :**

☐ qualitatif ☐ quantitatif ☐ non mesurable

2 **Dans une étude statistique portant sur la fréquentation d'un cinéma selon la séance de la semaine, le caractère statistique est :**

☐ l'ensemble des cinéphiles ☐ la séance de la semaine ☐ le nombre de cinéphiles

3 **Dans une étude statistique menée auprès des élèves du lycée et portant sur le temps passé devant un écran pour jouer, la population est :**

☐ les élèves du lycée ☐ le temps de jeu devant un écran ☐ le temps au lycée

4 **La représentation graphique qui convient à un caractère qualitatif est :**

☐ un diagramme en bâtons ☐ un diagramme circulaire ☐ un histogramme

5 **La mesure totale des angles d'un diagramme circulaire est de :**

☐ 90° ☐ 180° ☐ 360°

Pour les questions 6 à 9, on considère le tableau ci-contre, qui donne la répartition de la population française selon l'âge en 2016.

Tranche d'âge (en années)	Pourcentage
[0 ; 20[	24,4
[20 ; 60[	50,4
[60 ; 75[	17,9
[75 ; 122[	7,3

6 **Que signifie la classe [20 ; 60[?**

☐ de 20 ans inclus à 60 ans exclu ☐ de 20 ans exclu à 60 ans exclu

☐ de 20 ans inclus à 60 ans inclus

7 **Le pourcentage de la population française âgée d'au moins 60 ans est :**

☐ 17,9 % ☐ 74,8 % ☐ 25,2 %

8 **La tranche d'âge est un caractère :**

☐ qualitatif ☐ qualificatif ☐ quantitatif

9 **Ces données statistiques peuvent être représentées par un :**

☐ diagramme circulaire ☐ diagramme en bâtons ☐ histogramme

J'applique

Lire des données statistiques présentées dans un graphique ou dans un tableau

1 Voici une représentation graphique donnant la répartition du nombre de licenciés en 2015 selon le type de sport pratiqué en France.

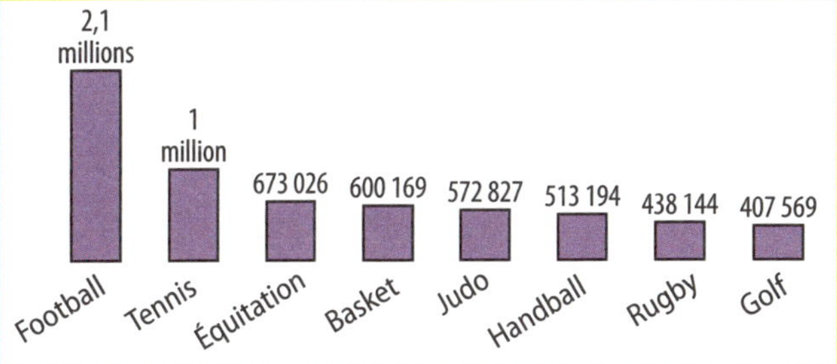

À partir de cette représentation graphique, compléter le tableau suivant.

Sport	....	Équitation	Football	....	....	Judo	Rugby	Tennis
Nombre de licenciés	600 169	673 026	....	407 569	513 194	572 827	....	1 000 000

2 Un site Internet effectue une enquête statistique sur les parts de marché, en France, des différentes marques de smartphones. Les données obtenues sont représentées sur le graphique ci-contre.

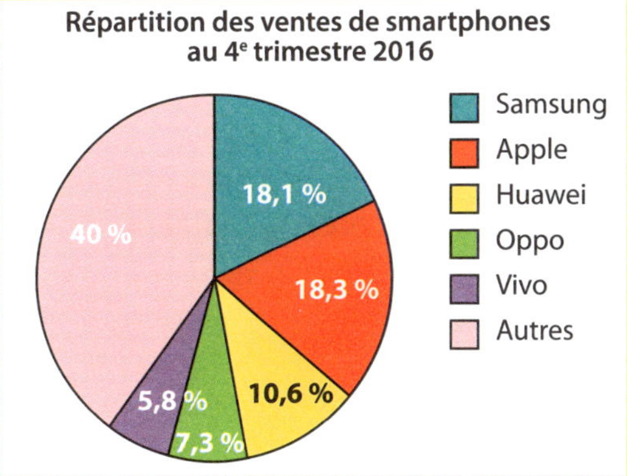

1. **De quel type de diagramme s'agit-il ?**

   ....

2. **Déterminer le caractère étudié en cochant la bonne réponse.**
   - ☐ La part de marché en pourcentage
   - ☐ Le nom de la marque de smartphone
   - ☐ Le prix du smartphone

3. **Classer les trois premières marques de smartphones selon leurs parts de marché.**

   1re : ....   2e : ....   3e : ....

Identifier le caractère qualitatif ou quantitatif d'une situation donnée

3 Une étude statistique porte sur les véhicules d'occasion vendus par un garagiste sur l'année.
Pour chaque caractère étudié, indiquer dans le tableau suivant s'il est qualitatif ou quantitatif.

Caractère considéré	Valeurs prises	Nature du caractère
Marque	Renault – Peugeot – Volkswagen – Fiat	....
Puissance	75 ch – 92 ch – 110 ch – 130 ch	....
Kilométrage	Entre 0 et 10 000 km – Entre 10 000 et 20 000 km – Entre 20 000 km et 30 000 km	....
Type de carburant	Essence – Diesel – Hybride – Électrique	....

Représenter une série statistique par une représentation graphique

4 Un questionnaire commercial est réalisé auprès des acheteurs d'une console de jeu. L'étude porte sur la fréquence d'utilisation de la console.
Les résultats sont reportés dans le tableau de la page suivante.

Fréquence d'utilisation	Tous les jours ou presque	Régulièrement	Occasionnellement	Rarement	Total
Effectif	....	34	25	11	120
Angle (en °)	150	102	....	....	360

1. Quel est le caractère étudié chez les acheteurs de la console ?

....

2. Déterminer la nature du caractère étudié. Justifier. ....

....

3. Calculer le nombre d'acheteurs ayant déclaré jouer tous les jours ou presque, puis compléter la case correspondante du tableau. ....

4. Calculer les mesures des angles correspondant aux fréquences d'utilisation « occasionnellement » et « rarement », puis reporter les valeurs dans le tableau.

....

5. Compléter le diagramme circulaire ainsi que le diagramme en bâtons correspondant aux données statistiques du tableau.

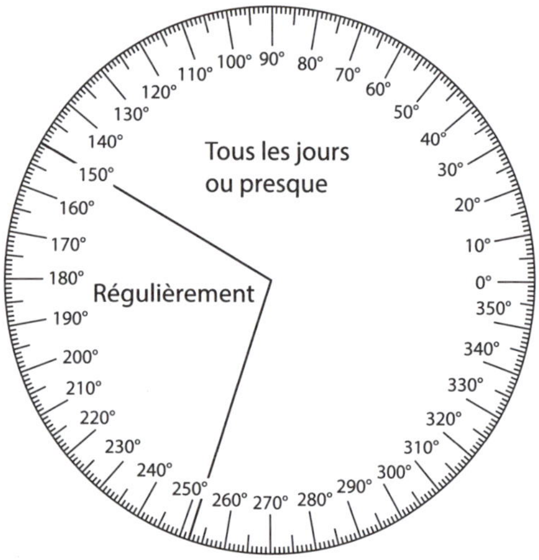

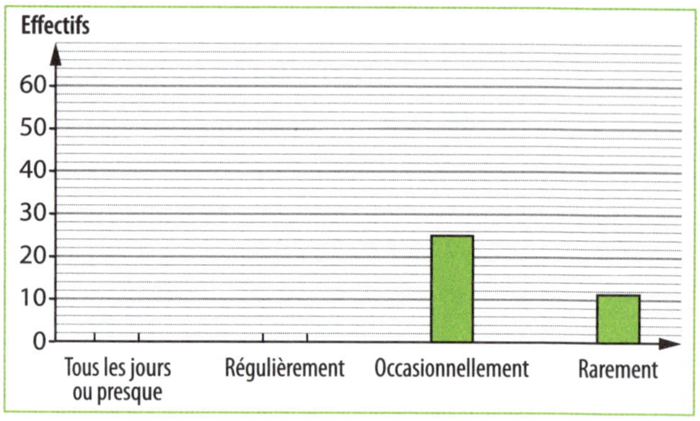

5 Une maternité souhaite représenter sous forme d'histogramme la répartition des masses (en kg) des bébés nés au cours du dernier mois.

1. Quel est le caractère étudié ?

....

2. Indiquer sa nature en cochant la bonne réponse : ☐ quantitatif ☐ qualitatif

3. Compléter l'histogramme à l'aide des données du tableau suivant.

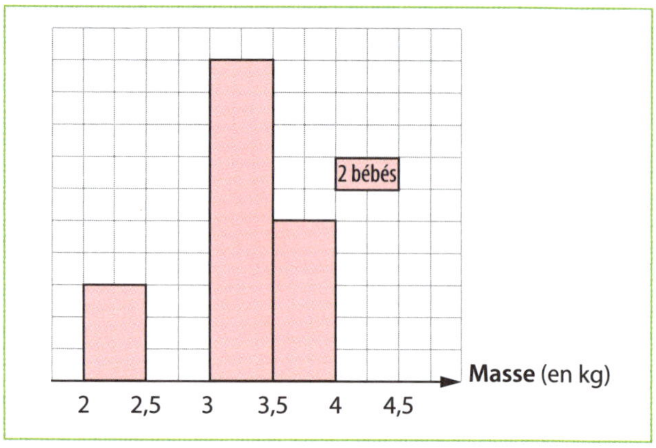

Masse (en kg)	[2 ; 2,5[	[2,5 ; 3[	[3 ; 3,5[	[3,5 ; 4[	[4 ; 4,5[
Nombre de bébés	6	16	20	10	4

4. Déterminer le nombre de naissances au cours du dernier mois dans cette maternité.

....

6 Un sondage a été effectué auprès des élèves de CAP sur le moyen de transport utilisé pour venir au lycée. Voici les résultats, sous forme de tableau et de représentation graphique.

Caractère étudié : ……………………	Effectif : nombre d'élèves
À pied	14
……………………	9
Transports en commun	……………………
……………………	6
Total	……………………

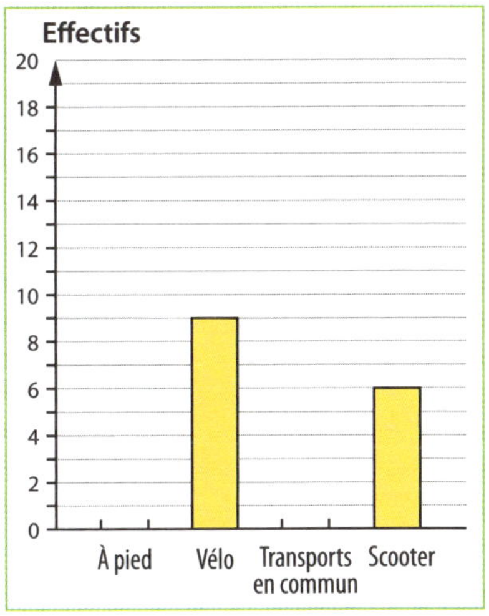

1. Comment s'appelle ce type de représentation graphique ?

……………………………………………………………………

2. Compléter le tableau et la représentation graphique.

3. Déterminer le pourcentage d'élèves venant en transports en commun en calculant le rapport suivant : $\frac{\text{Nombre d'élèves venant en transports en commun}}{\text{Nombre total d'élèves}}$. Arrondir le résultat à l'unité.

……………………………………………………………………

4. Parmi les diagrammes circulaires suivants, cocher celui qui représente cette série statistique.

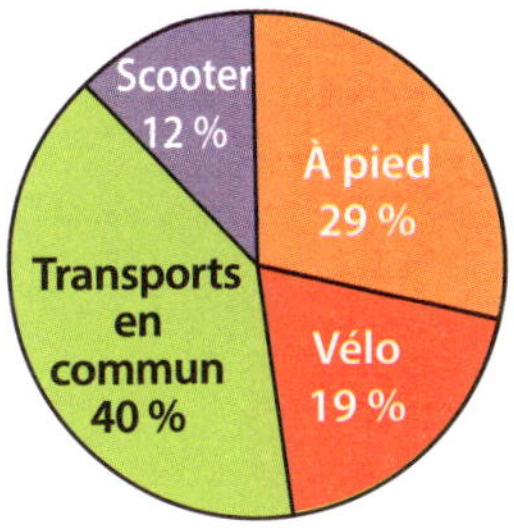

☐

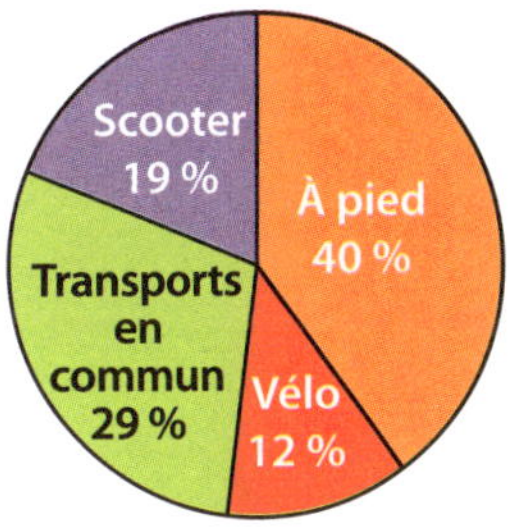

☐

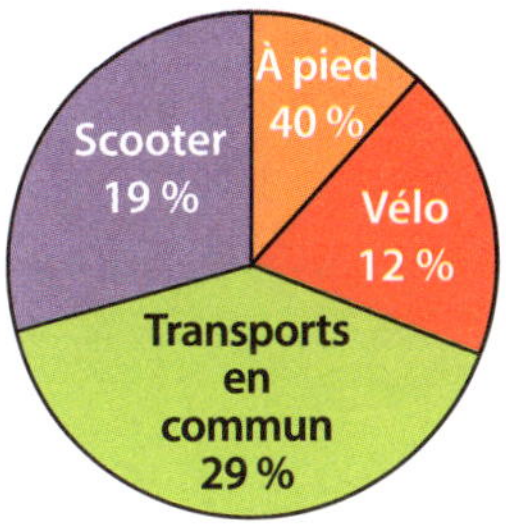

☐

7 Voici un bilan de la production d'électricité en France en 2016 selon les différentes sources d'énergie : nucléaire : 384 TWh ; éolienne : 20,7 TWh ; hydraulique : 63,9 TWh ; solaire : 8,3 TWh.

Le térawattheure (TWh) est l'unité la plus appropriée pour mesurer l'énorme quantité d'énergie produite (1 TWh = 1 000 000 000 000 Wh).

Source d'énergie	Quantité d'électricité produite (en TWh)
Nucléaire	384
Éolienne	……………………
……………………	63,9
……………………	8,3

1. À l'aide de l'énoncé, compléter le tableau ci-contre.

2. **À l'aide d'un tableur-grapheur, construire le diagramme circulaire correspondant à cette série statistique.**

3. Les énergies éolienne, hydraulique et solaire sont des énergies renouvelables. Elles ne produisent pas (ou peu) d'émissions polluantes. En 2016, EDF souhaitait que 15 % de sa production d'électricité soit issue des énergies renouvelables. **Cet objectif est-il atteint ? Justifier.**

……………………………………………………………………

……………………………………………………………………

8 Une infirmière scolaire a réalisé une enquête sur le temps de sommeil des lycéens chaque nuit pendant la semaine. Elle a recueilli les réponses suivantes :

Temps de sommeil (en heures)	[3 ; 5[	[5 ; 7[	[7 ; 9[	[9 ; 11]
Effectif	32	52	14	26

1. Compléter les affirmations en cochant les bonnes propositions.

a. Dans cette enquête statistique, la population étudiée est :

☐ l'ensemble des élèves du lycée ☐ l'ensemble des personnels du lycée.

b. Le caractère étudié est :

☐ la classe des élèves ☐ le temps de sommeil.

2. On va représenter, à l'aide d'un tableur-grapheur, l'histogramme de cette série statistique. **Pour cela, suivre les étapes pas à pas.**

Fichier à télécharger
→ lienmini.fr/2375-18

- Ouvrir le fichier fourni.
- Sélectionner l'ensemble des cellules en maintenant appuyé le clic gauche de la souris.

Avec Excel :	**Avec Calc :**
• Dans l'onglet Insertion, sélectionner Tous types de graphique et choisir l'icône Histogramme groupé. • Faire un clic droit sur une barre verticale et sélectionner Mettre en forme une série de données. • Dans l'onglet Options des séries, déplacer le curseur de Largeur de l'intervalle vers Pas d'intervalle pour l'amener à 0.	• Cliquer sur l'icône Diagramme et choisir Colonne. • Cliquer sur Suivant à chaque étape, puis sur Terminer. • Sélectionner le graphique obtenu par un double clic puis faire un clic droit sur un des bâtons du graphique. • Sélectionner Formater les séries de données… puis régler l'Espacement à 0 %.

Calcul numérique

+ de calculs en ligne
→ lienmini.fr/2375-19

Multiplier un nombre par une fraction

Fiche 10, p. 189

9 **Calculer mentalement les expressions suivantes.**

a. $\frac{18}{90} \times 100 =$ ....

b. $\frac{40}{120} \times 360 =$ ....

c. $\frac{25}{100} \times 360 =$ ....

d. $\frac{120}{360} \times 24 =$ ....

Calculer le carré, le cube d'un nombre

Fiche 5, p. 187

10 **Compléter le tableau.**

x	x^2	x^3
10	....	....
4	....	....
8	....	....

Je m'évalue

Nom : ....

Prénom : ....

Date : ....

Problématique

Un magazine sportif affirme que, lors des Jeux olympiques de Rio en 2016, la France a remporté 4 % des médailles. Les documents ci-dessous donnent la répartition des médailles obtenues par les États-Unis, l'Allemagne, la France et les autres nations participant aux JO de Rio.

Comment vérifier l'affirmation du magazine ? Comment réaliser une représentation graphique pertinente pour visualiser la répartition des médailles obtenues par les États-Unis, l'Allemagne, la France et les autres nations aux JO de Rio.

Pays	Nombre de médailles
États-Unis	121
Allemagne	42
France	....
Autres nations	769

Tableau des médailles

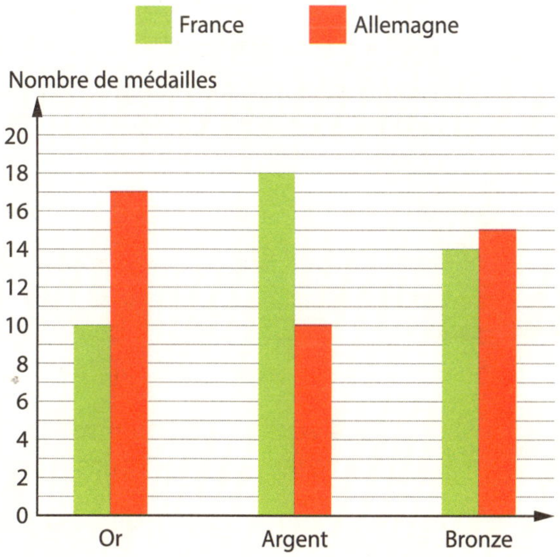

Médailles obtenues par l'Allemagne et la France

1 **Cocher la bonne réponse.**

La représentation graphique donnée dans l'énoncé est un :

☐ histogramme ☐ diagramme circulaire ☐ diagramme en bâtons

2 **À l'aide de cette représentation graphique, relever le nombre de médailles d'or remportées par :**

a. l'Allemagne : .... médailles d'or **b.** la France : .... médailles d'or

3 **Calculer le nombre total de médailles obtenues par la France.**
Compléter le tableau.

....

4 **Cocher la bonne réponse.**

☐ La France a remporté plus de médailles que l'Allemagne aux JO de Rio.

☐ La France a remporté moins de médailles que l'Allemagne aux JO de Rio.

☐ La France a remporté autant de médailles que l'Allemagne aux JO de Rio.

5 Le classement des nations se fait selon le nombre de médailles d'or obtenues.
Indiquer si l'Allemagne se classe avant, à la même position ou après la France.
Justifier.

....

....

Je m'évalue

6 **Cocher la bonne réponse.** Le caractère étudié dans le tableau de l'énoncé est le :

☐ nom du pays ☐ nombre de médailles ☐ type de médailles

7 **Cocher la bonne réponse.** Le caractère étudié est :

☐ quantitatif ☐ qualitatif ☐ qualificatif

8 **À l'aide d'un tableur-grapheur, réaliser le diagramme circulaire de cette série statistique. Pour cela, suivre les étapes pas à pas.**

Fichier à télécharger
→ lienmini.fr/2375-20

- Ouvrir le fichier fourni et choisir l'onglet Tableau de statistiques.
- Sélectionner l'ensemble des cellules en maintenant appuyé le clic gauche de la souris.

Avec Excel :

- **Dans l'onglet Insertion, sélectionner Tous types de graphique et choisir l'icône Secteurs.**
- **Choisir l'icône dans l'onglet Disposition du graphique pour accéder directement à la répartition des médailles en pourcentage.**

Avec Calc :

- Cliquer sur l'icône Diagramme et choisir Secteur.
- Cliquer sur Suivant à chaque étape, puis sur Terminer.
- Sélectionner le graphique obtenu par un double clic puis faire un clic droit sur un des secteurs du graphique.
- Sélectionner Insérer des étiquettes de données et choisir l'affichage en pourcentage.

Appel : **Faire vérifier le diagramme circulaire obtenu et indiquer au professeur le pourcentage de médailles obtenues par la France aux JO de Rio 2016.**

9 **L'information du magazine selon laquelle la France a remporté 4 % des médailles est-elle vérifiée ?**

....

Grille d'évaluation

Compétences	Capacités	Questions	Niveau d'acquisition conforme aux attendus ✔ (rouge)	✔ (orange)	✔ (vert)
S'approprier	• **Rechercher**, **extraire** et **organiser** l'information.	1, 2, 6 et 7			
Analyser Raisonner	• **Émettre** une conjecture, une hypothèse. • **Proposer** une méthode de résolution, un protocole expérimental.	4			
Réaliser	• **Choisir** une méthode de résolution, un protocole expérimental. • **Exécuter** une méthode de résolution, **expérimenter**, **simuler**.	3 et 8 (Appel)			
Valider	• **Contrôler** la vraisemblance d'une conjecture, d'une hypothèse. • **Critiquer** un résultat, **argumenter**.	5 et 9			
Communiquer	• **Rendre compte** d'une démarche, d'un résultat, à l'oral ou à l'écrit.	8 (Appel) et 9			

Note : ..../ 10

CHAPITRE 6

Calculs statistiques

Je vais apprendre à

- Déterminer le maximum et le minimum d'une série numérique
- Calculer et interpréter les sommes par ligne et par colonne d'un tableau d'effectifs
- Calculer des fréquences
- Calculer la moyenne d'une série statistique, la somme des données étant connue
- Lire et interpréter les données d'un tableau à double entrée

Je démarre

Pour chaque question, cocher la (ou les) bonne(s) réponse(s).

La responsable qualité d'une entreprise de conditionnement de biscuits contrôle la masse de sachets pris au hasard à la sortie de la chaîne d'emballage.

Elle relève les masses (en g) suivantes :

43	45	47	44	45	47	45	45	47	44

1 **Le nombre de sachets de biscuits contrôlés est de :**

☐ 10 ☐ 45 ☐ 452

2 **La masse des sachets de biscuits (en g) la plus souvent relevée est de :**

☐ 43 ☐ 45 ☐ 47

3 **La masse des sachets de biscuits (en g) la moins souvent relevée est de :**

☐ 43 ☐ 45 ☐ 47

4 **Le nombre de sachets de biscuits d'une masse de 45 g est de :**

☐ 2 ☐ 3 ☐ 4

5 **Le nombre de sachets de biscuits dont la masse est supérieure à 45 g est de :**

☐ 2 ☐ 3 ☐ 4

ACTIVITÉ 1 Déterminer le minimum, le maximum et calculer une moyenne

Au soleil !

Jocelyn veut installer des panneaux solaires sur le toit de son habitation. Il dispose du diagramme en bâtons ci-contre, qui donne la répartition de la durée d'ensoleillement dans sa région au cours de l'année 2017.

Son projet d'installation de panneaux solaires sera-t-il rentable ?

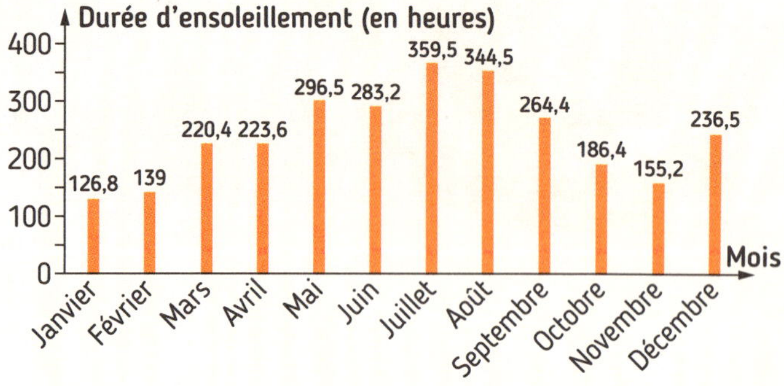

S'approprier

1 **Indiquer le nombre total de mois sur lequel porte l'étude statistique.**

☐ 12 ☐ 400 ☐ 2 836

2 **À l'aide du graphique, repérer la valeur de la durée mensuelle d'ensoleillement la plus faible.**

....

3 **Quelle est la valeur de la durée mensuelle d'ensoleillement la plus élevée ? Indiquer le mois où cette valeur est atteinte.**

....

Réaliser

4 **Calculer le nombre total d'heures d'ensoleillement, au cours de l'année 2017, dans la région d'habitation de Jocelyn.**

....

5 On veut déterminer la moyenne mensuelle d'heures d'ensoleillement. **Pour cela, diviser le nombre total d'heures d'ensoleillement par le nombre de mois de l'étude statistique. Arrondir le résultat au dixième.**

$$\text{moyenne} = \frac{\text{somme des valeurs}}{\text{effectif total}}$$

....

Analyser-Raisonner

6 En France, l'installation de panneaux solaires est rentable quand la durée mensuelle d'ensoleillement moyenne est d'au moins 229 heures.

Comparer ce nombre à la durée moyenne d'ensoleillement dans la région de Jocelyn.

....

7 **Le projet d'installation de panneaux solaires sera-t-il rentable ? Justifier la réponse.**

....

Le .... d'une série statistique est **la plus petite valeur** prise par la variable.

Le .... d'une série statistique est **la plus grande valeur** prise par la variable.

La .... d'une série statistique est égale à la **somme des valeurs divisée par leur effectif total.**

ACTIVITÉ 2

Calculer des fréquences et une moyenne

Envoi de SMS

Une classe de CAP de 20 jeunes âgés de 15 à 17 ans a répondu à un questionnaire sur le nombre de SMS envoyés par jour. Voici les résultats du questionnaire :

0	16	12	20	0	10	6	0	20	10
10	6	12	0	20	16	0	20	10	20

Pierre envoie 10 SMS par jour.

Est-il dans la moyenne de sa classe ?

S'approprier

1 **Dans le tableau ci-dessous, associer à chaque nombre de SMS envoyés par jour le nombre d'élèves correspondant.**

Nombre de SMS envoyés par jour	0	6	10	12	16	20	Total
Nombre d'élèves (effectif)	5	2	....	2	2	....	20
Fréquence (en %)	....	....	20	....	....	25	....

Réaliser

2 **Compléter la ligne des fréquences du tableau en utilisant la formule :**

$$\text{fréquence} = \frac{\text{effectif}}{\text{effectif total}} \times 100$$

La fréquence correspond à l'effectif exprimé par un pourcentage.

3 **En déduire la fréquence, en %, des élèves qui envoient des SMS.** ....

Valider/Communiquer

4 **Vérifier que la somme totale des SMS envoyés par jour par les élèves de cette classe est de 208 en complétant le calcul suivant.**

$0 \times 5 + 6 \times$ .... $+ 10 \times$ .... $+ 12 \times$ .... $+$ .... $\times 2 + 20 \times 5 =$ ....

5 **Parmi les calculs proposés, cocher celui qui permet de déterminer le nombre de SMS envoyés en moyenne, par jour et par élève, dans la classe de CAP.**

☐ $\dfrac{0+6+10+12+16+20}{6} \approx 10{,}7$ ☐ $\dfrac{5+2+4+2+2+5}{6} \approx 3{,}3$ ☐ $\dfrac{208}{20} = 10{,}4$

6 **Pierre est-il dans la moyenne de sa classe ? Justifier.**

....

La .... f d'une série statistique se calcule avec la relation : $f = \dfrac{\text{effectif partiel}}{\text{effectif total}}$.

Elle s'exprime sous la forme d'un nombre décimal ou d'un pourcentage.

La somme des fréquences est égale à .... ou ....

La .... d'une série statistique se calcule avec la relation :

$$\text{moyenne} = \frac{\text{somme des valeurs prises par le caractère}}{\text{effectif total}}$$

ACTIVITÉ 3

Exploiter un tableau à double entrée et calculer une fréquence

L'association sportive du lycée

Une subvention pour renouveler le matériel d'escalade de l'association sportive du lycée est attribuée si le pourcentage de filles pratiquant l'escalade est d'au moins 3 %. Les professeurs d'EPS ont établi un tableau de statistiques pour connaître la répartition des 150 élèves inscrits selon le sport pratiqué et leur sexe.

Sexe \ Sport	Natation	Escalade	Basket	Total
Fille	25	....	20	....
Garçon	15	30	55	100
Total	40	....	75	150

L'association sportive pourra-t-elle bénéficier de cette subvention ?

S'approprier

1 **Quels sont les deux caractères qualitatifs étudiés dans ce tableau de statistiques ?**

....

2 **Rechercher à quoi correspond le nombre « 30 » du tableau.**

....

3 **Indiquer le nombre total de garçons inscrits à l'association sportive du lycée en cochant.**

☐ 40 ☐ 100 ☐ 150

Réaliser

4 **Calculer le nombre total de filles inscrites à l'association sportive du lycée.**

Poser le calcul et compléter le tableau : ....

5 **Déterminer le nombre de filles pratiquant l'escalade. Cocher la bonne réponse et reporter ce nombre dans le tableau.**

☐ 5 ☐ 30 ☐ 35

6 **Finir de compléter le tableau de l'énoncé.**

7 **Calculer le pourcentage que représente le nombre de filles pratiquant l'escalade par rapport au total des inscrits à l'association sportive. Arrondir le résultat au dixième.**

....

Communiquer

8 **Répondre à la question de l'énoncé en rédigeant la réponse.**

....

....

Un **tableau à double entrée** regroupe les effectifs de deux .... statistiques.
On lit l'effectif correspondant à deux caractères à l' .... d'une ligne et d'une colonne.

ACTIVITÉ 4

Exploiter une série statistique avec le tableur

Un peu d'athlétisme

En athlétisme, le record olympique du 100 mètres est la meilleure performance jamais réalisée par un athlète en son temps dans le cadre des Jeux olympiques d'été.
Sur un site sportif, on peut lire « *La moitié des records olympiques du 100 mètres masculin sont supérieurs ou égaux à 10,53 s.* »
Est-ce vrai ?

Réaliser

Fichier à télécharger
→ lienmini.fr/2375-21

1 a. **Ouvrir le fichier fourni, qui recense les 43 records olympiques successifs.**

b. **Dans la cellule H8, saisir la formule** `=min(B2:B44)`.

c. **Relever le temps du record olympique le plus faible. Préciser le nom de l'athlète qui l'a réalisé, le lieu et la date des Jeux olympiques.**

- Record olympique minimal : ....
- Athlète : ....
- Lieu et date : ....

2 **Dans la cellule H9, saisir la formule** `=moyenne(B2:B44)` **pour déterminer le temps moyen des records olympiques réalisés.**

Relever ce temps moyen : ....

3 a. **Déterminer le nombre de records réalisés d'une valeur supérieure ou égale au temps moyen des records olympiques en suivant les étapes.**

→ Voir la fiche Tableur (page de couverture)

Avec Excel :
- Cliquer sur la flèche de la colonne **B**.
- Sélectionner l'outil Supérieur ou égal à... dans Filtres numériques.
- Saisir la valeur correspondant au temps moyen des records olympiques.

Avec Calc :
- Sélectionner la colonne **B**.
- Sélectionner l'onglet Données, puis dans Plus de filtres, choisir Filtre standard.
- Sélectionner >= dans le menu déroulant Condition.
- Saisir la valeur correspondant au temps moyen des records olympiques.

b. **Relever le nombre de records d'une valeur supérieure ou égale à 10,53 s.**

....

Analyser-Raisonner

4 **Vérifier par un calcul que le pourcentage de records olympiques supérieurs ou égaux à 10,53 s est de 51 % (valeur arrondie à l'unité).**

....

5 **L'information donnée par le site est-elle vérifiée ? Justifier.**

....

Un **tableur** permet de .... un grand nombre de données.
On peut déterminer le ...., le **maximum** et .... des valeurs d'une série statistique à partir des fonctionnalités du tableur.

Je fais le bilan

Je retiens l'essentiel

- Le **minimum** d'une série statistique est la **plus petite valeur** prise par le caractère.
- Le **maximum** d'une série statistique est la **plus grande valeur** prise par le caractère.
- La **fréquence** f d'une valeur du caractère se calcule en divisant l'effectif de la valeur par l'effectif total : $f = \dfrac{\text{effectif de la valeur}}{\text{effectif total}}$. La **somme des fréquences** est égale à **1** ou **100 %**.
- La **moyenne** d'une série statistique de valeurs d'un caractère est égale au quotient de la somme des valeurs prises par le caractère par l'effectif total : **moyenne** $= \dfrac{\text{somme des valeurs}}{\text{effectif total}}$.

Exemple : Charlotte a obtenu 14, 12, 16 et 18 à ses évaluations en français.
Sa moyenne est de $\dfrac{14+12+16+18}{4} = 15$.

Je teste mes acquis

+ de tests en ligne
→ lienmini.fr/2375-22

Cocher la (ou les) bonne(s) réponse(s).

1 **Dans une série statistique, la valeur minimale prise par une variable est :**

☐ la plus grande valeur ☐ la valeur moyenne ☐ la plus petite valeur

2 **On a relevé le diamètre de pièces usinées : 12,30 mm ; 12,03 mm ; 12,31 mm ;12,29 mm. Le diamètre maximal est :**

☐ la plus grande valeur ☐ 12,31 mm ☐ 12,30 mm

3 **La fréquence de la valeur 10 par rapport à un effectif total de 50 est :**

☐ $\dfrac{10}{50}$ ☐ 0,2 ☐ 10 %

4 **Dans une classe de 20 élèves de CAP, il y a 2 garçons. La fréquence des garçons est :**

☐ 0,1 ☐ 10 % ☐ 2

5 **Le relevé de l'enneigement au sol, en cm, à la station de Val-d'Isère de janvier à mai 2016, donne la série : 40 ; 29 ; 22 ; 9 ; 19. L'enneigement moyen, en cm, est :**

☐ 40 ☐ 119 ☐ 23,8

6 **Théo a obtenu les notes de 12, 10 et 17 en mathématiques. Sa moyenne est de :**

☐ 39 ☐ 13 ☐ 14,5

7 **Malika a obtenu un total de 120 points aux 8 matières d'un examen. Sa moyenne est de :**

☐ 15 ☐ 12 ☐ 8

Pour les questions 8 à 10, on considère les données du tableau ci-contre, qui donne les prix d'un billet d'avion Paris-New York.

Compagnie aérienne \ Catégorie	1re classe	Classe affaires	Classe éco
Air Suisse	5 387 €	3 781 €	442 €
French Air		3 781 €	870 €

8 **Les deux caractères étudiés sont :**

☐ la catégorie ☐ la compagnie aérienne ☐ le prix

9 **Le tarif d'un billet d'avion en classe éco avec French Air est :**

☐ 3 781 € ☐ 870 € ☐ 442 €

10 **Le tarif d'un billet d'avion en 1re classe avec French Air est :**

☐ 3 781 € ☐ 5 387 € ☐ Ce n'est pas proposé par la compagnie.

J'applique

Déterminer le maximum et le minimum d'une série numérique

1 Le Centre national du cinéma donne la fréquentation des salles de cinéma françaises, en millions d'entrées, de janvier à octobre 2017 :

Mois	Janvier	Février	Mars	Avril	Mai	Juin	Juillet	Août	Septembre	Octobre
Nombre d'entrées (en millions)	16,59	24,93	19,41	19,33	13,01	11,65	17,75	16,43	11,26	18,03

1. **Relever le nombre d'entrées minimal de cette série statistique.**

....

2. **Quel est le maximum de cette série statistique ? Indiquer le mois où il est atteint.**

....

2 Voici une infographie représentant quelques-uns des plus hauts gratte-ciel au monde.

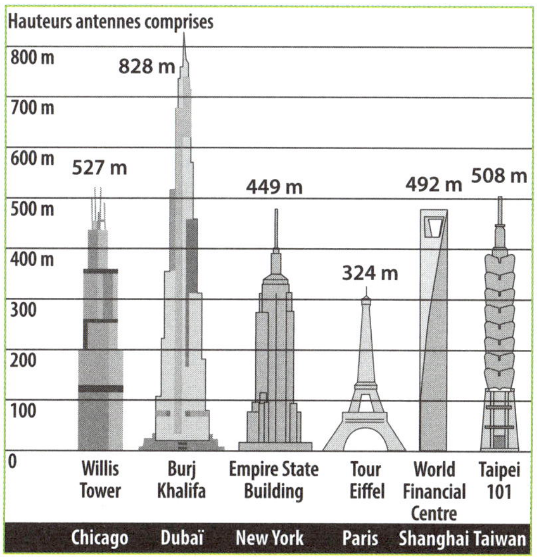

1. **Donner la hauteur minimale de ces gratte-ciel. Préciser les caractéristiques (nom et lieu) du gratte-ciel auquel correspond ce minimum.**

....

....

2. **Donner la hauteur maximale de ces gratte-ciel. Préciser les caractéristiques (nom et lieu) du gratte-ciel auquel correspond ce maximum.**

....

....

3. **Indiquer le nom des gratte-ciel qui ont une hauteur supérieure à 521 m, hauteur moyenne de ces six gratte-ciel.**

....

Calculer des fréquences

3 Voici les médailles remportées par la France aux Jeux olympiques de Rio en 2016 :

Médaille	Or	Argent	Bronze	Total
Effectif	10	....	14	42

1. **Déterminer le nombre de médailles d'argent remportées par la France.**

....

2. **Calculer la fréquence, en %, des médailles d'or. Arrondir le résultat au dixième.**

....

4 Le tableau de la page suivante donne la quantité de chocolat, en tonnes, produite par des pays africains en 2013.

1. **Vérifier que la quantité totale de chocolat produite est de 2 926 500 tonnes.**

....

2. **Compléter le tableau en calculant la fréquence, en %, correspondant au Ghana et à la Côte d'Ivoire. Arrondir les résultats à 0,1.**

Pays producteurs	Quantité en tonnes (effectif)	Fréquence (en %)
Cameroun	275 000	9,4
Ghana	835 500	....
Nigéria	367 000	12,5
Côte d'Ivoire	1 449 000	....
Total	....	100

Calculer la moyenne d'une série statistique

5 Voici le relevé mensuel des températures de la ville de La Rochelle de janvier à octobre 2017 :
4,7 °C ; 8,9 °C ; 11,2 °C ; 11,7 °C ; 16,6 °C ; 20,4 °C ; 21,1 °C ; 20,7 °C ; 17,0 °C ; 16,2 °C.

1. **Déterminer le nombre de mois durant lesquels ont été effectués ces relevés.**

....

2. La somme des températures à La Rochelle de janvier à octobre est égale à 148,5 °C.
Calculer la température moyenne durant cette période. Arrondir le résultat au dixième.

....

6 Une société de développement d'applications pour smartphone a interrogé 50 personnes sur le nombre d'applications téléchargées au cours de l'année. Voici les réponses obtenues :

Nombres d'applications téléchargées	0	1	2	3	4	Total
Effectif	4	16	15	6	9	50

1. **Parmi les calculs proposés, cocher celui qui est adapté pour déterminer le nombre moyen d'applications téléchargées sur un smartphone par an.**

☐ $\dfrac{4 + 16 + 15 + 6 + 9}{5}$

☐ $\dfrac{0 \times 4 + 1 \times 16 + 2 \times 15 + 3 \times 6 + 4 \times 9}{50}$

☐ $\dfrac{0 \times 4 + 1 \times 16 + 2 \times 15 + 3 \times 6 + 4 \times 9}{5}$

2. **En déduire le nombre moyen d'applications pour smartphone téléchargées au cours d'une année.**

....

Lire et interpréter les données d'un tableau à double entrée

7 Jonas souhaite acheter un maillot blanc de son équipe de foot préférée.
Le tableau donne l'état du stock d'un magasin de sport où Jonas veut acheter son maillot.

Couleur \ Taille	M	L	Total
Blanc	0	1	1
Noir	3	2	5
Total	3	3	6

1. **Relever le nombre de maillots blancs dont dispose ce magasin.**

....

2. **Jonas pourra-t-il acheter un maillot en taille M dans ce magasin ? Justifier.**

....

J'approfondis

8 La responsable d'une entreprise de recyclage donne la répartition des produits usagés collectés sur l'année sous forme d'un tableau.

Nature des produits usagés	Masse (en tonnes)	Fréquence (en %)
Produits électroniques	12	1
Papiers-cartons	36	3
Ferrailles	144	12
Encombrants	420	35
Déchets verts et bois	564	
Déchets ménagers polluants	24	2
Total		100

1. **Relever la masse et le nom du produit usagé le plus abondant.**

2. **Calculer la masse totale de produits usagés recyclés au cours d'une année.**

3. **Calculer la fréquence, en %, des déchets verts et bois et compléter le tableau.**

4. **En admettant que l'entreprise fonctionne tout au long de l'année, calculer la masse moyenne des produits usagés recyclés par mois.**

9 La répartition des âges des 30 adhérents d'un club nautique est donnée dans la représentation graphique ci-contre, qui est incomplète.

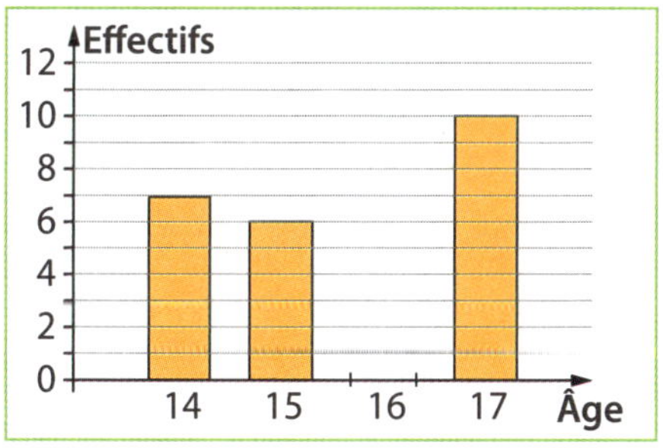

1. **Donner le nombre d'adhérents de ce club qui sont âgés de 17 ans.**

2. **Calculer le nombre d'adhérents âgés de 16 ans.**

3. **Compléter le diagramme en bâtons.**

4. **Calculer l'âge moyen des adhérents de ce club nautique. Arrondir le résultat au dixième.**

10 Abdel est vendeur dans un magasin de vêtements.
Au cours d'une journée de soldes, il a encaissé au total 44 achats.
16 clients ont réalisé des achats d'un montant de plus de 80 € et deux clients ont payé en espèces leur achat de plus de 80 €.

Type de paiement / Montant des achats	Espèces	Chèque	Carte bancaire	Total
Moins de 80 €		6	12	**28**
Plus de 80 €				
Total	**12**	**14**	**18**	

1. Reporter les informations données par l'énoncé dans le tableau.
2. En déduire les effectifs manquants du tableau.
3. Indiquer le type de paiement privilégié par les clients, indépendamment du montant des achats.

....

4. Calculer la fréquence, en %, de ce type de paiement par rapport au total des achats réalisés. Arrondir le résultat à l'unité. ....

11 1. Ouvrir le fichier fourni, qui donne les tailles des 17 basketteurs sélectionnés pour la préparation à l'EuroBasket 2017.
Dans la cellule D23, déterminer la taille maximale des joueurs.

Fichier à télécharger → lienmini.fr/2375-23

....

2. Sachant que la somme des tailles des basketteurs est de 34,05 m, calculer la taille moyenne d'un joueur de cette équipe. Arrondir le résultat au centième.

....

3. Dans la cellule D24, vérifier que la taille moyenne d'un basketteur de l'équipe de l'EuroBasket 2017 correspond au résultat précédent.

Pour déterminer la moyenne, utiliser la formule `=moyenne (D3 :D19)`

....

Calcul numérique

+ de calculs en ligne → lienmini.fr/2375-24

Convertir des mesures de temps

Fiche 3, p. 186

12 Avec une calculatrice, compléter les durées des matchs de différents sports.

Durée \ Match	Football	Basket	Handball	Rugby
En h (arrondi au centième)	....	....	1,00 h	1,33 h
En h et min	1 h 30 min	80 min	....	....

Déterminer rapidement un ordre de grandeur

Fiche 2, p. 185

13 Ana achète deux croissants à 0,80 €, un pain au chocolat à 0,95 € et une baguette à 0,90 €.
La vendeuse lui demande 4,05 €. Ana est surprise.

1. Sans effectuer le calcul précisément, expliquer pourquoi Ana est surprise du montant demandé.

....

....

2. Calculer le prix réel que doit payer Ana pour ses achats.

....

Je m'évalue

Nom : ....

Prénom : ....

Date : ....

Problématique

La tour Eiffel, à Paris, est l'un des monuments les plus visités au monde. Un site Internet affirme que, de 2005 à 2015, le nombre moyen de visiteurs par an de la tour Eiffel a été de 6 724 725. Pour mieux connaître les visiteurs de ce monument, l'observatoire de la clientèle de la tour Eiffel a mené une enquête statistique auprès des 6 428 442 visiteurs de 2015.

Comment vérifier l'affirmation du site Internet ?
Quels sont les visiteurs les plus représentés ?

A Vérification de l'affirmation du site Internet

Fichier à télécharger → lienmini.fr/2375-25

1 **Ouvrir le fichier fourni, qui donne le nombre de visiteurs de la tour Eiffel de 2005 à 2015. Relever l'année qui a eu le plus de visiteurs.** ....

2 **Proposer une méthode pour déterminer le nombre moyen de visiteurs durant ces dix années.**

....

....

....

Appel : **Faire valider la méthode proposée.**

3 **Avec le tableur, déterminer le nombre moyen de visiteurs de la tour Eiffel en 10 ans.**

....

4 **Conclure quant à la véracité de l'information donnée par le site Internet.**

....

B Détermination du profil de visiteur le plus représenté

Voici deux représentations graphiques qui donnent la répartition des visiteurs selon leur nationalité et selon leur âge.

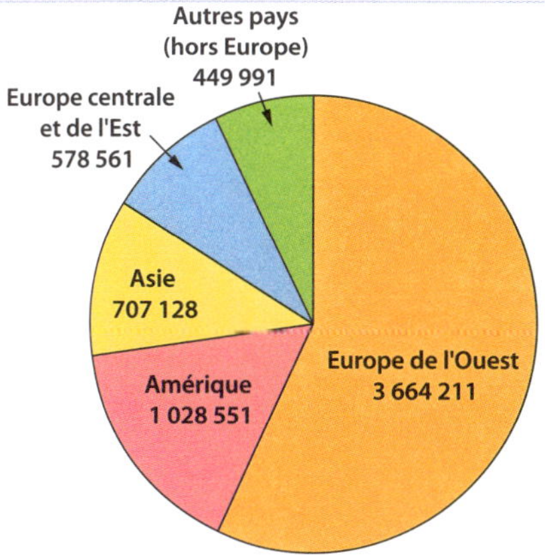

Doc. 1 Répartition des visiteurs de la tour Eiffel selon leur région d'origine

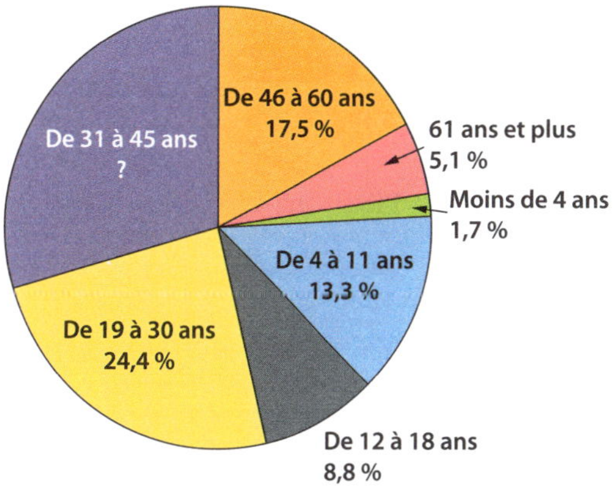

Doc. 2 Répartition des visiteurs de la tour Eiffel selon leur âge

Je m'évalue

5 **À l'aide du document 1, compléter le nombre de visiteurs manquants dans le tableau.**

Région d'origine des visiteurs de la tour Eiffel	Nombre de visiteurs	Fréquence (en %)
Europe de l'Ouest	....	....
Amérique	1 028 551	16
Asie	....	11
Europe centrale et de l'Est	578 561	....
Autres pays (hors Europe)	449 991	7
Total	6 428 442	100

6 **Calculer, en %, la fréquence de la région d'origine la plus représentée. Arrondir le résultat à l'unité.**

....

7 **Compléter la colonne des fréquences du tableau. Arrondir à l'unité.**

8 **À l'aide du document 2, vérifier que la fréquence maximale correspondant aux adultes âgés de 31 à 45 ans est de 29,2 %.**

....

....

9 **Cocher les bonnes réponses.**

En 2015, les visiteurs de la tour Eiffel les plus nombreux sont :

☐ des touristes américains
☐ des touristes d'Europe de l'Ouest
☐ des personnes âgées de 19 à 30 ans
☐ des personnes âgées de 31 à 45 ans

Grille d'évaluation

Compétences	Capacités	Questions	Niveau d'acquisition conforme aux attendus ✗	✓	✓
S'approprier	• **Rechercher**, **extraire** et **organiser** l'information.	1 et 5			
Analyser Raisonner	• **Émettre** une conjecture, une hypothèse. • **Proposer** une méthode de résolution, un protocole expérimental.	2			
Réaliser	• **Choisir** une méthode de résolution, un protocole expérimental. • **Exécuter** une méthode de résolution, **expérimenter**, **simuler**.	2, 6 et 7			
Valider	• **Contrôler** la vraisemblance d'une conjecture, d'une hypothèse. • **Critiquer** un résultat, **argumenter**.	4 et 8			
Communiquer	• **Rendre compte** d'une démarche, d'un résultat, à l'oral ou à l'écrit.	2, 3 et 9			

Note : .... **/ 10**

CHAPITRE 7

Notions de chance ou de probabilité

Je vais apprendre à

- Utiliser et construire des tableaux de répartition de fréquence après expérimentations
- Utiliser des notions élémentaires des probabilités dans des contextes familiers d'expérimentation

Je démarre

Pour chaque question, cocher la (ou les) bonne(s) réponse(s).

Malik et sa famille dégustent ensemble une galette des rois où est cachée une fève. Malik prend une part.

1 **Tomber sur la fève est une question de :**

☐ chance ☐ courage ☐ hasard

2 **Malik a plus de chance de tomber sur la fève si la galette est découpée de la façon :**

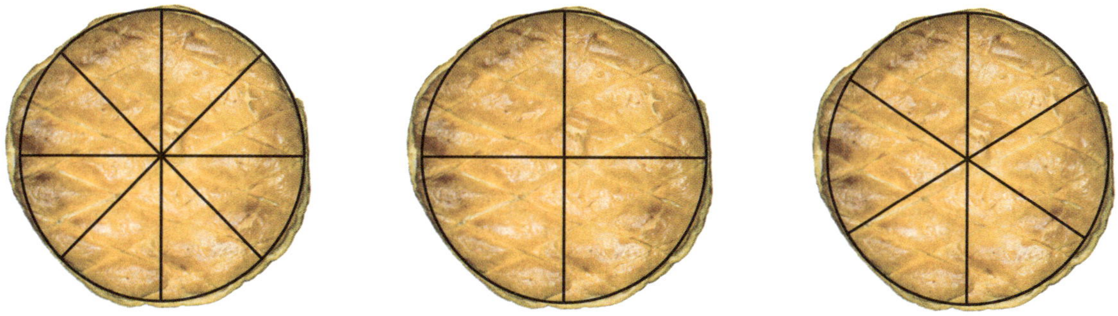

☐ ☐ ☐

3 **La galette est coupée en 6 parts égales. Pour tomber sur la fève, Malik a une chance sur :**

☐ 2 ☐ 8 ☐ 6

4 **Plus le nombre de parts est important et :**

☐ plus Malik a de chance de tomber sur la fève

☐ moins Malik a de chance de tomber sur la fève

☐ plus le nombre de fèves est important

ACTIVITÉ 1

Définir une expérience aléatoire

Comment choisir le jeu le plus favorable ?

Mathieu demande à son amie Alexiane de choisir un jeu de hasard :

Jeu		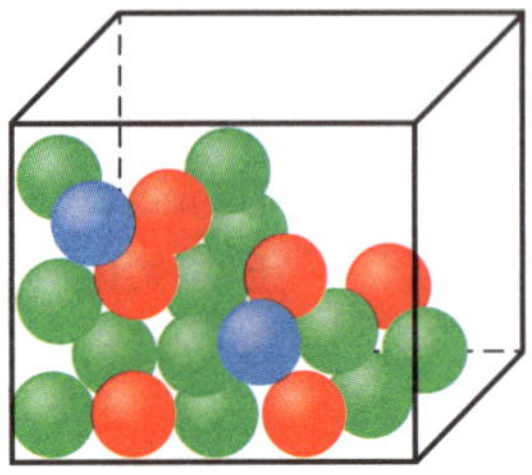	
Condition pour gagner	Obtenir le côté Pile	Tirer une boule verte	Obtenir un chiffre pair

Quel jeu Alexiane doit-elle choisir pour avoir le plus de chances de gagner ?

Réaliser

1 On lance une pièce de monnaie et on note sa face supérieure lorsqu'elle est tombée.

a. Pour chaque lancer, donner les deux résultats possibles : ....

b. Chaque résultat a-t-il autant de chance de sortir ?

....

2 On tire une boule dans une urne contenant des boules vertes, rouges et bleues dont les proportions sont les suivantes : 60 % de boules vertes ; 30 % de boules rouges ; 10 % de boules bleues

a. Donner les résultats possibles lorsqu'on tire une boule : ....

b. Quelle couleur a le moins de chance de sortir ? ....

3 On lance un dé équilibré à six faces numérotées de 1 à 6, puis on regarde le chiffre inscrit sur sa face supérieure.

a. Pour chaque lancer, donner les six résultats possibles : ....

b. Parmi les résultats précédents, recopier les chiffres pairs : ....

4 **Ces trois jeux constituent-ils des expériences aléatoires ?**

....

> Une expérience aléatoire est uniquement due au hasard.

5 **En analysant les conditions pour gagner données dans l'énoncé, compléter les phrases suivantes.**

a. Au jeu de la pièce de monnaie, il y a 1 chance sur .... de gagner.

b. Au jeu du tirage des boules, il y a .... chances sur .... de gagner.

c. Au jeu du lancer de dés, il y a .... chances sur .... de gagner.

Valider/Communiquer

6 **En déduire le jeu que doit choisir Alexiane.** ....

> Une expérience est **aléatoire** si ses résultats sont liés au ....
>
> Pour évaluer la **possibilité de gagner**, on compare le nombre de résultats .... au nombre de résultats ....

ACTIVITÉ 2

Calculer la fréquence et la probabilité

Yam's

Sarah et Thibault jouent ensemble au yam's. C'est un jeu de société dont le but est de lancer cinq dés afin d'obtenir des combinaisons. Sarah obtient le résultat ci-contre après deux lancers. Elle peut encore lancer un des dés et souhaite réaliser un yam's, c'est-à-dire une combinaison avec cinq dés identiques. Sarah pense qu'elle a 1 chance sur 6 de réussir, alors que Thibault lui certifie qu'elle n'a que 1 chance sur 3. **Qui a raison ?**

S'approprier

1 Quelle est le nom de la combinaison que Sarah souhaite réaliser ? ....

2 En lançant le dé, quel résultat doit obtenir Sarah pour réaliser la combinaison souhaitée ?

....

Réaliser

3 Effectuer 20 lancers d'un dé à six faces et noter le nombre de points inscrits sur sa face supérieure en complétant le tableau et la phrase suivants.

Issue	1	2	3	4	5	6
Nombre d'apparitions	.....	.....	.....	.....	.....	.....

Sur les 20 lancers effectués, le « 6 » est apparu .... fois.

> En probabilités, le mot « issue » signifie « résultat ».

4 Calculer le pourcentage d'apparition du « 6 » en complétant le tableau de proportionnalité suivant.

Nombre de lancers	20	100
Nombre d'apparitions	.....	.....

Le pourcentage (ou la fréquence *f*) d'apparition du « 6 » est de : ....

> En probabilités, le pourcentage correspond à la fréquence.

5 On s'intéresse à la chance d'obtenir un « 6 » en lançant un dé à six faces.
Compléter la phrase suivante : J'ai .... chance sur .... d'obtenir un « 6 ».

6 La **probabilité** est la chance d'obtenir un résultat aléatoire. C'est un nombre compris entre 0 et 1 qui se calcule ainsi : si une issue a x chances sur y de se produire, la probabilité de cette issue est égale à $\frac{x}{y}$.
Soit l'événement E « obtenir 6 ». **Donner la probabilité $p(E)$ que l'événement E se réalise en lançant un dé à six faces. Arrondir à 0,01.** ....

> Une ou plusieurs issue(s) constitue(nt) un événement.

Valider/Communiquer

7 En déduire la probabilité que Sarah obtienne un « 6 ». Qui avait raison ?

....

La **fréquence** *f* est un nombre qui s'exprime sous la forme d'un .... : il s'obtient à partir de l'**expérience**.
La **probabilité** *p* d'un .... se calcule à partir de la théorie à l'aide de la formule :

$$p = \frac{\text{Nombre d'issues favorables}}{\text{Nombre d'issues possibles}}.$$

ACTIVITÉ 3

Simuler un lancer de deux pièces

Facile ou non ?

Anissa et Karim organisent un jeu de Pile ou Face pour une fête de fin d'année. Ils doivent évaluer la probabilité de gagner. La règle est la suivante : on lance deux pièces en même temps et, pour gagner, il faut obtenir deux côtés Face.

Quelle est la probabilité de gagner au jeu de pièces ?

Analyser-Raisonner

1 Karim fait 12 lancers de deux pièces plusieurs fois de suite. Il trouve qu'il y a 1 chance sur 2 de gagner. Anissa fait à son tour 12 lancers mais ne trouve pas le même résultat : pour elle, il y a 1 chance sur 3 de gagner.

Selon vous, pourquoi Anissa et Karim obtiennent-ils des résultats différents ?

....

....

Réaliser

2 Pour déterminer la probabilité d'obtenir deux côtés Face, on va utiliser le tableur : il permet de simuler de nombreux lancers de pièce.

a. Ouvrir un tableur puis recopier la première ligne (sur fond orange) du tableau suivant.

	A	B	C	D	E	F
1	Pièce 1	Pièce 2	2 cotés Face	Compteur	Nombre de lancers	Fréquence
2	PILE	PILE	NON	0	1	0
3	PILE	PILE	NON	0	2	0
4	FACE	PILE	NON	0	3	0
5	FACE	FACE	OK	1	4	25
6	FACE	PILE	NON	1	5	20
7	PILE	PILE	NON	1	6	16,67
8	FACE	PILE	NON	1	7	14,29
9	FACE	FACE	OK	2	8	25
10	FACE	PILE	NON	2	9	22,22
11	FACE	FACE	OK	3	10	30
12	PILE	PILE	NON	3	11	27,27
13	PILE	FACE	NON	3	12	25

b. Les colonnes **A** et **B** simulent le lancer des deux pièces.

- **Saisir la formule** `=SI(ALEA.ENTRE.BORNES(0;1)=0;"PILE";"FACE")` **en A2 et en B2.**
- **Copier la formule dans les autres cellules des colonnes A et B sur 12 lignes.**

c. La colonne **C** indique si le résultat obtenu est « 2 côtés Face ».

- **En C2, saisir la formule** `=SI(ET(A2=B2;A2="FACE");"OK";"NON")`.
- **Copier la formule dans les autres cellules de la colonne C.**

d. La colonne **D** est un compteur : il compte le nombre de fois où l'événement « 2 côtés Face » se produit.

- **En D2, saisir la formule** `=NB.SI(C$2:C2;"OK")`.
- **Copier la formule dans les autres cellules de la colonne D.**

ACTIVITÉ 3

Simuler un lancer de deux pièces

e. La colonne **E** indique le nombre de lancers.
- **En E2, taper la valeur** `1`.
- **En E3, taper la formule** `=E2+1`.
- **Copier la formule dans les autres cellules de la colonne E.**

f. La colonne **F** calcule la fréquence d'apparition de deux côtés Face au lancer de pièces.
- **En F2, saisir la formule** `=D2/E2`.
- **Copier la formule dans les autres cellules de la colonne F.**

Valider

3 **Avec 12 lancers, peut-on en déduire la fréquence de sortie de deux côtés Face ? Justifier.**

....

4 À l'aide du tableur, on peut multiplier le nombre de lancers très rapidement et représenter graphiquement les résultats obtenus. On obtient le résultat suivant, qui représente la fréquence de sortie de deux Face en fonction du nombre de lancers.

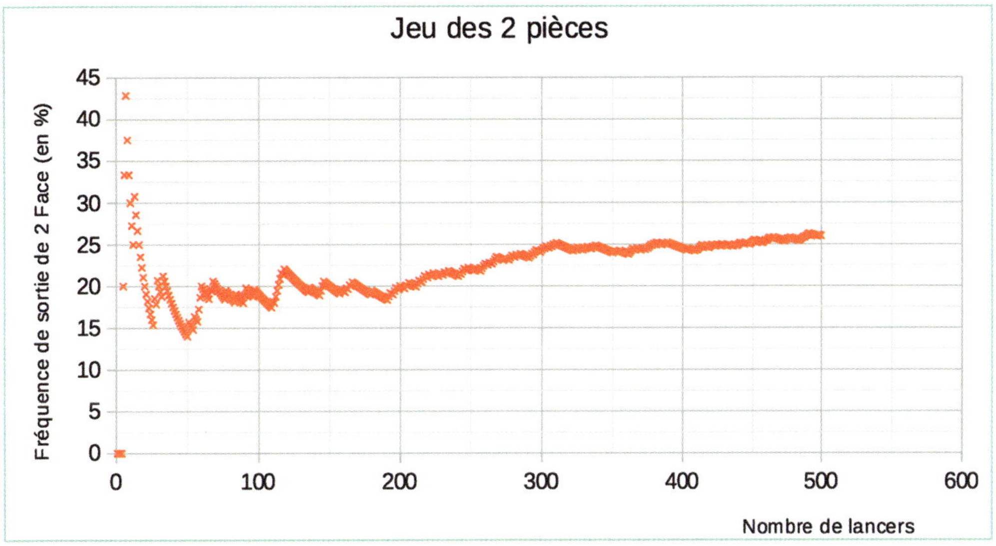

a. La fréquence d'un résultat tend vers une valeur constante qui est la probabilité de ce résultat.
À l'aide du graphique, déterminer la probabilité *p* d'obtenir deux « Face » avec deux pièces. La donner sous forme de nombre décimal, puis de fraction irréductible.

....

b. **Compléter la phrase suivante :**
On a .... chance sur .... d'obtenir deux « Face » en lançant deux pièces.

Communiquer

5 **Peut-on donner raison à Anissa ou Karim ? Justifier.** ....

....

Pour **modéliser** une situation liée au hasard, on peut utiliser le ...., qui permet de **simuler** un grand nombre de fois l'expérience.
Lorsque le nombre d'expériences augmente et devient important, la .... d'un résultat se **stabilise** vers une valeur constante, qui représente la .... de ce résultat.

Je fais le bilan

Je retiens l'essentiel

- Une expérience est **aléatoire** si l'on ne connaît pas, à l'avance, le résultat.
  Exemple : Le lancer d'une pièce comporte deux résultats ou **issues** possibles : Pile ou Face.

Issues possibles

Côté Pile

Côté Face

- Si une issue a x chances sur y de se produire, alors sa **probabilité** est égale à $\frac{x}{y}$.
  Exemple : En théorie, il y a 1 **chance** sur 2 d'obtenir le côté Pile et 1 chance sur 2 d'obtenir le côté Face, soit une **probabilité** $p = \frac{1}{2} = 0,5$.
- Expérimentalement, on détermine la **fréquence** d'un résultat : elle s'exprime en pourcentage. Il faut augmenter considérablement le nombre d'expériences pour que l'expérience rejoigne la théorie.

Je teste mes acquis

+ de tests en ligne
→ lienmini.fr/2375-26

Cocher la (ou les) bonne(s) réponse(s).

1. **Avec un dé à six faces, j'ai 1 chance sur 6 d'obtenir un :**
   ☐ « 4 » ☐ « 2 » ☐ « 8 »
2. **Une expérience aléatoire est une expérience liée :**
   ☐ à des résultats imprévisibles ☐ au hasard ☐ à des résultats prévisibles
3. **« 1 chance sur 5 » signifie que la probabilité est égale à :**
   ☐ 1,5 ☐ 0,5 ☐ 0,2
4. En lançant 10 fois une pièce, Axel obtient 4 fois le côté Pile. **La fréquence d'apparition du côté Pile est égale à :**
   ☐ 40 % ☐ 4 % ☐ 2,5 %
5. **Pour que l'expérience rejoigne la théorie au niveau des résultats, il faut faire un grand nombre de lancers de pièce.**
   ☐ Faux ☐ Vrai ☐ Cela dépend
6. Une urne contient 5 boules rouges, 3 boules noires et 2 boules bleues. **La probabilité de tirer une boule bleue est égale à :**
   ☐ $\frac{1}{5}$ ☐ $\frac{2}{10}$ ☐ $\frac{2}{5}$
7. **À chaque naissance, la probabilité d'avoir un garçon et celle d'avoir une fille sont :**
   ☐ différentes ☐ égales ☐ presque égales
8. **Le tirage au sort d'un gagnant est :**
   ☐ lié au hasard ☐ prévisible ☐ aléatoire
9. Dans un jeu de 32 cartes, il y a 8 cartes de chaque famille (cœur, carreau, trèfle et pique). **La probabilité de tirer un cœur est égale à :**
   ☐ $\frac{1}{4}$ ☐ $\frac{1}{2}$ ☐ $\frac{1}{8}$

Utiliser et construire des tableaux de répartition de fréquence après expérimentations

1 Baptiste lance 20 fois une pièce de monnaie. Il note le côté sur lequel elle tombe : « Pile » (noté P) ou « Face » (noté F). Voici les résultats de ces 20 lancers :
P, P, F, P, F, P, F, P, F, P, P, P, P, F, F, F, P, F, P, P.

Compléter le tableau suivant.

	Face (F)	Pile (P)	Total
Nombre d'apparitions	....	....	20
Fréquence (en %)	....	....	100

2 Dans le cadre d'une semaine sur la santé au lycée, Fatou interroge au hasard quelques camarades afin de connaître leur groupe sanguin. Elle obtient le tableau de répartition de fréquences suivant :

Groupe sanguin	O+	AB+	A–	B+	A+	O–
Effectif	8	1	1	2	6	2
Fréquence (en %)	40	....	5	10	30	....

1. Calculer le nombre d'élèves interrogés par Fatou.

....

2. Donner les fréquences des groupes O– et AB+ en complétant le tableau.

Utiliser des notions élémentaires des probabilités dans des contextes familiers

3 Lors d'une croisière, Lou doit tirer au sort une enveloppe dans une urne qui contient 5 enveloppes.
Deux enveloppes contiennent un bon pour dîner à la table du capitaine du bateau.
Exprimer par une fraction, puis par un nombre décimal, la probabilité qu'elle a de gagner le dîner avec le capitaine : ....

4 Gabriel tire au hasard un bonbon de couleur dans un sachet opaque. Il ne voit donc pas la couleur des bonbons.
Le nombre de bonbons de chaque couleur contenus dans le sachet est illustré par le diagramme en bâtons ci-contre.
Gabriel aimerait bien obtenir un bonbon rouge, mais il pense qu'il a moins d'1 chance sur 10 d'en avoir un.

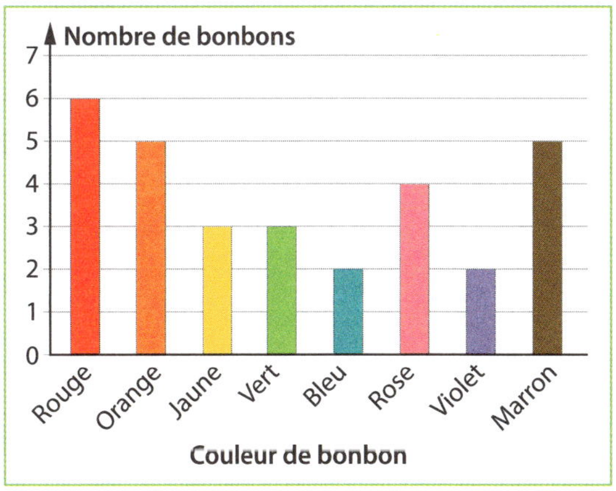

1. Compléter le tableau suivant à l'aide du diagramme en bâtons.

Couleurs	Rouge	Orange	Jaune	Vert	Bleu	Rose	Violet	Marron
Nombre de bonbons	....	....	....	....	....	....	....	....

2. Calculer le nombre total de bonbons du sachet : ....

3. **Calculer la probabilité de tirer un bonbon rouge, sous forme de fraction et de nombre décimal.**

....

4. **Que peut-on dire à Gabriel ?**

....

5 Léa se trouve tout en haut d'une station de ski. Elle a face à elle deux pistes noires, deux pistes rouges et une piste bleue qui arrivent toutes à un restaurant. Bonne skieuse, elle emprunte une piste au hasard.
On donnera les résultats sous forme de fraction, puis de nombre décimal.

1. **Quelle est la probabilité que la piste empruntée soit une piste rouge ?**

....

2. À partir du restaurant, sept autres pistes mènent au bas de la station : trois pistes noires, une piste rouge, une piste bleue et deux pistes vertes.

Quelle est la probabilité que Léa emprunte alors une piste bleue ? Arrondir à 0,01.

....

6 Kim et Wassil souhaitent évaluer la probabilité d'obtenir un « 1 » ou un « 6 » avec un dé à six faces.

1. **Émettre une hypothèse en complétant la phrase suivante.**
Il y a .... chance sur .... d'obtenir un « 1 » ou un « 6 » avec un dé à six faces.

2. **Ouvrir un tableur et recopier la première ligne du tableau (sur fond rose).**

	A	B	C	D
1	Dé	Compteur	Nombre de lancers	Fréquence
2	3	0	1	0,00
3	5	0	2	0,00
4	1	1	3	0,33

3. a. **Suivre les étapes indiquées.**
   - Pour simuler le lancement d'un dé à six faces, saisir en **A2** la formule `=ALEA.ENTRE.BORNES(1;6)` puis la copier jusqu'à la ligne **1001**.
   - Pour compter le nombre de 1 et de 6 sortis, saisir en **B2** la formule `=NB.SI(A$2:A2;1)+NB.SI(A$2:A2;6)` puis la copier jusqu'à la ligne **1001**.
   - Pour indiquer le nombre de lancers, taper la valeur `1` dans la cellule **C2** puis la formule `=C2+1` dans la cellule **C3**.
   - Copier la formule jusqu'à la ligne **1001**.
   - Pour calculer la fréquence, saisir en **D2** la formule `=B2/C2`, puis la copier jusqu'à la ligne **1001**.

   b. **Peut-on dire que la fréquence se stabilise ?** ....

4. **En déduire la probabilité d'obtenir un « 1 » ou un « 6 ».**

....

5. **Le résultat précédent confirme-t-il celui donné à la question 1 ? Justifier.**

....

....

J'approfondis

7 Les élèves de CAP vente organisent une tombola pour financer un voyage de fin d'année.
Ils ont 1 000 tickets à vendre. Chaque ticket est vendu 2 € et la répartition entre les différents lots est la suivante :

Montant du lot	Nombre de lots
Week-end au Futuroscope (250 €)	1
Appareil photo (120 €)	2
Webcam (80 €)	2
Patinette (50 €)	5
Parfum (40 €)	5
Livre (10 €)	15
Clef USB (5 €)	70
Total	....

Théo a comme argument de vente : « Vous avez 1 chance sur 10 de gagner. » Joanne pense que Théo a tort de présenter la tombola de cette façon, car le gros lot est beaucoup plus difficile à gagner que les autres lots.

1. **Calculer le nombre total de lots, puis compléter la dernière ligne du tableau.**

....

2. **En déduire la probabilité de gagner un lot.**

....

3. **L'argument de vente de Théo est-il vérifié par le calcul ? Justifier.**

....

4. **Que dire alors à Joanne ?**

....

5. **Vérifier par le calcul que le bénéfice réalisé lors de cette tombola est de 400 €.**

....

....

....

8 À l'entrée du garage à vélos du lycée, un digicode commande l'ouverture de la porte. Le code d'ouverture est composé d'une lettre (A, B ou C) suivie d'un chiffre (1, 2 ou 3).

1. **Écrire les différents codes possibles.**

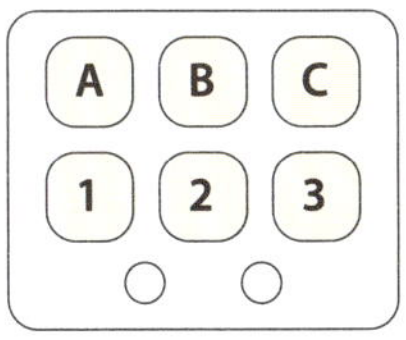

....

2. Maï compose au hasard le code A1.

a. **Quelle probabilité a-t-elle d'obtenir le bon code ?** ....

b. En tapant le code A1, Maï s'est trompée à la fois de lettre et de chiffre. Elle change donc ses choix. **Quelle probabilité a-t-elle de trouver le bon code à son deuxième essai ?**

....

c. Lors de ce deuxième essai, Maï ne se trompe que de lettre, mais elle est certaine de pouvoir ouvrir la porte lors d'un troisième essai. **Pourquoi ? Justifier.**

....

....

....

J'approfondis

9 SCRATCH Claire et Adama ont écrit sur Scratch le programme ci-contre, qui permet de simuler le lancement d'un dé à six faces.

Fichier à télécharger
→ lienmini.fr/2375-27

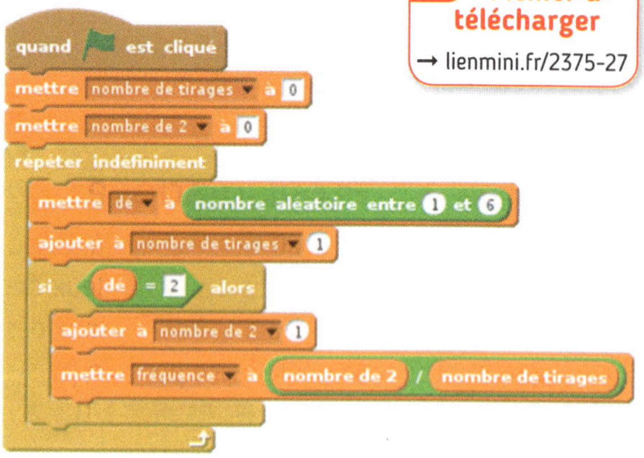

1. **Décrire plus précisément le rôle du programme.**

....

....

2. **Donner la probabilité d'obtenir un « 2 » à l'aide d'un dé à six faces.** ....

3. **Ouvrir le fichier fourni. Démarrer le programme en cliquant sur le drapeau vert. Décrire la variation des quatre variables (présentes à côté du lutin).**

....

....

4. **La variation de la variable « Fréquence » était-elle prévisible ? Justifier.**

....

10 Pour choisir les participants au prochain match, l'entraîneur de Jules décide de tirer à la courte paille la sélection des 10 joueurs sur les 18 dont il dispose. Les joueurs qui auront tiré une paille courte seront sélectionnés. Il prépare donc 18 pailles, dont 10 courtes et 8 longues.
Les résultats seront donnés sous forme de fraction irréductible et de nombre décimal arrondi à 0,01.

1. **Calculer la probabilité d'être sélectionné pour le joueur qui tire la première paille.**

....

2. **Lorsqu'arrive le tour de Jules, 5 joueurs ont été sélectionnés et 3 ont été écartés. En déduire la probabilité qu'a Jules de participer au match.**

....

....

Calcul numérique

+ de calculs en ligne
→ lienmini.fr/2375-28

Déterminer l'écriture décimale d'une fraction

→ Fiche 9, p. 189

11 **Calculer la valeur des expressions suivantes en donnant le résultat sous forme décimale et sous forme de pourcentage.**

a. $\frac{4}{10}$ = ... b. $\frac{7}{28}$ = ... c. $\frac{1}{50}$ = ... d. $\frac{890}{1000}$ = ...

Écrire un nombre en notation scientifique

→ Fiche 7, p. 188

12 **Compléter le tableau.**

Écriture décimale	185	....	....	0,00003562
Écriture scientifique	....	$7{,}45 \times 10^{-3}$	8×10^{4}	....

Je m'évalue

Nom : ....

Prénom : ....

Date : ....

Problématique

Kevin et Alice jouent ensemble à un jeu de plateau où le déplacement d'un pion se fait à l'aide de deux dés à six faces.
Ils lancent l'un après l'autre deux dés, notent les chiffres sortis et calculent la différence entre le plus grand chiffre et le plus petit.
Kevin pense que le résultat « 0 » a plus de chance de sortir que les autres. Alice n'est pas d'accord.
Comment peut-elle convaincre Kevin ?

1 Le lancer de deux dés est-il une expérience aléatoire ? Justifier.

....

2 Donner les issues possibles lorsqu'on fait la différence entre les chiffres de deux dés à six faces.

....

3 Comment pourrait-on vérifier la proposition de Kevin ?

....

4 a. À l'aide d'un tableur, simuler 10 lancers en procédant comme suit.

• Recopier la première ligne (sur fond jaune).

	A	B	C
1	Dé 1	Dé 2	Différence
2	2	5	3
3	3	1	2

• En **A2**, saisir la formule `=ALEA.ENTRE.BORNES(1;6)` puis la copier jusqu'à la ligne **11**.

• En **B2**, saisir la formule `=ALEA.ENTRE.BORNES(1;6)` puis la copier jusqu'à la ligne **11**.

• En **C2**, taper la formule `=ABS(A2-B2)` puis la copier jusqu'à la ligne **11**.

ABS représente la valeur absolue d'un nombre, c'est-à-dire sa valeur sans compter le signe.

b. Pour chaque issue, donner le nombre de fois où elle apparaît (effectif) en complétant le tableau suivant.

Issue	0	1	2	3	4	5
Effectif	....	....	....	....	....	....

Les différentes issues correspondent à la différence entre le plus grand chiffre et le plus petit.

5 Ces 10 lancers permettent-ils de confirmer la proposition de Kevin ?

....

6 Calculer la fréquence de l'issue « 0 ». Donner le résultat sous forme de fraction et de pourcentage.

....

7 Alice propose d'effectuer un dénombrement de toutes les solutions. Pour cela, elle dresse un tableau où elle indique dans chaque case la différence obtenue avec les deux dés.
Compléter le tableau suivant.

		Valeur du 2e dé					
		1	**2**	**3**	**4**	**5**	**6**
Valeur du 1er dé	**1**	0	1	2	3	4	5
	2	1	0				
	3	2		0			
	4	3			0		
	5	4				0	
	6	5					0

8 **Quelle particularité présente ce tableau ?**

……………………………………………………………………………………

9 À partir du tableau précédent, Kevin lui propose de faire le bilan.
Pour chaque issue, donner l'effectif correspondant en complétant le tableau suivant.

L'effectif est le nombre d'apparitions de l'issue.

Issue	0	1	2	3	4	5
Effectif	6					

10 **En déduire l'issue qui a le plus de chances de se produire.**

……………………………………………………………………………………

11 **Quel argument peut avancer Alice pour convaincre Kevin ?**

……………………………………………………………………………………

……………………………………………………………………………………

Grille d'évaluation

Compétences	Capacités	Questions	Niveau d'acquisition conforme aux attendus		
S'approprier	• **Rechercher**, **extraire** et **organiser** l'information.	1, 8 et 9			
Analyser Raisonner	• **Émettre** une conjecture, une hypothèse. • **Proposer** une méthode de résolution, un protocole expérimental.	2 et 3			
Réaliser	• **Choisir** une méthode de résolution, un protocole expérimental. • **Exécuter** une méthode de résolution, **expérimenter**, **simuler**.	4, 6, 7 et 9			
Valider	• **Contrôler** la vraisemblance d'une conjecture, d'une hypothèse. • **Critiquer** un résultat, **argumenter**.	5 et 10			
Communiquer	• **Rendre compte** d'une démarche, d'un résultat, à l'oral ou à l'écrit.	11			

Note : .... / 10

CHAPITRE
8

Éléments de géométrie

Je vais apprendre à

- Construire un segment de longueur donnée
- Tracer une droite parallèle et une droite perpendiculaire passant par un point donné
- Tracer un angle de mesure donnée et mesurer un angle
- Construire une bissectrice, une médiatrice
- Utiliser la symétrie axiale ou centrale

Je démarre

Pour chaque question, cocher la (ou les) bonne(s) réponse(s).

M. Hubert a un jardin dont voici un plan. Les cotes sont données en m.

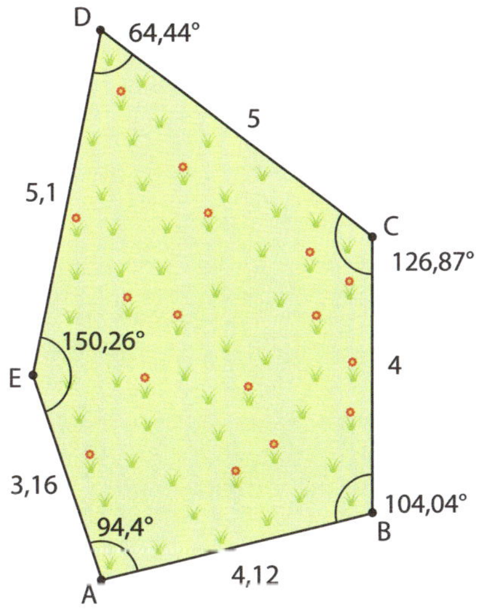

1 **Le segment [AB] a pour longueur :**

☐ 4,12 cm ☐ 4,12 m ☐ 4

2 **L'angle $\hat{E}$ a pour mesure :**

☐ 5,1 ☐ 150,26 ☐ 150,26°

3 **La mesure de l'angle $\hat{A}$ est proche de :**

☐ 90° ☐ 180° ☐ 60°

4 **Le segment le plus long est :**

☐ [CD] ☐ [DE] ☐ $\hat{E}$

5 **Le jardin possède :**

☐ aucune symétrie ☐ deux côtés parallèles ☐ deux côtés perpendiculaires

ACTIVITÉ 1 Utiliser la règle, l'équerre et le rapporteur

Transformer l'essai

Au rugby, lorsqu'un joueur marque un essai, c'est-à-dire lorsqu'il pose le ballon sur ou derrière la ligne de but, un coéquipier a le droit de tenter la transformation de l'essai en essayant d'envoyer le ballon entre les poteaux et au-dessus de la barre transversale. Il peut placer le ballon n'importe où sur la perpendiculaire à la ligne de but passant par le point où a été marqué l'essai, tout en restant dans la limite des 22 mètres.

Où doit-il se placer pour avoir un meilleur angle de tir ?

Réaliser

1 On a représenté sur le schéma ci-dessous, qui n'est pas à l'échelle, le terrain vu de dessus.

Compléter le tableau en précisant la nature de chaque élément du terrain : point, segment, demi-droite, droite ou angle.

Éléments du terrain	Nature
Implantation des poteaux en A et B	....
L'essai marqué E	....
Ligne de but [GL]	....
Tir de la transformation T	....
Perpendiculaire à [GL] passant par E : [ET)	....
Angle de tir $\widehat{ATB}$	....

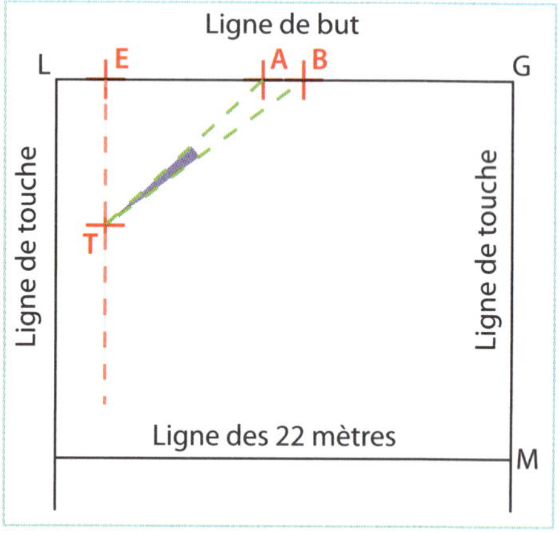

S'approprier

2 **Indiquer la position relative (parallèles ou perpendiculaires) entre :**

a. une ligne de touche et la ligne de but : ....

b. une ligne de touche et la ligne des 22 mètres : ....

c. la ligne de but et la ligne des 22 mètres : ....

Deux droites perpendiculaires à une même droite sont parallèles.

Réaliser

3 **Représenter le schéma du terrain sur une feuille blanche avec les indications suivantes.**

- Tracer un segment [AB] de 1 cm.
- Tracer la droite (AB).
- Placer sur la droite (AB) les points L et G à 6,5 cm respectivement de A et de B.
- Tracer les deux lignes de touche à l'aide de l'équerre.
- Placer un point M appartenant à la ligne de touche et placé à 4,5 cm de G.
- Tracer la ligne des 22 mètres, droite parallèle à la ligne de but passant par M, en utilisant la méthode de la page suivante.
- Placer le point E à 1,5 cm à gauche de A.
- Construire la perpendiculaire à (AB) qui passe par E.

ACTIVITÉ 1

Utiliser la règle, l'équerre et le rapporteur

• Sur cette perpendiculaire et en dessous de E, placer un point T_1 à 1 cm de E, puis un point T_2 à 2,5 cm de E et T_3 à 4,5 cm de E.
• Tracer les demi-droites $[T_1A)$, $[T_1B)$, $[T_2A)$, $[T_2B)$, $[T_3A)$ et $[T_3B)$.

MÉTHODE

Pour **tracer une droite parallèle** à une autre droite et passant par un point, il faut :

- positionner la règle et l'équerre comme sur le schéma, bloquer la règle, faire glisser le petit côté de l'équerre le long de la règle jusqu'à ce que le grand côté de l'équerre atteigne le point A ;
- tracer la droite (*d'*) passant par A parallèle à la droite (*d*) en suivant le grand côté de l'équerre.

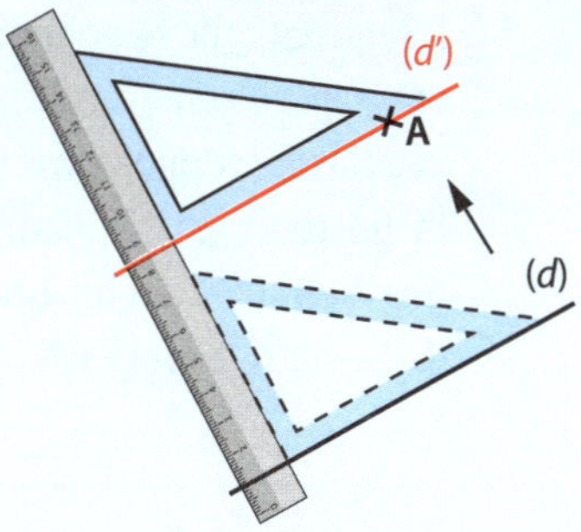

Valider

4 Mesurer les angles formés par les demi-droites précédentes.

$\widehat{AT_1B}$ = ... $\widehat{AT_2B}$ = ... $\widehat{AT_3B}$ = ...

5 Compléter la phrase suivante.

Un meilleur angle de tir signifie que l'angle de tir doit être le plus .... possible.

6 Rappeler le rôle de la ligne des 22 mètres.

....

....

Communiquer

7 Où le joueur doit-il se positionner par rapport à la ligne de but pour avoir un meilleur angle de tir ?

....

Pour construire un segment de longueur donnée ou mesurer un ...., il faut placer correctement la graduation zéro :

• de la **règle**.

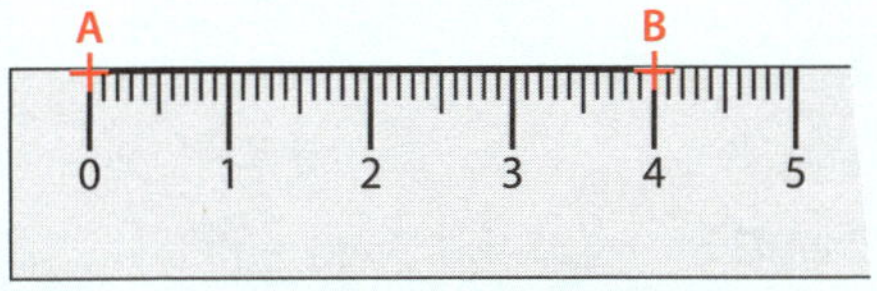

AB = 4 cm

• du **rapporteur**.

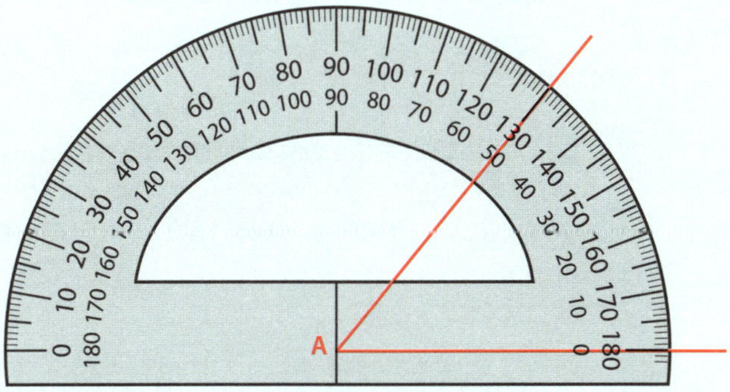

$\hat{A} = 50°$

L'**équerre** permet de construire un angle .... (angle de mesure 90°).

ACTIVITÉ 2

Construire la médiatrice d'un segment

À égale distance

Trois villages A, B et C souhaitent implanter une antenne-relais pour la téléphonie mobile. Sur le plan, chaque village est repéré par un point correspondant à l'emplacement de la mairie (supposé comme le centre du village). Pour trouver la position du meilleur emplacement, l'ingénieur en charge des travaux conclut que la future antenne doit être à égale distance des trois villages. **A-t-il raison ?**

S'approprier

1 **Sur le plan ci-contre, dire à quoi correspond :**

- la mairie du village A : ....
- la distance entre la mairie du village B et la mairie du village C : ....

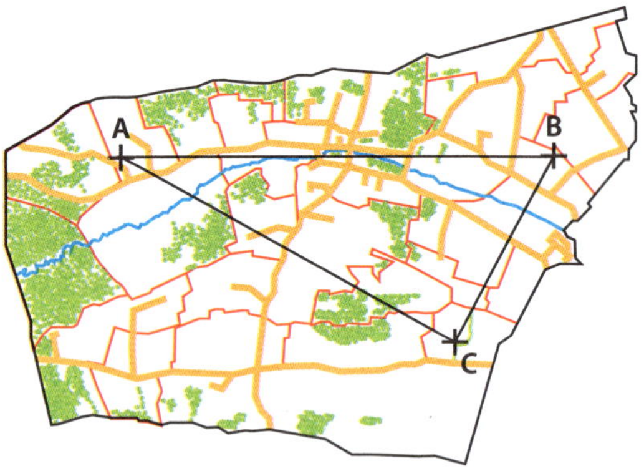

Réaliser

2 **Sur une feuille blanche, construire un triangle ABC, rectangle en C, de dimensions AC = 8 cm, BC = 6 cm et AB = 10 cm.**

3 La médiatrice d'un segment est la droite perpendiculaire à ce segment et qui passe par son milieu. Tout point de la médiatrice est **équidistant** (à égale distance) des extrémités du segment.

MÉTHODE

- Pour **tracer la médiatrice** d'un segment, il faut respecter les étapes ci-contre.
- Attention, l'écartement du compas ne doit pas être modifié durant tout le tracé !

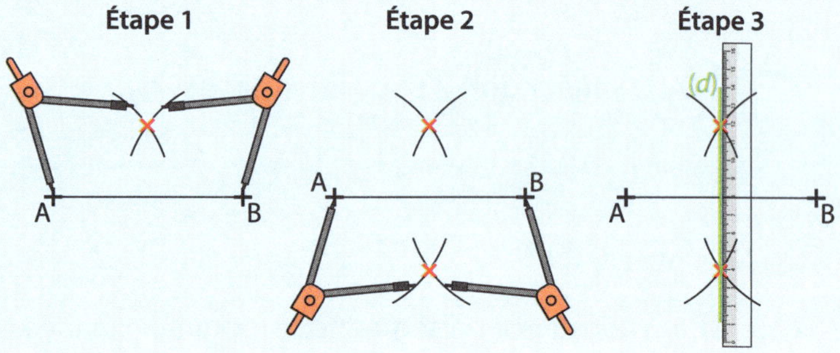

a. **Construire les médiatrices des segments [AB], [AC] et [BC].**

b. Les trois médiatrices doivent se couper un seul point : on dit qu'elles sont concourantes. **Noter O ce point d'intersection.**

Valider/Communiquer

4 **Le point O est-il à égale distance des points A, B et C ?** ....

5 **En déduire l'emplacement de l'antenne-relais.**

....

La **médiatrice** d'un segment est la droite qui coupe perpendiculairement ce segment en son ....

Sur le schéma ci-contre, la droite verte est la .... du segment [AB].

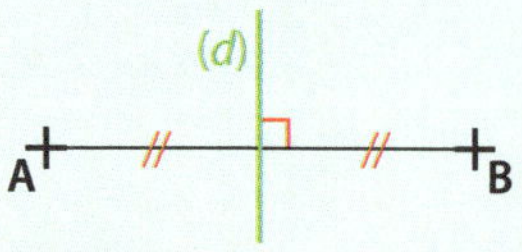

ACTIVITÉ 3

Construire la bissectrice d'un angle

Être à l'ouest

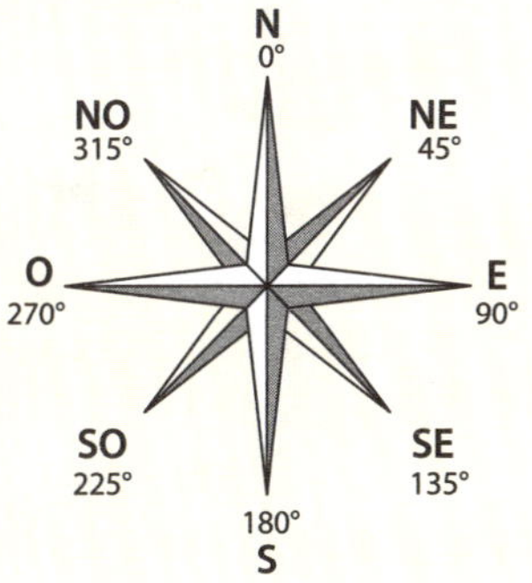

Pour se repérer, les points cardinaux sont donnés par la rose des vents ci-contre. Afin d'illustrer un devoir de géographie, Wahid et Lola souhaitent construire cette rose sur une feuille de papier. Ils ne possèdent qu'une règle et un compas. Lola pense que, sans rapporteur, ils ne pourront pas construire la rose des vents. **A-t-elle raison ?**

Analyser-Raisonner

1 Donner la signification des lettres N, E, S et O.

N : .... E : .... S : .... O : ....

2 D'après le schéma, peut-on dire que la direction NE est la bissectrice de l'angle formé par les directions N et E ? Raisonner à partir des angles.

....

....

....

> La bissectrice d'un angle est la demi-droite qui partage cet angle en deux angles de même mesure.

Réaliser

3 Sur une feuille blanche, construire la rose des vents en respectant les étapes suivantes.

- Construire un cercle de centre C et de rayon 10 cm.
- Tracer un diamètre horizontal [OE].
- Tracer un diamètre vertical [SN] (perpendiculaire à [OE]).
- Construire les bissectrices des quatre angles droits ainsi formés à l'aide de la méthode ci-dessous, puis nommer les points d'intersection des bissectrices avec le cercle, comme sur le schéma de l'énoncé.

MÉTHODE

Pour **construire la bissectrice** d'un angle, suivre ces étapes en gardant le même écartement de compas.

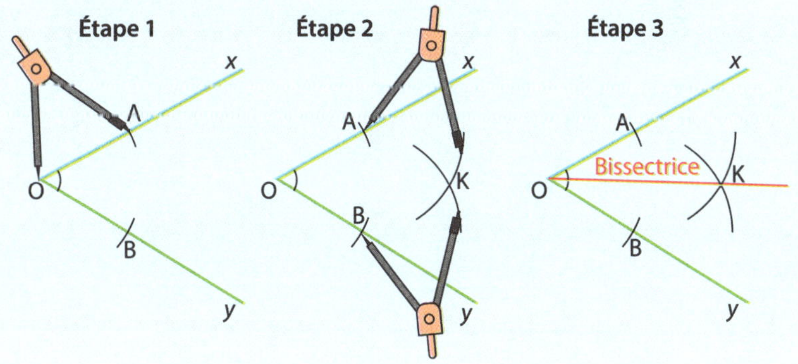

Valider/Communiquer

4 Lola a-t-elle raison ? Justifier. ....

....

La **bissectrice** d'un angle est une demi-droite qui coupe un angle en deux angles de même ....

Sur la figure ci-contre, la bissectrice de l'angle $\widehat{AOB}$ est la demi-droite .... telle que $\widehat{AOC}$ = ...

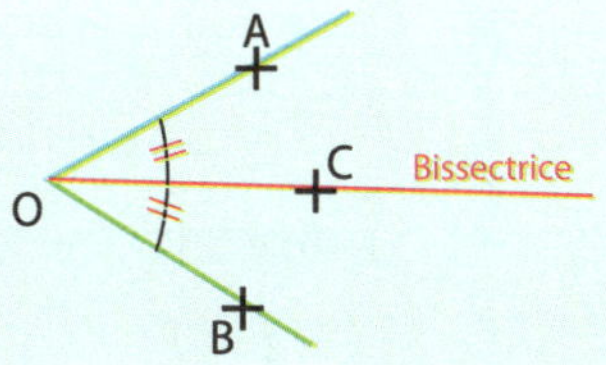

ACTIVITÉ 4

Utiliser la symétrie axiale

Symétrie de Noël

Cette année, la classe de CAP vente est responsable de la décoration de Noël de la cafétéria. Le thème est la symétrie. Marie propose la symétrie axiale car, par pliage, les réalisations seront faciles. Elle donne comme exemple le reflet dans l'eau. Brice, non convaincu, préfère s'entraîner sur une figure géométrique.

S'approprier

1 **Sur la photo, le paysage et son reflet sont-ils symétriques ? Si oui, par rapport à quoi ?**

....

Réaliser

2 Une **symétrie axiale** est une symétrie qui s'effectue par rapport à une droite appelée axe de symétrie. Sur le schéma suivant, A' est le symétrique de A par rapport à l'axe rouge. Cet axe est la médiatrice du segment [AA'], ce qui signifie que (AA') est perpendiculaire à l'axe rouge et que I est le milieu de [AA'].

Avec l'équerre et la règle, construire le symétrique du quadrilatère ABCD par rapport à l'axe rouge, puis par rapport à l'axe vert.

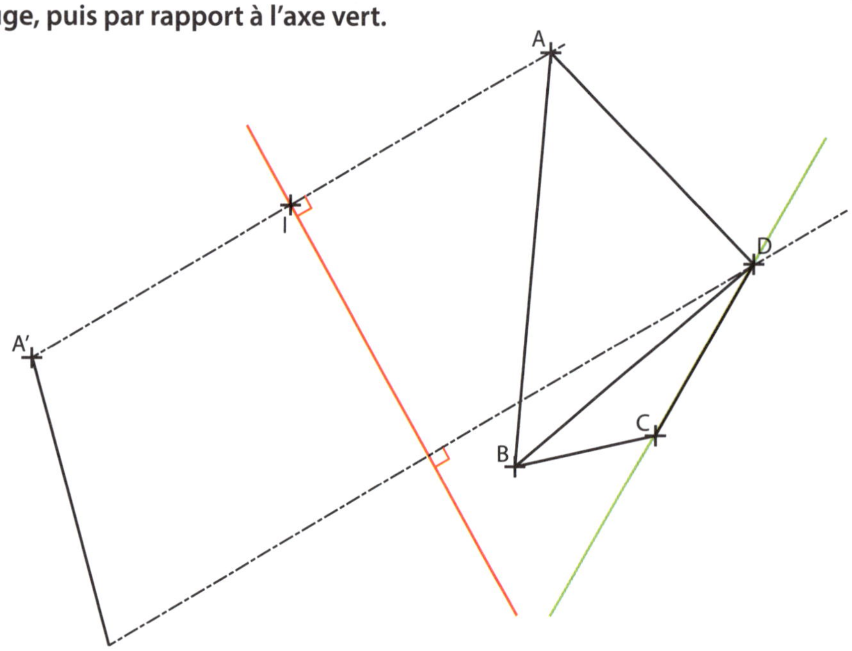

Valider/Communiquer

3 **Le quadrilatère ABCD et son symétrique vont-ils se superposer si l'on plie selon l'axe rouge ? selon l'axe vert ?** ....

Deux points A et A' sont .... par rapport à une droite (*d*) lorsque (*d*) est la médiatrice de [AA'].

La droite (*d*) est appelée ....

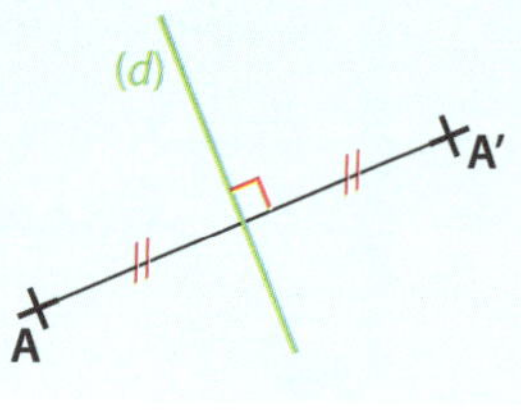

ACTIVITÉ 5

Utiliser la symétrie centrale

Qui prend le chien ?

Quatre camarades de classe se réunissent régulièrement pour jouer au tarot.
En observant de plus près les cartes, ils observent que certaines possèdent une symétrie.
Laquelle ?

Dame de carreau — Carte d'atout III — Valet de cœur

Analyser-Raisonner

1 **La carte d'atout III présente-t-elle une symétrie ?** ....

2 **Les cartes « dame de carreau » et « valet de coeur » :**

a. **ont-elles un axe de symétrie ?** ....

b. **présentent-elles une autre symétrie ?** ....

Réaliser

3 Une **symétrie centrale** est une symétrie qui s'effectue par rapport à un point.
Sur le schéma suivant, C′ est le symétrique de C par rapport O. Cela signifie que O est le milieu de [CC′] et, donc, que OC = OC′. **Construire le symétrique par rapport à O de chaque point du quadrilatère ABCD, en laissant les traits de construction, puis tracer le quadrilatère A′B′C′D′.**

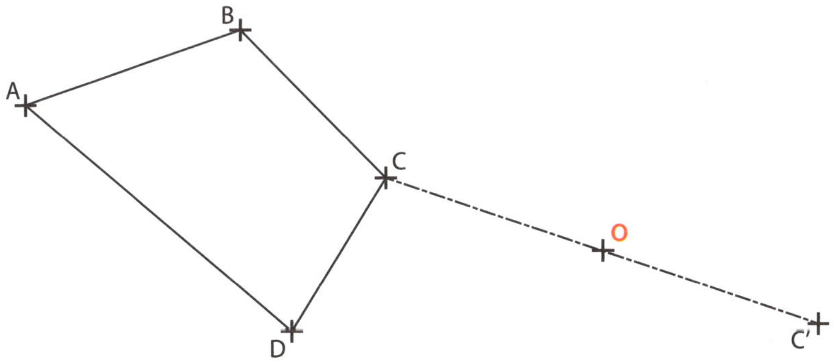

Valider/Communiquer

4 **Pour reconnaître une symétrie centrale, peut-on dire :** « *Si deux figures sont symétriques par rapport à un point, alors, en effectuant un demi-tour (180°) autour de ce point, les deux figures se superposent* » **?**

....

5 **En déduire le type de symétrie rencontrée avec la dame de carreau et le valet de cœur.**

....

Une **symétrie centrale** est une symétrie qui s'effectue par rapport à un .... appelé **centre de symétrie.** Le centre de symétrie est le .... du segment formé par le point et son symétrique.

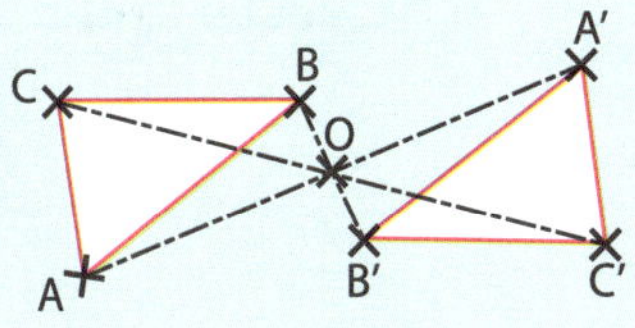

ACTIVITÉ 6

Concevoir un logo

Objectif panier !

Un groupe de lycéens doit proposer un futur logo pour un club de basket de la Roumanie.
Le logo doit répondre à plusieurs critères :

- il doit reprendre les trois couleurs du drapeau de la Roumanie (jaune, rouge et bleu foncé) ;
- les trois couleurs doivent recouvrir une même surface (même nombre de motifs de base) ;
- chaque couleur doit être en contact avec les deux autres.

Comment tracer ce logo ?

Réaliser

1 Sur une feuille blanche :

- Construire un segment [AD] de 12 cm.
- Construire un angle $\hat{A}$ de 60° et un angle $\hat{D}$ de 60° à l'intérieur du segment, en utilisant la méthode ci-dessous.

MÉTHODE

Pour tracer un angle de mesure donnée, il faut suivre ces étapes :

Étape 1

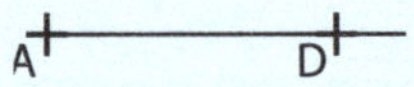

On trace l'un des côtés de l'angle, par exemple la demi-droite [AD].

Étape 2

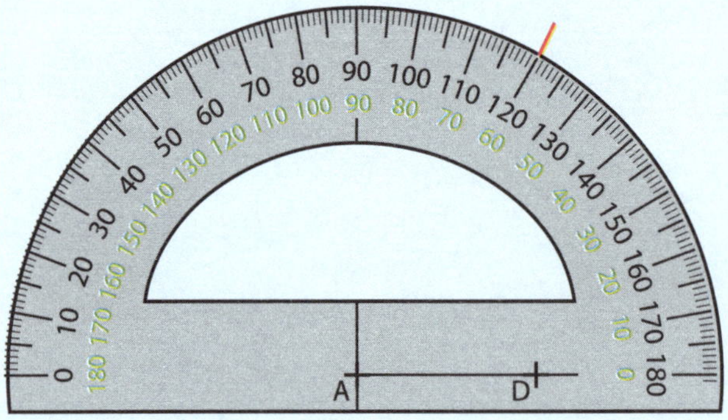

On place le centre du rapporteur sur l'origine A et la graduation « 0 » sur le côté [AD]. On suit la graduation verte et on fait une marque à 60°.

Étape 3

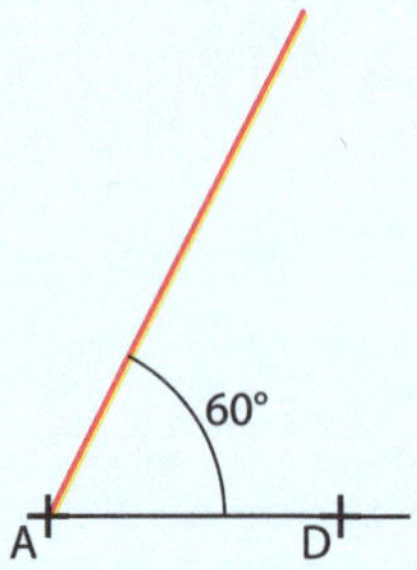

On trace la demi-droite passant par A et la marque précédente.

- Placer le point E à l'intersection des demi-droites tracées, afin d'obtenir le triangle équilatéral ADE (trois côtés égaux) de côté 12 cm.
- Partager chaque côté du triangle ADE en six segments de 2 cm.
- Tracer les parallèles aux côtés joignant ces points deux à deux.

La surface délimitée par le triangle ADE se partage ainsi en petits triangles équilatéraux tous identiques (figure 1).

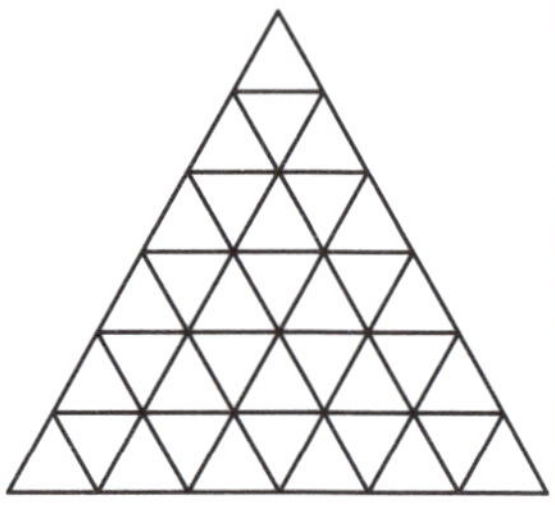

Figure 1

2 Calculer le nombre de petits triangles sur la figure tracée.

....

....

....

ACTIVITÉ 6

Concevoir un logo

Figure 2

3 **Colorier en trois couleurs afin d'obtenir le résultat de la figure 2.**

4 **Donner le nombre de petits triangles de chaque couleur.**

....

....

Analyser-Raisonner

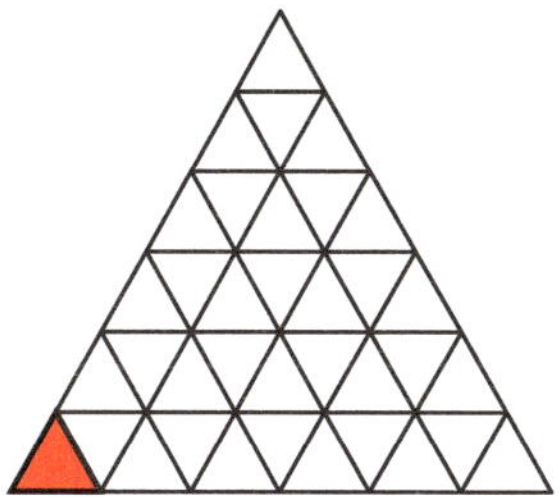
Figure 3

5 **À partir du triangle de base (représenté en rouge sur la figure 3), comment obtenir les autres petits triangles afin d'obtenir le grand triangle ?**

....

Réaliser

6 **À l'aide de GeoGebra, on va réaliser la figure 2. Pour cela, respecter les étapes suivantes.**

- Ouvrir GeoGebra.
- Placer deux points A et B distants de 2 cm tels que [AB] soit à l'horizontale et que A soit à gauche de B.
- Cliquer sur Polygone régulier.
- Cliquer sur A et B : la boîte de dialogue ci-contre s'affiche demandant le nombre de points du polygone régulier. Saisir 3.

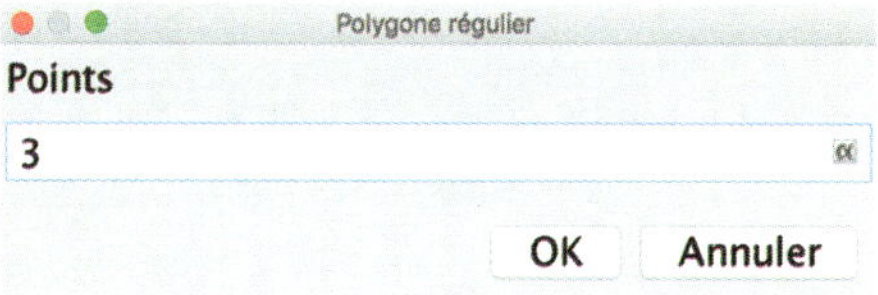

- Cliquer sur Symétrie axiale, puis sélectionner le triangle ABC et le segment [BC] comme axe de symétrie.
- Il se forme un triangle qui doit être redéfini comme polygone régulier : pour cela, cliquer sur le point B puis sur le point C et compléter la même boîte de dialogue, comme pour le triangle ABC.
- Par symétries successives, obtenir un résultat similaire à la figure 1.
- Pour faire disparaître les points, faire un clic droit sur chaque point et décocher l'option Afficher l'objet.
- Modifier les couleurs afin d'obtenir le résultat de la figure 2.

Valider/Communiquer

7 **Le logo répond-t-il au deuxième critère de l'énoncé ? Justifier.**

....

8 **Chaque couleur est-elle en contact avec les deux autres ?**

....

9 **Le logo répond-il à tous les critères ?**

....

À partir d'un motif élémentaire, on peut obtenir une figure plus complexe par .... successives.

Le **logiciel de géométrie GeoGebra** permet de construire le symétrique d'une figure. Il faut pour cela sélectionner la figure dont on souhaite tracer le symétrique, puis .... en cliquant dessus.

Je fais le bilan

Je retiens l'essentiel

- La **médiatrice** d'un segment est la droite perpendiculaire à ce segment passant par son milieu.
- Tout point de la médiatrice de [AB] est **équidistant** de A et de B.
- La **bissectrice** d'un angle est une demi-droite qui partage cet angle en deux angles égaux.

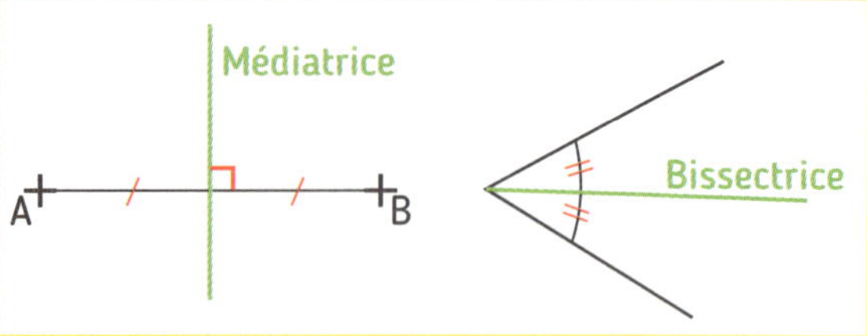

- Une symétrie **axiale** est une symétrie qui s'effectue par rapport à un axe de symétrie.
  Exemple : C′ est le symétrique de C par rapport à (*d*).
- Une symétrie **centrale** est une symétrie qui s'effectue par rapport à un point, centre de symétrie.
  Exemple : C″ est le symétrique de C par rapport à O.

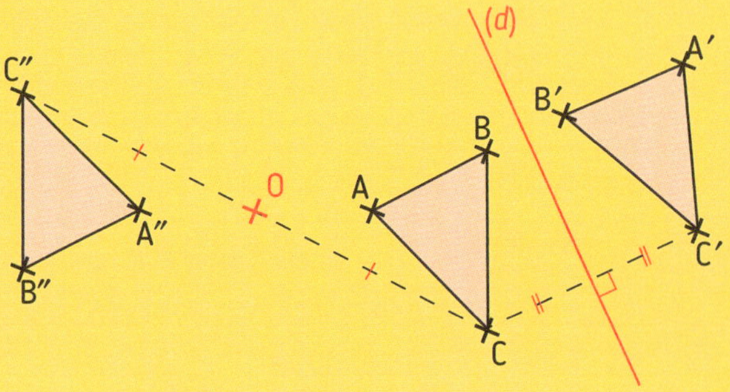

Je teste mes acquis

+ de tests en ligne
→ lienmini.fr/2375-44

Cocher la (ou les) bonne(s) réponse(s).

1 **La demi-droite qui partage un angle en deux angles égaux est :**
☐ une médiatrice ☐ une bissectrice ☐ un axe de symétrie

2 **Un angle se mesure :**
☐ en degrés ☐ en cm ☐ avec un rapporteur

3 **La notation [AB] signifie que les points A et B forment :**
☐ une droite ☐ une demi-droite ☐ un segment

4 **Pour construire la médiatrice d'un segment, on a besoin :**
☐ d'une règle ☐ d'un compas ☐ d'une calculatrice

5 **Dans la figure-ci contre :**
☐ [AB] = 3 cm ☐ A et B = 3 cm ☐ AB = 3 cm

6 **Dans l'heure affichée ci-contre, le chiffre qui a deux axes de symétrie est le :**
☐ 2 ☐ 3 ☐ 8

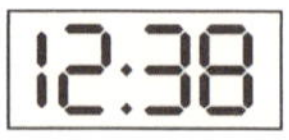

7 **Dans l'heure affichée ci-contre, le chiffre 2 possède :**
☐ un centre de symétrie ☐ un axe de symétrie ☐ un centre et un axe de symétrie

8 **On trace une perpendiculaire :**
☐ avec une règle ☐ avec une équerre ☐ à main levée

9 **Si l'angle $\widehat{AOC}$ mesure 180°, alors :**
☐ les points A, O et C sont alignés ☐ les demi-droites [OA) et [OC) sont perpendiculaires
☐ les points A, O et C ne sont pas alignés

10 **Si M appartient à la médiatrice de [AB], alors :**
☐ $\widehat{AMB} = 90°$ ☐ AM = BM ☐ M est à égale distance de A et de B

J'applique

Mesurer un angle, construire un angle et un segment

1 **1. Lire et écrire la valeur des angles suivants.**

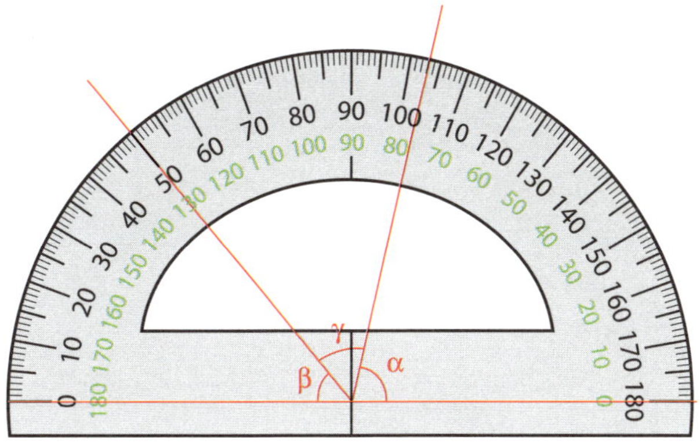

α = ... β = ... γ = ...

2. Calculer la somme des trois angles. ....

3. Le résultat précédent était-il prévisible ? Justifier.

....

2 **1. Sur la figure ci-contre, tracer un segment [AB] de 4,5 cm.**

2. Placer un point C tel que $\widehat{BAC}$ = 50°.

3 **Sur une feuille blanche, placer trois points A, B et C non alignés, puis tracer les demi-droites [AB] et [AC]. À l'aide du rapporteur, donner la mesure de l'angle $\widehat{BAC}$.**

4 Cassiopée est une constellation du ciel visible dans l'hémisphère nord.
Sur une feuille blanche, reproduire en vraie grandeur la représentation ci-dessous de Cassiopée.

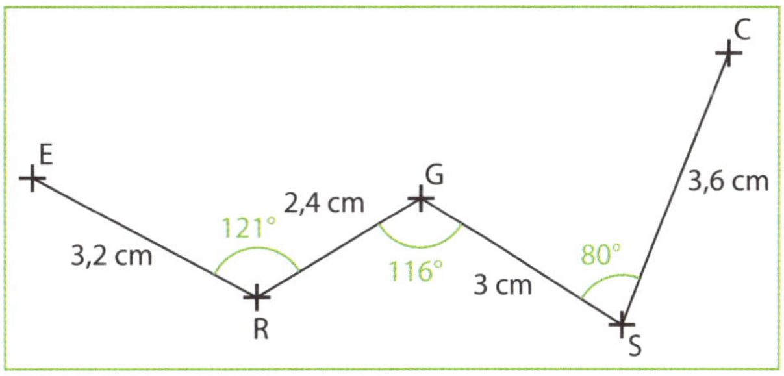

Utiliser la symétrie axiale ou centrale

5 Un jeu de dominos est composé de 28 dominos.

1. Pour les 6 dominos « double » ci-contre, donner le nombre d'axe(s) et de centre(s) de symétrie en complétant le tableau suivant.

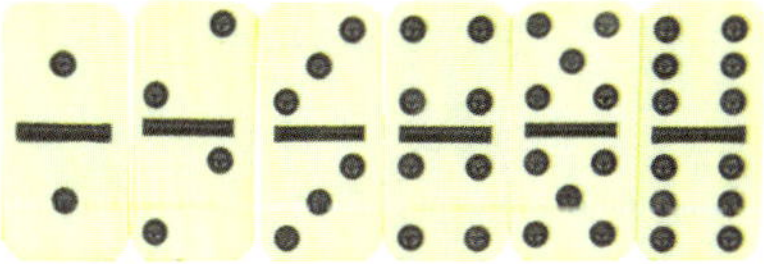

2. Tracer le (ou les) axe(s) de symétrie du « double 4 ».

	Double 1	Double 2	Double 3	Double 4	Double 5	Double 6
Centre(s) de symétrie	....	....	....	....	....	....
Axe(s) de symétrie	....	....	....	....	....	....

6 **Construire le symétrique de la figure par rapport au point O, puis par rapport à la droite (*d*).**

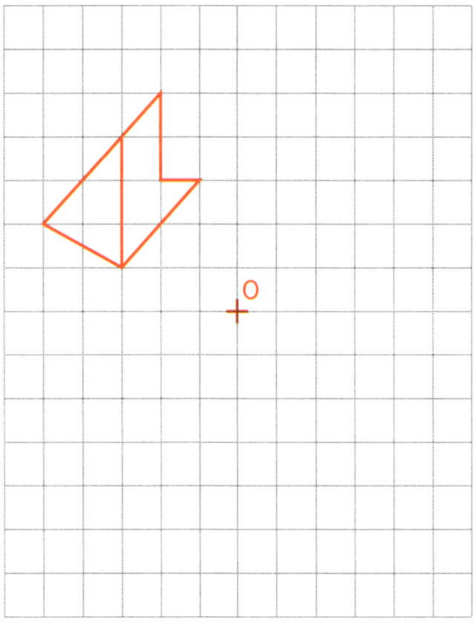

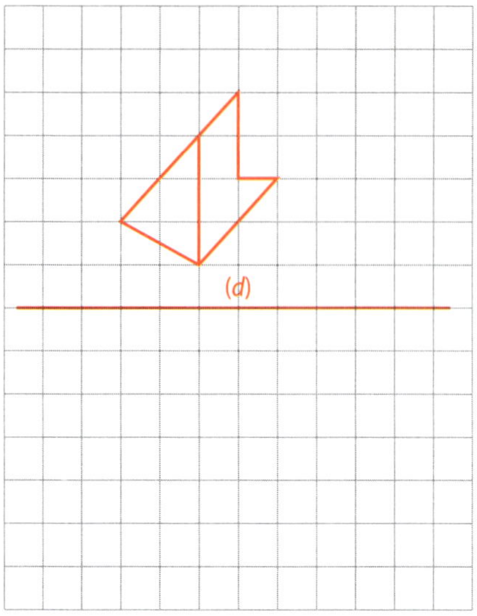

Tracer une droite parallèle et une droite perpendiculaire passant par un point donné

7 **1.** **Sur une feuille blanche, placer quatre points A, B, C et D non alignés.**

2. **Construire la droite (d_1) perpendiculaire à (BD) passant par A.**

3. **Construire la droite (d_2) parallèle à (AB) passant par D.**

8 **1.** **Sur la figure ci-contre, tracer la droite (CE) puis construire la droite parallèle à la droite (CE) passant par A .**

2. Cette droite coupe le segment [OC] en M. **Placer M.**

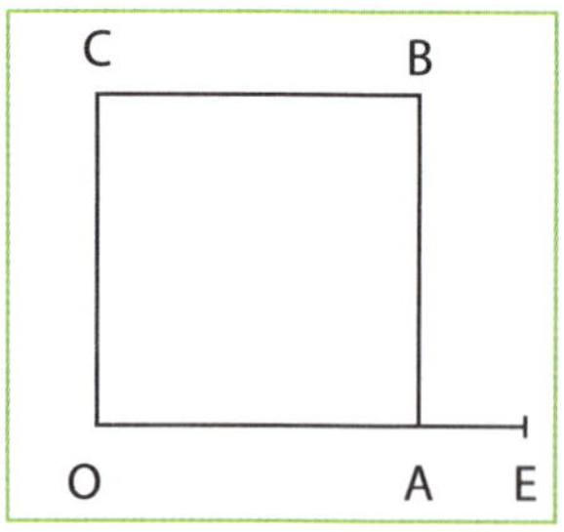

Construire une médiatrice, une bissectrice

9 **1.** **Sur une feuille blanche, tracer un segment [AB] de longueur 9,4 cm.**

2. **Construire la médiatrice du segment [AB] à la règle et au compas.**

3. **Nommer P le point d'intersection du segment [AB] et de sa médiatrice.**

4. **a.** **P est-il le milieu de [AB] ?** ....

b. **Vérifier que la médiatrice et le segment [AB] sont perpendiculaires. Dans la négative, refaire la construction.**

10 **1.** **Avec GeoGebra, construire un triangle CAP quelconque.**

2. **Tracer la bissectrice de chaque angle en sélectionnant l'outil puis cliquer sur les trois points qui forment l'angle.**

3. **Que peut-on dire des trois bissectrices ?**

....

....

J'approfondis

11 Voici quatre figures ayant en commun un trait rouge. Aux extrémités de chaque trait rouge, un motif vient compléter la figure.

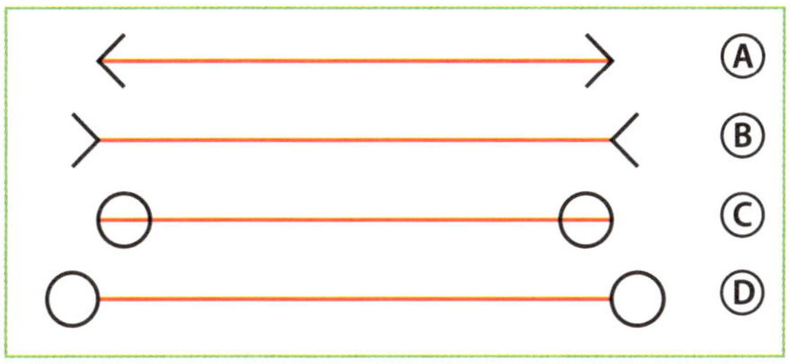

1. **À vue d'œil, ces traits rouges sont-ils :**
   a. **parallèles entre eux ?** ....
   b. **de la même longueur ?** ....
2. **Mesurer la longueur des traits rouges.**

....

....

3. **Peut-on dire qu'il s'agit là d'une illusion d'optique ? Justifier la réponse.**

....

....

4. **Dans les figures Ⓐ et Ⓑ, que représente le trait rouge par rapport aux angles formés par les flèches noires ?**

....

5. **Donner le nombre d'axes de symétrie de chaque figure.**

....

....

6. **Tracer les axes de symétrie de la figure Ⓓ.**

12 Un responsable de salons doit concevoir l'occupation de l'espace pour les différents exposants.
Il dessine l'espace 1 et demande à son collaborateur de terminer le schéma par symétrie.

1. **Représenter l'espace 3, sachant qu'il s'obtient à partir de l'espace 1 par symétrie centrale par rapport au point rouge.**
2. L'espace 2 est le symétrique de l'espace 1 par symétrie axiale par rapport à la droite rouge. **Dessiner l'espace 2.**
3. L'espace 4 est le symétrique de l'espace 3 par symétrie axiale par rapport à la droite rouge. **Dessiner l'espace 4.**
4. **Les espaces 2 et 4 sont-ils symétriques ? Préciser en plaçant l'axe ou le centre de symétrie en bleu.**

....

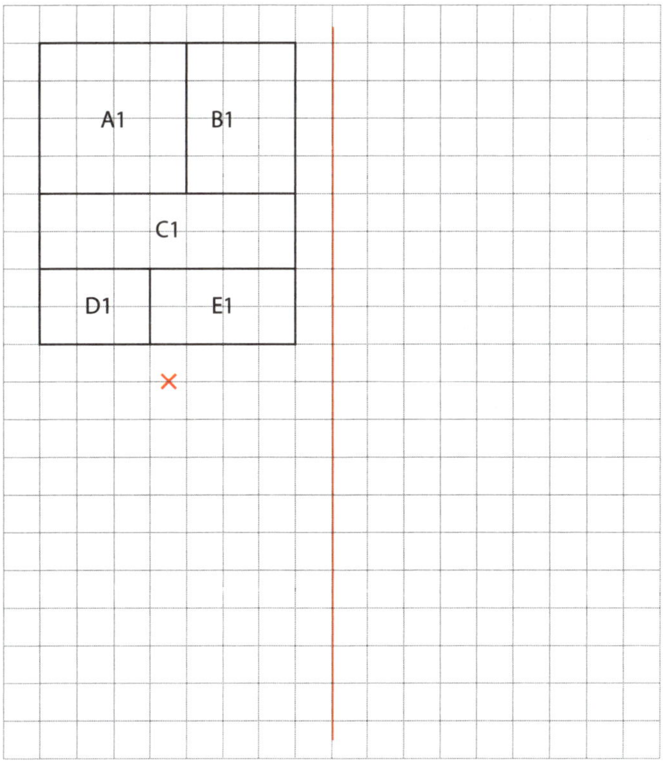

J'approfondis

13 Le théorème qui suit a été démontré par le mathématicien français Victor Thébault en 1938 :
« Soit un parallélogramme ABCD, puis extérieurement quatre carrés construits sur les côtés du parallélogramme. Si M, N, O et P désignent les centres de ces carrés alors MNOP est également un carré. »

1. Sur un feuille blanche ou à l'aide de GeoGebra, suivre le protocole de construction suivant.
- Construire le parallélogramme ABCD : ses côtés opposés sont parallèles et de même longueur.
- Construire sur chaque côté du parallélogramme un carré (il a quatre angles droits et quatre côtés de même longueur).
- Pour chaque carré, tracer les deux diagonales et nommer leur intersection M, N, O et P comme ci-contre.
- Construire le quadrilatère MNOP.

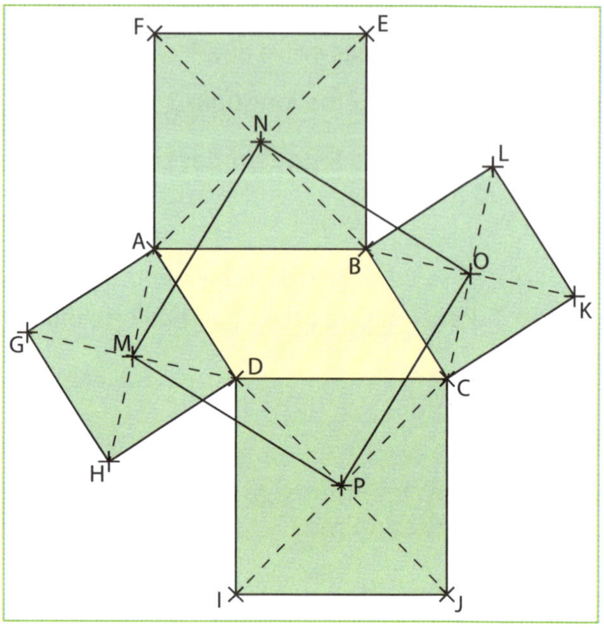

2. Donner la nature du quadrilatère MNOP. Justifier.

....

....

3. La construction vérifie-t-elle le théorème de Thébault ? ....

Calcul numérique

Déterminer rapidement un ordre de grandeur → Fiche 2, p. 185

14 **Pour chaque opération, cocher la case correspondant au nombre qui se rapproche le plus du résultat.**

	1	10	100	1 000	10 000	100 000
$1\,000 \times 0,105$						
$9,9 \times 100$						
$92/9$						
$5\,002 \times 21$						
$156 - 147$						
$105 \times 0,01$						

Calculer une racine carrée → Fiche 6, p. 187

15 **Avec la calculatrice, compléter le tableau en arrondissant à 0,01.**

x	56	25	0,4	–10	19
$\sqrt{x}$	....	....	....	....	....

Je m'évalue

Nom : ....

Prénom : ....

Date : ....

Problématique

Afin d'organiser un tournoi de badminton, un responsable souhaite trouver un lieu équidistant (à égale distance) de Nantes et de Reims, et aussi équidistant de Nice et de Nancy. Il veut aussi concevoir un nouveau logo. **Où aura lieu le tournoi ?**

A Détermination du lieu du tournoi

1 **Sur la carte ci-dessous, situer les quatre villes par une croix bleue.**

2 **Tracer le segment qui rejoint Nantes à Reims, puis construire sa médiatrice.**

3 **Faire de même avec Nice et Nancy.**

4 **Que peut-on dire d'un point situé sur la médiatrice d'un segment ?**

....

Je m'évalue

5 Pour répondre à l'exigence du responsable, où doit se situer le lieu du tournoi ?

....

6 Donner le nom de la ville la plus proche qui pourra accueillir le tournoi.

....

7 Ouvrir le fichier fourni et refaire la même manipulation afin de déterminer le lieu d'accueil du tournoi.

Fichier à télécharger
→ lienmini.fr/2375-46

Appel : Faire vérifier la manipulation réalisée.

8 Avec le logiciel, donner le nom de la ville la plus proche.

....

9 Comparer les résultats obtenus par chacune des deux méthodes (à la main et avec GeoGebra).

....

B Élaboration du logo

Le responsable souhaite revoir le logo du club afin de recruter de nouveaux licenciés.
Il a déjà une idée précise de ce qu'il veut. Il souhaite un volant de badminton avec un terrain en arrière-plan, comme ci-contre.

10 Comment sont positionnées les lignes du terrain de badminton entre elles ?

....

11 Le terrain est-il symétrique par rapport à l'axe du filet ?
Dans l'affirmative, préciser le type de symétrie.

....

Grille d'évaluation

Compétences	Capacités	Questions	Niveau d'acquisition conforme aux attendus ✔ (rouge)	✔ (orange)	✔ (vert)
S'approprier	• **Rechercher**, **extraire** et **organiser** l'information.	1, 8 et 10			
Analyser Raisonner	• **Émettre** une conjecture, une hypothèse. • **Proposer** une méthode de résolution, un protocole expérimental.	5			
Réaliser	• **Choisir** une méthode de résolution, un protocole expérimental. • **Exécuter** une méthode de résolution, **expérimenter**, **simuler**.	2, 3, 4 et 7 (Appel)			
Valider	• **Contrôler** la vraisemblance d'une conjecture, d'une hypothèse. • **Critiquer** un résultat, **argumenter**.	6, 9 et 11			
Communiquer	• **Rendre compte** d'une démarche, d'un résultat, à l'oral ou à l'écrit.	5			

Note : .... / 10

CHAPITRE 9

Figures simples Périmètres et aires

Je vais apprendre à

- Identifier un triangle isocèle, équilatéral ou rectangle, un parallélogramme, un losange, un rectangle, un carré
- Tracer un triangle, un rectangle ou un carré
- Tracer un cercle de rayon et de centre donnés
- Calculer le périmètre et l'aire d'un triangle, d'un parallélogramme, d'un rectangle, d'un carré et d'un disque
- Convertir des unités de longueur et d'aire

Je démarre

Pour chaque question, cocher la (ou les) bonne(s) réponse(s).

Voici cinq figures géométriques.

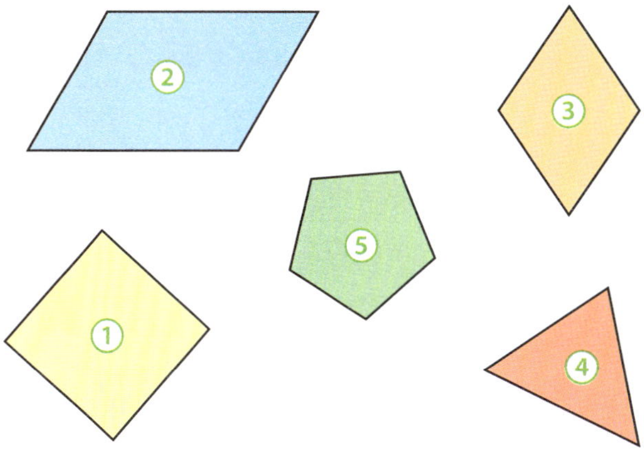

1 **Parmi ces figures géométriques, identifier celle(s) qui ne possède(nt) pas quatre côtés.**

☐ ① ☐ ④ ☐ ⑤

2 **Les figures géométriques ①, ② et ③ sont des :**

☐ polygones ☐ triangles ☐ quadrilatères

3 **La figure ④ est :**

☐ un polygone ☐ un triangle ☐ un quadrilatère

4 **La figure géométrique ① est un carré. Elle a des côtés opposés :**

☐ perpendiculaires ☐ parallèles ☐ de même longueur

5 **Parmi ces figures, laquelle (lesquelles) possède(nt) des côtés parallèles deux à deux et de même longueur ?**

☐ ① ☐ ③ ☐ ④

ACTIVITÉ 1

Construire et identifier des triangles

Qui est qui ?

Lucas joue à un jeu de cartes dont le but est d'identifier, à l'aide des indications données, la nature du triangle.

Quelle est la nature de chaque triangle ?

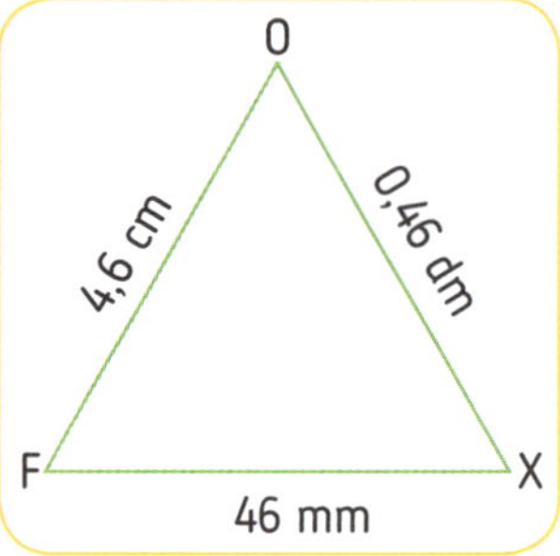

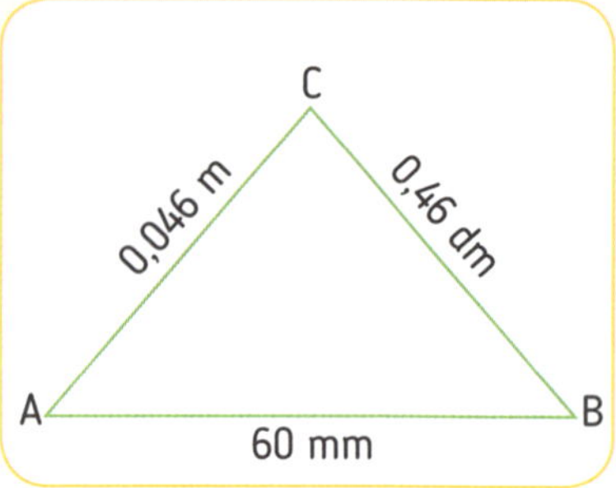

Réaliser

1 dm = 10 cm
1 cm = 10 mm

1 Reporter dans le tableau les longueurs des côtés de chaque triangle.

	Triangle FOX			Triangle ABC		
Longueur des côtés (en mm)	FX = 46	FO = ...	XO = ...	AB = ...	BC = 46	AC = ...
Mesure des angles	$\widehat{FOX} = 60°$	$\widehat{OXF} = 60°$	$\widehat{XFO} = 60°$	$\widehat{BAC} =$	$\widehat{ABC} =$	$\widehat{ACB} =$ ....
Somme des angles	$\widehat{FOX} + \widehat{OXF} + \widehat{XFO} =$			$\widehat{BAC} + \widehat{ABC} + \widehat{ACB} =$		

2 Déterminer le périmètre, en mm, de chaque triangle.

- Triangle FOX : ....
- Triangle ABC : ....

Le périmètre d'une figure se calcule en additionnant la longueur de ses côtés.

3 Sur une feuille blanche, tracer le triangle ABC en suivant le protocole ci-dessous.

- Tracer à la règle graduée un segment [AB] de longueur 6 cm.
- Tracer un cercle $\mathscr{C}$ de centre A et de rayon 4,6 cm.
- Tracer un cercle $\mathscr{C}'$ de centre B et de rayon 4,6 cm. Ces deux cercles se coupent en deux points. Nommer C l'un de ces points.
- Tracer le triangle ABC.

4 À l'aide d'un rapporteur, mesurer les angles du triangle ABC, puis compléter le tableau.

Valider/Communiquer

5 Compléter.

« La somme des angles dans un triangle est égale à .... »

6 Reporter le nom de chaque triangle (ABC ou FOX) dans la bonne carte d'identité.

Triangle rectangle [..............]
a un angle de 90°.

Triangle équilatéral [..............]
a trois côtés égaux
et trois angles égaux à 60°.

Triangle isocèle [..............]
a deux côtés égaux et deux angles égaux.

La **somme des angles d'un triangle** vaut ....
Un triangle .... a deux côtés et deux angles égaux.
Un triangle .... a trois côtés égaux et trois angles égaux à 60°.
Un triangle .... a un angle de 90°.

ACTIVITÉ 2

Identifier des figures géométriques et calculer leurs aires

Un chien qui ne manque pas d'aire !

Alexia a réalisé la figure « chien » ci-contre avec un tangram. Ce puzzle d'origine chinoise permet de construire des figures complexes à partir de figures géométriques usuelles.

Comment déterminer l'aire de la figure réalisée par Alexia ?

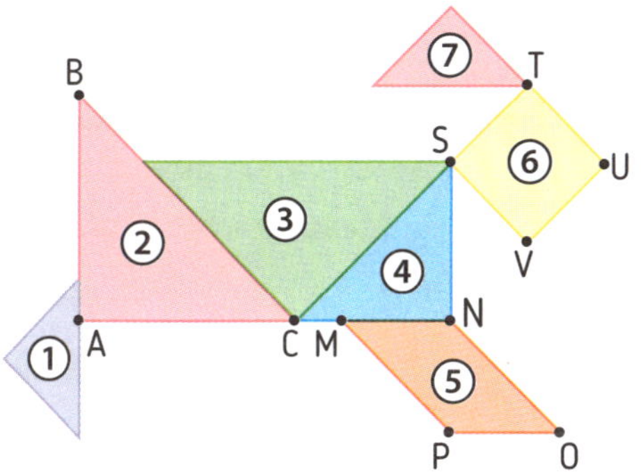

Fichier à télécharger
→ lienmini.fr/2375-47

Réaliser

Ouvrir le fichier fourni avec GeoGebra.

1 **Avec l'outil Distance ou longueur, mesurer la longueur des côtés [AB], [BC] et [CA] du polygone ABC.**

AC = ... cm   AB = ... cm   BC = ... cm

2 **Avec l'outil Angle, donner la mesure des angles suivants.**

$\widehat{BAC}$ = ... $\widehat{ABC}$ = ... $\widehat{BCA}$ = ...

Valider/Communiquer

3 **Déterminer la nature du polygone ABC. Justifier.** ....

....

4 **En déduire la nature des figures ①, ③, ④ et ⑦.**

....

5 **Tracer les diagonales des deux quadrilatères STUV et MNOP avec l'outil Segment. Puis cocher dans le tableau les caractéristiques observées des figures en utilisant les outils Distance ou longueur et Angle.**

	Côtés opposés parallèles et égaux	Côtés consécutifs de même longueur	Diagonales se coupant en leur milieu	Diagonales égales et perpendiculaires
Quadrilatère STUV				
Quadrilatère MNOP				

6 **Reporter le nom de chaque quadrilatère dans la bonne carte d'identité.**

Parallélogramme .... • Côtés opposés égaux et parallèles • Diagonales se coupant en leur milieu	**Rectangle** .... • Côtés opposés égaux et parallèles • Quatre angles droits • Diagonales de même longueur	**Losange** .... • Côtés opposés parallèles • Quatre côtés égaux • Diagonales perpendiculaires se coupant en leur milieu	**Carré** .... • Côtés opposés et parallèles • Quatre côtés égaux • Diagonales égales se coupant en leur milieu et perpendiculaires

ACTIVITÉ 2 Identifier des figures géométriques et calculer leurs aires

Alexia propose de déterminer l'aire de la figure « chien » en calculant chacune des aires des figures simples qui la constituent.

Réaliser

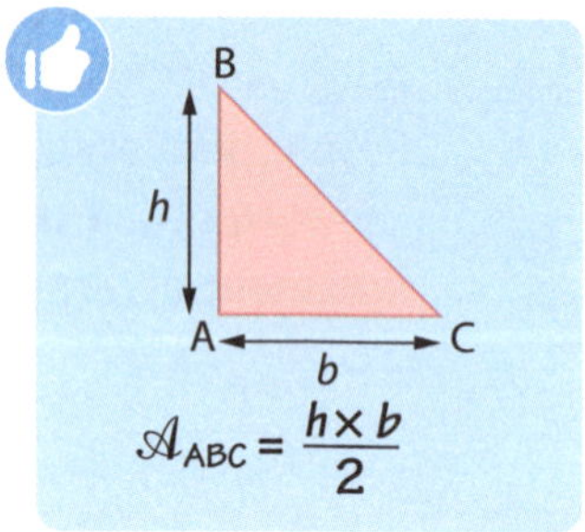

7 À l'aide du fichier GeoGebra, suivre les étapes ci-dessous pour déterminer l'aire du triangle ABC (figure ②).

a. Mesurer avec l'outil Distance ou longueur :

$b =$ .... cm ; $h =$ .... cm

b. Calculer l'aire du triangle en cm², arrondie à l'unité.

....

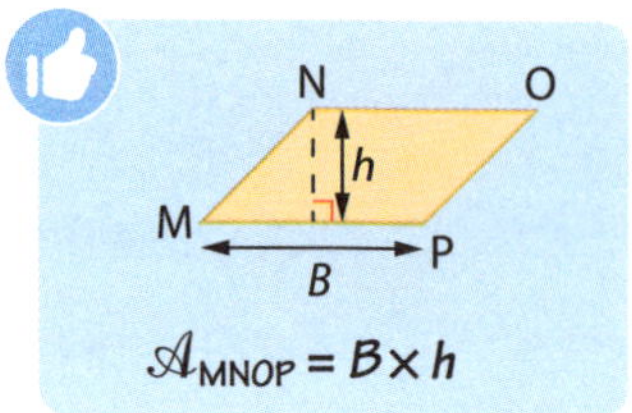

8 Alexia a utilisé les fonctionnalités du logiciel pour déterminer la hauteur h et la base B du parallélogramme MNOP (figure ⑤). Elle a mesuré $h = 3$ cm et $B = 6$ cm.

En utilisant la formule donnant l'aire du parallélogramme, vérifier que l'aire de MNOP vaut 18 cm².

....

9 Avec l'outil aire, en déduire l'aire des figures restantes.

$\mathscr{A}_{\text{figure ①}} =$ .... cm² $\mathscr{A}_{\text{figure ③}} =$ .... cm² $\mathscr{A}_{\text{figure ④}} =$ .... cm²

$\mathscr{A}_{\text{figure ⑥}} =$ .... cm² $\mathscr{A}_{\text{figure ⑦}} =$ .... cm²

Analyser-Raisonner

10 En déduire l'aire totale de la figure « chien » réalisée avec le tangram.

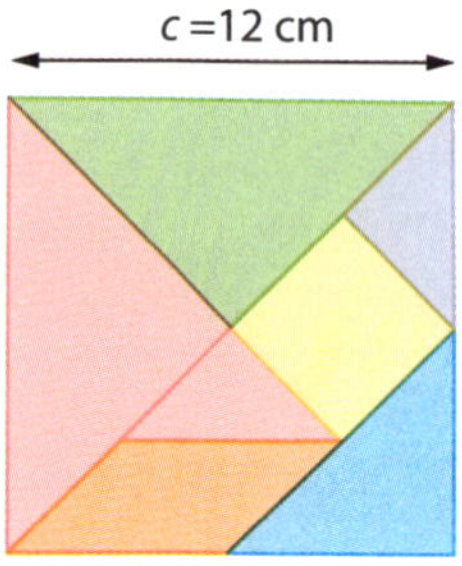

....

11 En réarrangeant les figures de son tangram, Alexia réalise un carré de côté $c = 12$ cm.

Calculer l'aire de ce carré, en cm², en utilisant la formule $\mathscr{A}_{carré} = c \times c = c^2$.

....

Valider/Communiquer

12 Le résultat trouvé à la question 11 était-il prévisible ? Justifier la réponse.

....

....

Un quadrilatère ayant des côtés opposés parallèles et égaux est un ....
Un .... est un parallélogramme qui a quatre côtés égaux et quatre angles droits.
Le logiciel de géométrie GeoGebra permet de .... des **longueurs**, des **angles** et de déterminer des **aires**.

ACTIVITÉ 3

Tracer deux quadrilatères et déterminer leurs périmètres et leurs aires

Un parc... géométrique !

Elio, jardinier dans une ville, est chargé d'aménager un parc.
Pour cela, il doit respecter le cahier des charges, qui impose :
– un parterre géométrique à quatre côtés ;
– un contour de moins de 150 m ;
– une surface de pelouse d'aire n'excédant pas 1 000 m^2 ;
Il hésite entre les deux agencements ci-contre.
Lequel respecte le cahier des charges imposé à Elio ?

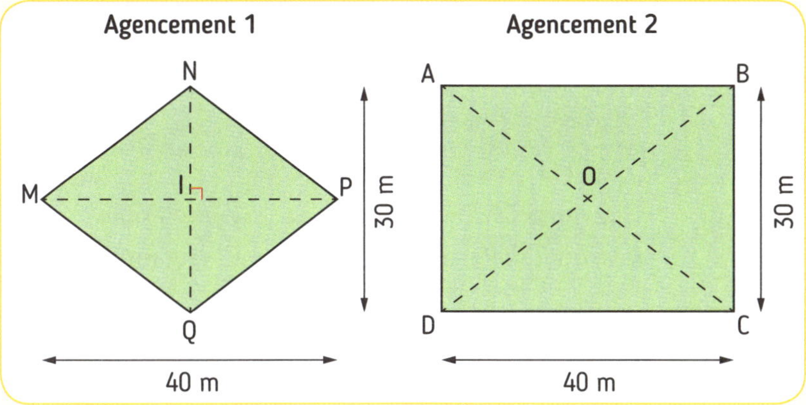

Réaliser

1 Construire chaque projet d'agencement sur une feuille blanche à l'échelle 1/1 000 en respectant le protocole suivant.

Agencement 1	Agencement 2
• Tracer un segment [MP] de longueur 4 cm. • Tracer la médiatrice de [MP]. Elle coupe [MP] en I. • Placer le point I. • Tracer un cercle de centre I et de rayon 1,5 cm. • Placer les points N et Q, points d'intersection du cercle et de la médiatrice à [MP]. • Tracer le quadrilatère MNPQ.	• Tracer un rectangle de longueur DC = 4 cm et de largeur DA = 3 cm. • Tracer les diagonales [AC] et [BD]. Elles se coupent en O. • Placer le point O.

2 Mesurer, en cm, les longueurs demandées pour chaque quadrilatère, puis calculer leur valeur réelle à l'aide de l'échelle utilisée.

a. Pour le quadrilatère MNPQ :

	[MN]	[NP]	[PQ]	[QM]
Longueur mesurée (en cm)	....	....	....	....
Longueur réelle (en cm)	....	....	....	....
Longueur réelle (en m)	....	....	....	....

Une échelle 1/1 000 signifie que 1 cm sur le dessin représente 1 000 cm ou 10 m dans la réalité.

b. Pour le quadrilatère ABCD :

	[OA]	[OB]	[OC]	[OD]
Longueur mesurée (en cm)	....	....	....	....
Longueur réelle (en cm)	....	....	....	....
Longueur réelle (en m)	....	....	....	....

ACTIVITÉ 3 Tracer deux quadrilatères et déterminer leurs périmètres et leurs aires

3 **Compléter le tableau en cochant les caractéristiques observées pour chaque quadrilatère.**

	Côtés opposés parallèles et égaux	Côtés consécutifs de même longueur	Diagonales se coupant en leur milieu	Diagonales de même longueur	Diagonales perpendiculaires
Quadrilatère MNPQ					
Quadrilatère ABCD					

4 **Cocher la bonne réponse.**

a. Le quadrilatère MNPQ est un : ☐ rectangle ☐ carré ☐ losange

b. Le quadrilatère ABCD est un : ☐ rectangle ☐ losange ☐ parallélogramme

5 **Calculer le périmètre (c'est-à-dire la longueur du contour), en m, de chaque agencement.**

$\mathcal{P}_{MNPQ}$ = ... $\mathcal{P}_{ABCD}$ = ...

6 On admet que MNPQ est un losange.

Calculer son aire, en cm² puis en m², à l'aide de la formule $\mathcal{A} = \frac{D \times d}{2}$, où *D* est la grande diagonale du losange et *d* sa petite diagonale.

....

MÉTHODE

Pour **convertir une aire**, on peut utiliser le tableau de conversion des aires. Pour cela :

- placer le chiffre des unités de la grandeur à convertir dans la colonne de droite correspondant à l'unité de mesure ;
- écrire le nombre en mettant deux chiffres par colonne jusqu'à la colonne correspondant à l'unité demandée ;
- placer la virgule au niveau de l'unité demandée.

Ainsi, pour convertir 1 000 m² en dam², on a :

km²		hm²		dam²		m²		dm²		cm²		mm²	
				1	0 ,	0	0						

1 000 m² = 10 dam²

Valider

7 L'aire d'un rectangle est égale au produit de sa largeur par sa longueur.

Calculer l'aire de l'agencement 2. ....

8 **À l'aide des résultats précédents, indiquer l'agencement qui respecte le cahier des charges imposé au jardinier. Justifier la réponse.**

....

....

Le .... d'une figure est la mesure de la longueur de son contour. Son unité légale est le .... (m). L' .... d'une figure est la mesure de sa surface intérieure. Son unité légale est le .... (m²).

Un **parallélogramme** est un quadrilatère dont les côtés opposés sont .... et de même .... Un **losange** possède quatre côtés de même ....

ACTIVITÉ 4

Tracer un cercle et calculer son périmètre et son aire

Une éolienne dans le vent

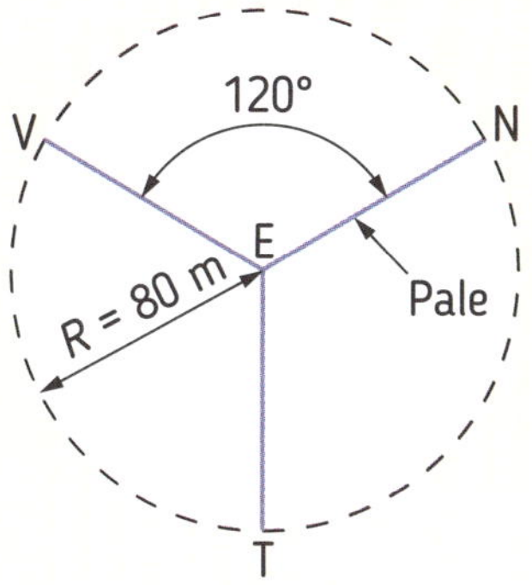

En juin 2017, la plus grande éolienne au monde a été inaugurée au large de l'Angleterre. Cette éolienne possède trois pales écartées entre elles d'un angle de 120° et dont chaque extrémité décrit un cercle en tournant. Chaque pale mesure 80 m de longueur. Dans un article, une journaliste affirme que les pales balayent en un tour une surface proche de celle de trois terrains de football.

Comment vérifier cette information ?

Réaliser

1 **Sur une feuille blanche, schématiser l'éolienne à l'échelle 1/2 000 en suivant les différentes étapes.**

- Tracer un cercle de centre E et de rayon 4 cm représentant la trajectoire des pales de l'éolienne.
- Placer un point V sur le cercle.
- Tracer le segment [EV].
- Tracer les segments [EN] et [ET] tels que $\widehat{VET} = \widehat{TEN} = \widehat{NEV} = 120°$.

2 **Calculer la longueur d'un tour (périmètre du cercle de rayon *R*) décrit par une pale en tournant. Arrondir à l'unité.**

....

> Le périmètre d'un cercle de rayon R est donné par la formule :
> $\mathcal{P} = 2 \times \pi \times R$

Analyser-Raisonner

> **Fichier à télécharger**
> → lienmini.fr/2375-48

3 **a.** SCRATCH **Avec Scratch, ouvrir le fichier fourni et tester le programme en cliquant sur l'icône [drapeau vert] et en saisissant 80 comme valeur de rayon.**

b. Que permet de faire ce programme ?

....

c. Relever la valeur de l'aire. ....

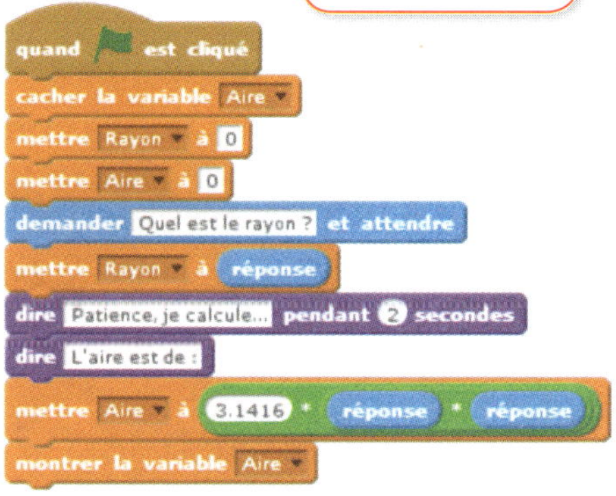

Valider/Communiquer

4 **Vérifier par un calcul que l'aire balayée, en m², par les pales de cette éolienne est de 20 106 m².**

....

....

> L'aire d'un disque de rayon R est donnée par la formule $\mathcal{A} = \pi \times R^2$.

5 L'aire d'un terrain de football est de 7 140 m². **Vérifier l'affirmation de la journaliste.**

....

Un .... de centre O et de rayon *R* est l'ensemble des points situés à la même distance *R* du point O.

Le .... d'un cercle de centre O et de rayon *R* est ....

La surface délimitée par le cercle de centre O et de rayon *R* est un **disque**. Son .... se calcule avec la formule $\mathcal{A}$ = ...

Je fais le bilan

Je retiens l'essentiel

Triangle isocèle	Triangle équilatéral	Triangle rectangle	Cercle
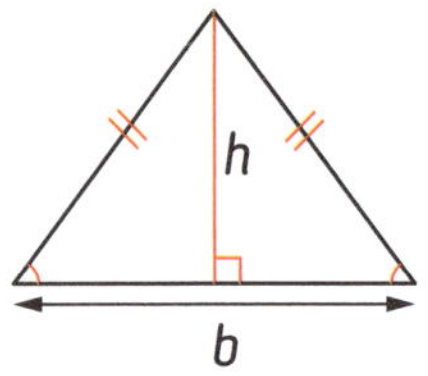 Aire : $\frac{b \times h}{2}$	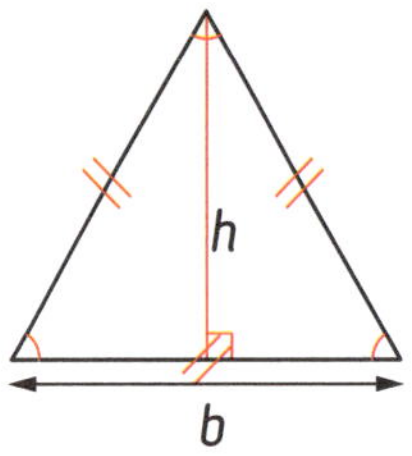 Aire : $\frac{b \times h}{2}$	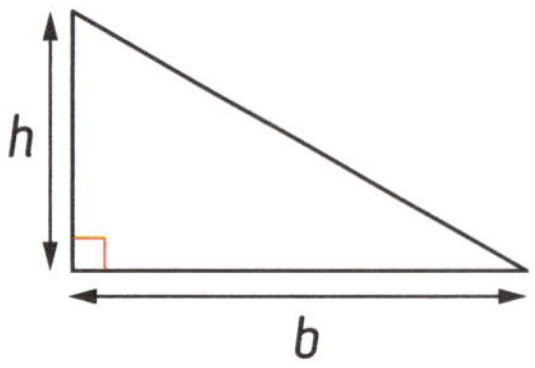 Aire : $\frac{b \times h}{2}$	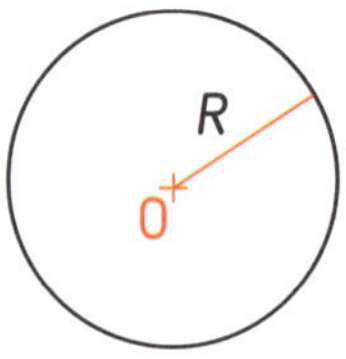 Périmètre : $2\pi \times R$ Aire du disque: $\pi \times R^2$.

Parallélogramme	Losange	Rectangle	Carré
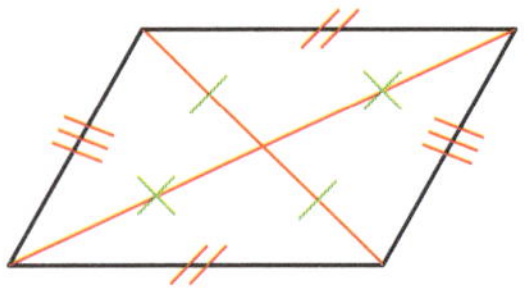	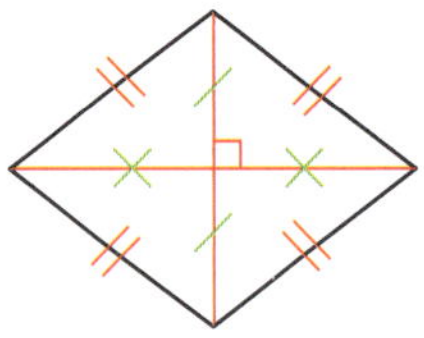	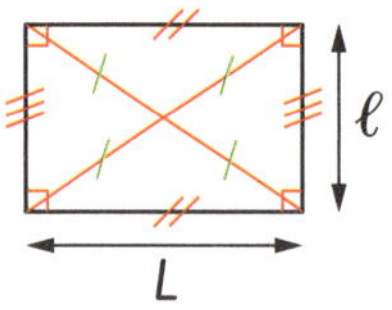 Aire : $L \times \ell$	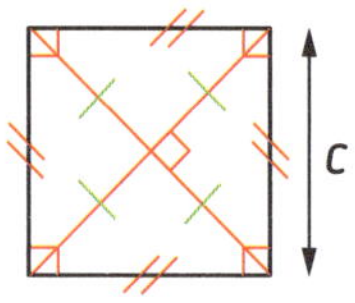 Aire : c^2

Le **périmètre** d'une figure géométrique est égal à la somme des longueurs de tous ses côtés.

Je teste mes acquis

+ de tests en ligne
→ lienmini.fr/2375-49

Cocher la (ou les) bonne(s) réponse(s).

1 **Un polygone à quatre côtés est un :**
☐ triangle ☐ quadrilatère ☐ pentagone

2 **Un triangle isocèle possède :**
☐ 3 côtés égaux ☐ 2 côtés égaux ☐ 2 angles égaux

3 **La longueur du rayon d'un cercle de diamètre 12 cm vaut :**
☐ 6 cm ☐ 12 cm ☐ 24 cm

4 **Le périmètre d'un cercle de diamètre 9,15 m, arrondi au dixième, est :**
☐ 14,4 m ☐ 28,7 m ☐ 65,8 m

5 **Un parallélogramme dont les diagonales ont même longueur et sont perpendiculaires est :**
☐ un rectangle ☐ un losange ☐ un carré

6 **La longueur du côté d'un carré dont le périmètre vaut 36 cm est :**
☐ 144 cm ☐ 9 cm ☐ 18 cm

7 **L'aire d'un disque de rayon 5 mm, arrondie à l'unité, est :**
☐ 79 mm^2 ☐ 31 mm^2 ☐ 16 mm^2

8 **L'aire d'un triangle de base 8 m et de hauteur 3 m est :**
☐ 12 m^2 ☐ 4 m^2 ☐ 11 m^2

9 **L'aire d'un rectangle de longueur 12 dam et de largeur 80 m est :**
☐ 9 600 m^2 ☐ 960 m^2 ☐ 96 dam^2

J'applique

Identifier des figures usuelles

1 Voici un logo d'un « minion », célèbre personnage de dessin animé.
Identifier les polygones usuels qui le constituent.

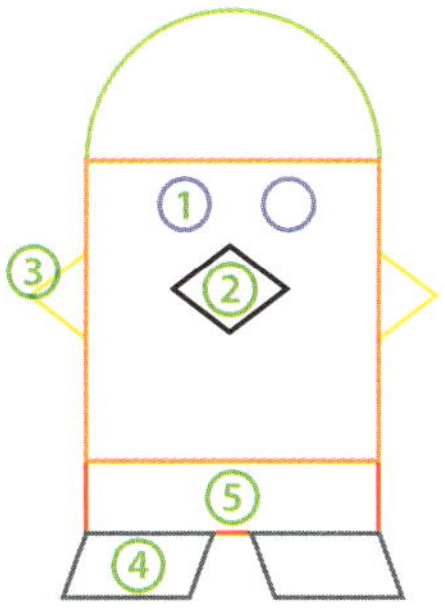

① : .... ; ② : .... ; ③ : ....

④ : .... ; ⑤ : ....

Construire des figures usuelles

2 Vick a tracé un triangle équilatéral LOI de côté 2 cm.
Remettre dans l'ordre les étapes de construction.

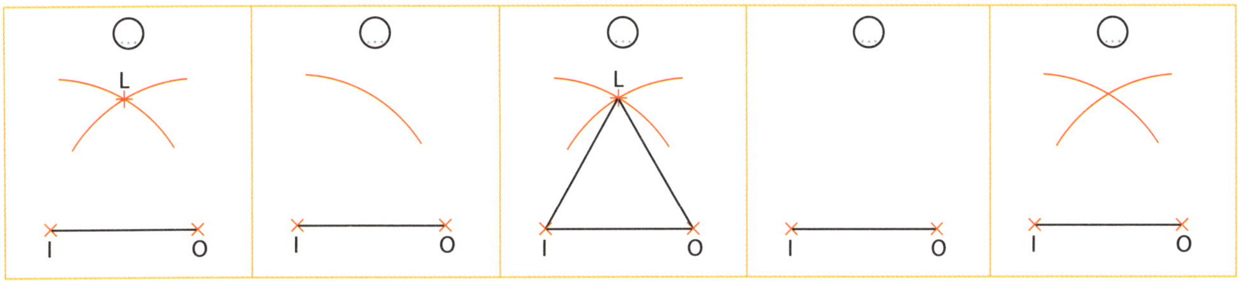

3 **1. Sur une feuille blanche, construire le triangle EXI isocèle en X tel que EI = 2,8 cm et EX = 3,2 cm.**

2. Placer le point T sur la construction pour que le quadrilatère EXIT soit un losange.

Un losange est composé de deux triangles isocèles.

4 Voici deux figures tracées à main levée.

1. Identifier les polygones usuels constituant chaque figure.

① : ....

② : ....

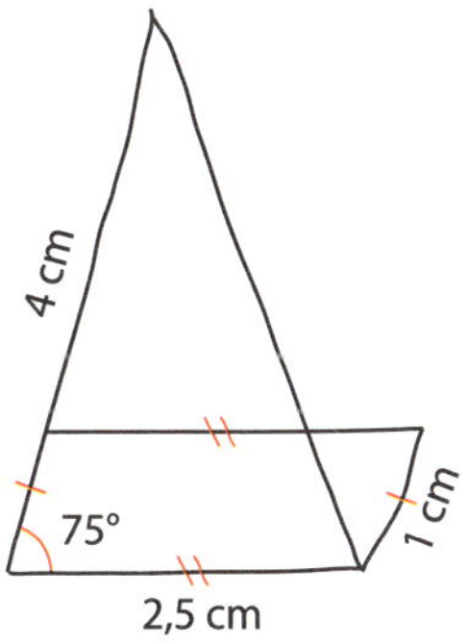

①

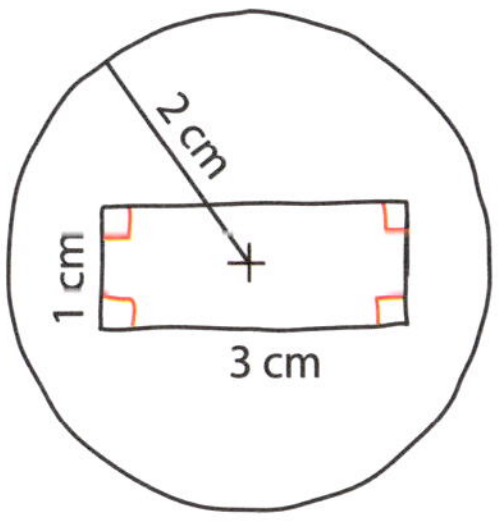

②

2. Construire en grandeur réelle ces figures.

①

②

J'applique

Convertir des longueurs et des aires

5 Dans le tableau suivant figurent les tunnels routiers parmi les plus longs de France.

1. Convertir en mètres la longueur de chaque tunnel.

Tunnel de Fréjus : .... m
Tunnel de Nanterre : .... m
Tunnel du Somport : .... m
Tunnel du Mont Blanc : .... m

Nom	Longueur
Tunnel de Fréjus	128,7 hm
Tunnel de Nanterre	415 000 cm
Tunnel du Somport	8,602 km
Tunnel du Mont-Blanc	116 000 dm

2. Dans ce tableau figure le plus long tunnel routier de France. **Lequel ?**

....

6 **Cocher l'unité appropriée.** Il n'y a qu'une seule bonne réponse.

a. La superficie (l'aire) de la France est de 643 801 : ☐ km^2 ☐ cm^2 ☐ mm^2

b. Un terrain de handball a une superficie de 800 : ☐ km^2 ☐ m^2 ☐ dm^2

c. Le parc du château de Versailles s'étend sur 815 : ☐ km^2 ☐ m^2 ☐ hm^2

d. L'aire d'un pixel d'un écran standard est de 0,055 : ☐ km^2 ☐ m^2 ☐ mm^2

Calculer des périmètres et des aires

7 Jordan fabrique une pièce métallique pour un porte-clés.

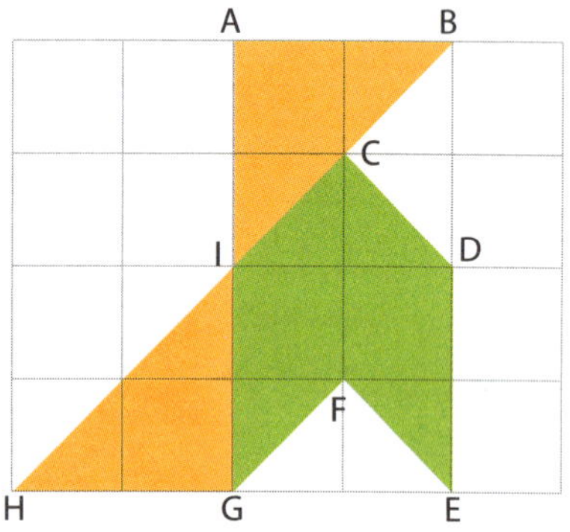

1. Indiquer toutes les figures constituant ce porte-clés en précisant leur nature.

....

....

2. Mesurer les longueurs suivantes.

AB = GH = ... cm BC = CD = EF = FG = ... cm
HI = ... cm

3. En déduire le calcul du périmètre de ce porte-clés en mesurant les longueurs utiles.

....

....

....

8 Paula vient d'acheter un studio dont voici le plan.

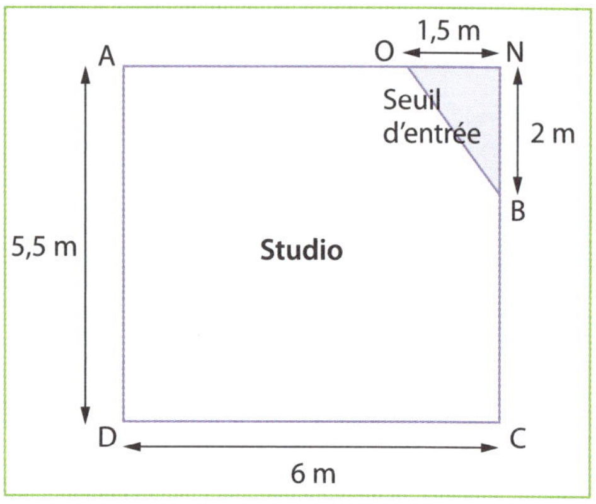

1. Calculer, en m^2, l'aire de la surface rectangulaire ANCD.

....

2. Calculer, en m^2, l'aire du seuil d'entrée OBN.

....

....

3. En déduire l'aire du studio, en m^2.

....

J'approfondis

9 Voici le plan de la chambre que Marie souhaite aménager.

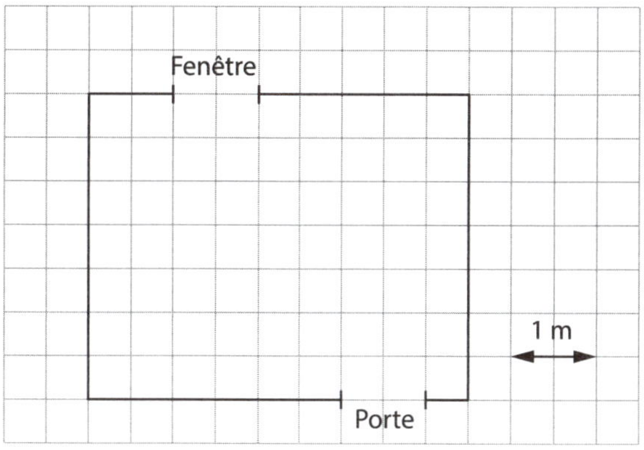

1. **Identifier la figure usuelle représentant la chambre.**

....

2. **Déterminer, à la lecture du plan, les dimensions de la chambre.**

....

....

3. **Calculer l'aire de la chambre en m².**

....

4. Les meubles de Marie ont les dimensions au sol suivantes :

Meuble	Lit	Table de chevet	Bureau	Armoire
Forme et dimensions au sol	Rectangle de longueur 2 m et de largeur 1,5 m	Carré de côté 0,5 m	Rectangle de longueur 1,5 m et de largeur 1 m	Rectangle de longueur 1,5 m et de largeur 0,5 m

Dessiner un positionnement possible des meubles sur le plan en respectant les contraintes suivantes :
- Les deux tables de chevet sont positionnées de part et d'autre du lit.
- Chaque meuble est contre un mur.
- Marie doit pouvoir passer entre le lit, le bureau et l'armoire.
- La porte est libre d'accès.

10 SCRATCH Thomas a réalisé un programme avec le logiciel Scratch.

Fichier à télécharger
→ lienmini.fr/2375-50

1. a. **Ouvrir le fichier fourni et lancer le programme en cliquant sur l'icône** .

b. **Que permet de faire ce programme ?**

....

....

2. Doriane propose la suite d'instructions ci-contre. **Quel est l'intérêt de ce programme ?**

....

....

11 Le schéma ci-contre représente une piste d'athlétisme dont les dimensions sont indiquées.

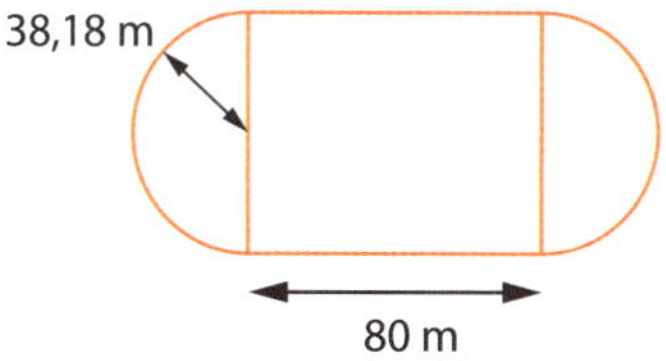

1. **Identifier les formes géométriques constituant cette piste d'athlétisme.**

....

2. **Montrer que chaque partie courbe (virage) a pour longueur 120 m (valeur arrondie à l'unité).**

....

....

3. **Déterminer la longueur, en m, d'un tour de cette piste d'athlétisme.**

....

J'approfondis

12 Le Dockland est un immeuble de bureaux construit en 2005 dans le port de Hambourg (Allemagne). Il dispose de deux faces latérales en verre de 47 mètres de hauteur et de 132 mètres de base.

1. **Identifier la figure géométrique DOCK constituant une face latérale en verre du bâtiment.**

....

2. **Calculer l'aire, en m², de la face latérale de verre DOCK en utilisant la formule $\mathcal{A} = B \times h$.**

B désigne la base et *h* la hauteur.

....

3. **Sachant que KD = OC = 116 m, indiquer en cochant le périmètre de la face latérale de verre DOCK. Justifier le choix.**

☐ 248 m ☐ 496 m ☐ 358 m

Justification :

....

....

Calcul numérique

+ de calculs en ligne → lienmini.fr/2375-51

Calculer le carré, le cube d'un nombre

Fiche 5, p. 187

13 1. **Compléter le tableau ci-dessous en inscrivant les résultats.**

a	2	5	0,5	−3
a^2	$2^2 =$	$5^2 =$	$0{,}5^2 =$	$(-3)^2 =$ ....
a^3	$2^3 =$	$5^3 =$	$0{,}5^3 =$	$(-3)^3 =$ ....

2. **Compléter avec la puissance de 2 ou de 3 qui convient pour obtenir le résultat indiqué.**

a. $4^{\cdots} = 16$ b. $3^{\cdots} = 9$ c. $10^{\cdots} = 1\,000$ d. $10^{\cdots} = 100$

e. $(-2)^{\cdots} = 4$ f. $(-2)^{\cdots} = -8$ g. $-2^{\cdots} = -4$ h. $-2^{\cdots} = -8$

Comparer des nombres en écriture décimale

Fiche 4, p. 186

14 **Classer les aires suivantes dans l'ordre croissant :**

1 m² 1,11 m² 0,999 m² 1,073 m² 1,374 m² 2,01 m² 1,5 m².

....

....

Je m'évalue

Nom : ....

Prénom : ....

Date : ....

Problématique

Tom et Léa souhaitent acquérir une maison de plain-pied de 250 m^2 disposant d'une terrasse d'au moins 50 m^2 avec un terrain d'au moins 1 500 m^2.

Une agence immobilière publie cette annonce avec le plan d'une maison.

Maison de plain-pied de 260 m^2 sur terrain de 0,231 hm^2.
Véranda ouverte sur magnifique terrasse de 66 m^2.
Opportunité à saisir !

Plus tard, le couple a pour projet de construire une piscine d'une surface comprise entre 60 et 70 m^2.

Cette annonce répond-elle aux différents critères de Tom et Léa ? Pourront-ils construire une piscine ?

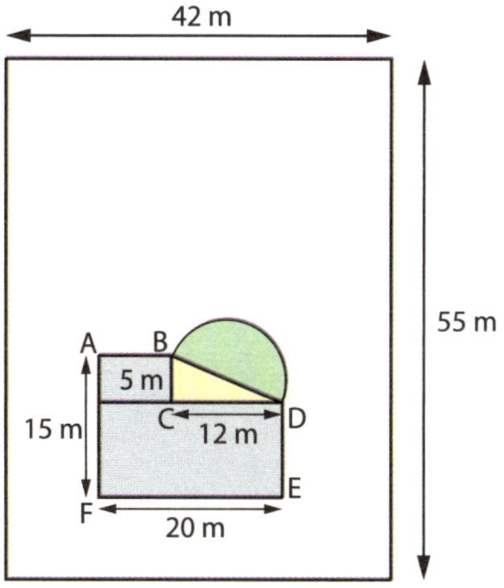

1 Identifier la (les) forme(s) géométrique(s) qui constitue(nt) :

a. la surface de la maison (ABCDEF) : ....

b. la véranda (polygone BCD) : ....

c. la terrasse (en vert sur le schéma) : ....

2 Indiquer l'aire du terrain, en m^2, en cochant la bonne réponse.

☐ 23,1 m^2 ☐ 2 310 m^2 ☐ 231 m^2

3 Sur une feuille blanche, construire un schéma à l'échelle 1/100 de la véranda.

4 Relever la mesure du côté [BD].

....

> 1 cm sur le schéma réalisé représente 100 cm ou 1 m dans la réalité

5 Compléter le schéma en construisant le demi-cercle de diamètre [BD].

Appel : **Faire vérifier la construction et la mesure du côté [BD].**

6 Calculer la longueur de grillage nécessaire pour clôturer le terrain rectangulaire.

....

....

....

7 Vérifier que l'aire de la terrasse semi-circulaire de diamètre 13 m est de 66 m^2, valeur arrondie à l'unité.

....

....

....

> Aire d'un disque de diamètre D :
> $$\mathcal{A} = \pi \times \frac{D^2}{4}$$

Je m'évalue

8 Tom et Léa ont repéré trois piscines de formes géométriques différentes.

Piscine rectangulaire | Piscine circulaire | Piscine mixte

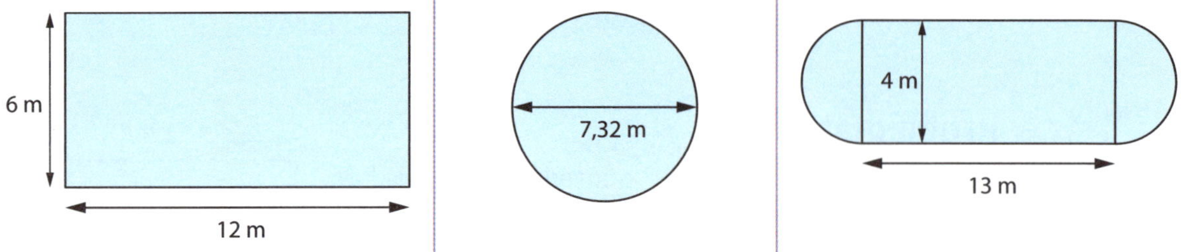

....

a. **Identifier les figures simples qui constituent la piscine mixte.**

....

b. **Déterminer l'aire de chaque piscine en donnant le calcul sous chaque schéma. Arrondir les résultats à l'unité.**

c. **Indiquer la piscine dont l'aire est comprise entre 60 et 70 m².**

....

> Aire d'un disque de diamètre D :
> $$\mathcal{A} = \pi \times \frac{D^2}{4}$$

9 **Cette annonce immobilière répond-elle aux critères d'achat du couple ? Justifier.**

....

Grille d'évaluation

Compétences	Capacités	Questions	Niveau d'acquisition conforme aux attendus		
			✔ (rouge)	✔ (orange)	✔ (vert)
S'approprier	• **Rechercher**, **extraire** et **organiser** l'information.	1, 2 et 8 a.			
Analyser Raisonner	• **Émettre** une conjecture, une hypothèse. • **Proposer** une méthode de résolution, un protocole expérimental.				
Réaliser	• **Choisir** une méthode de résolution, un protocole expérimental. • **Exécuter** une méthode de résolution, **expérimenter**, **simuler**.	3, 4, 5, 6 et 8 b.			
Valider	• **Contrôler** la vraisemblance d'une conjecture, d'une hypothèse. • **Critiquer** un résultat, **argumenter**.	7 et 8 c.			
Communiquer	• **Rendre compte** d'une démarche, d'un résultat, à l'oral ou à l'écrit.	9			

Note : .... **/ 10**

CHAPITRE
10

Solides usuels

Je vais apprendre à

- Identifier un cube, un parallélépipède rectangle, un cylindre de révolution, une sphère, un cône de révolution
- Convertir des aires et des volumes
- Calculer l'aire et le volume d'un cube, d'un parallélépipède rectangle ou d'un cylindre de révolution

Je démarre

Pour chaque question, cocher la (ou les) bonne(s) réponse(s).
De nombreux produits alimentaires sont conditionnés dans des boîtes aux dimensions et aux formes différentes.

1 **Le solide ci-contre est :**

☐ un cube ☐ un cylindre ☐ un cône

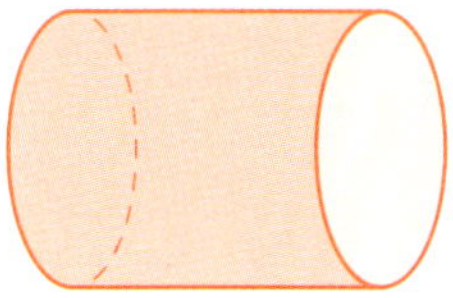

2 **Dans quel(s) emballage(s) retrouve-t-on la forme de ce solide ?**

☐

☐

☐

3 **Le solide ci-contre est :**

☐ un rectangle ☐ un carré
☐ un parallélépipède rectangle

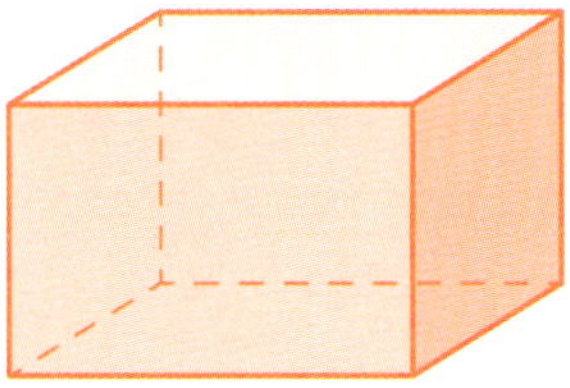

4 **Dans quel(s) emballage(s) retrouve-t-on la forme de ce solide ?**

☐

☐

☐

ACTIVITÉ 1

Reconnaître les solides

Le voyage au château

Les élèves d'une classe de CAP préparent un voyage scolaire en Auvergne avec leurs professeurs. Ils vont notamment visiter le château de Villeneuve-Lembron (Puy-de-Dôme).
Clément affirme à ses camarades que les tours du château sont coniques.
A-t-il raison ?

S'approprier

1 **Où est situé le château de Villeneuve-Lembron ?** ....

Réaliser

2 **a. Compléter le tableau ci-dessous avec le nom de chaque solide, en choisissant parmi les mots suivants :** *cône*, *cube*, *sphère*, *parallélépipède rectangle* et *cylindre*.

Solide	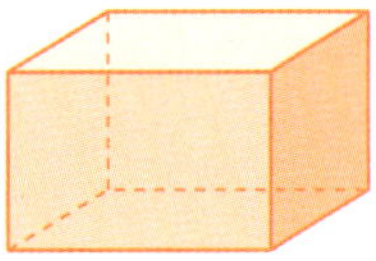	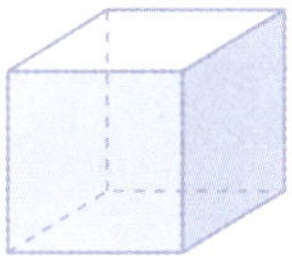	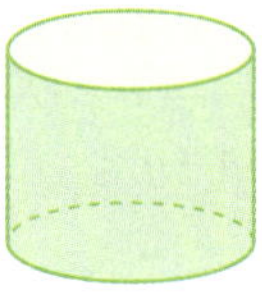		
Nom	....	....	....	....	....

b. Compléter les phrases suivantes.

- Le parallélépipède rectangle a .... faces, ... arêtes et .... sommets.
- Le cube a .... faces, ... arêtes et .... sommets.

> Une arête est un segment qui joint deux sommets consécutifs.

Valider

3 **Donner le nom des solides présents dans le château.**

....

4 Un prisme droit est un solide dont deux faces sont des figures planes parallèles et superposables (ce sont les bases) et dont les autres faces sont des rectangles ou des carrés.
Parmi les solides de la question 2, lesquels font partie de la famille des prismes droits ?

....

5 **Peut-on valider l'affirmation de Clément ? Justifier.** ....

....

Un **solide** est une figure en trois dimensions (3D).

 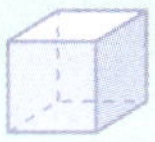 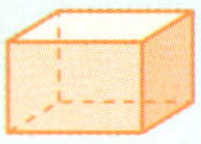 

....

ACTIVITÉ 2

Calculer l'aire d'un solide

Un emballage moins cher !

Une entreprise alimentaire souhaite commercialiser des soupes dans un emballage en carton plastifié. On lui propose deux modèles de boîte de même volume.

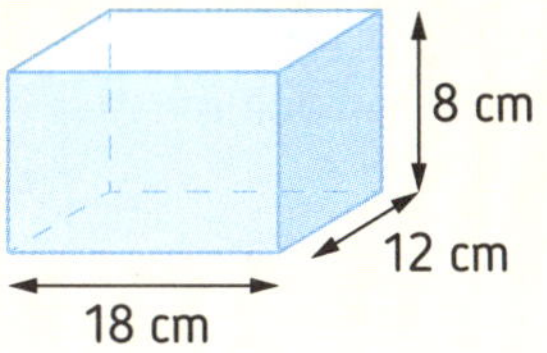

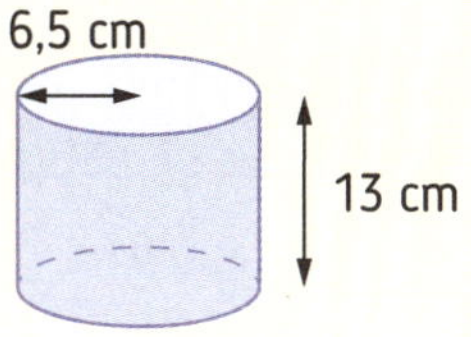

Pour des raisons économiques, l'entreprise doit choisir le modèle le moins cher, c'est-à-dire celui dont l'aire de la boîte est la plus faible. **Lequel va-t-elle choisir ?**

Analyser-Raisonner

1 **Cocher la bonne réponse.** L'aire d'un solide est obtenue en :

☐ multipliant les aires des différentes faces ☐ additionnant les aires des différentes faces

Réaliser

2 L'aire $\mathcal{A}$ d'un solide se calcule à partir de son patron.

Remplir le tableau suivant en :
- **donnant le nom chaque solide (1re colonne) ;**
- **indiquant les cotes de chaque boîte (3e colonne) à l'aide des schémas de l'énoncé ;**
- **calculant l'aire de chaque boîte à l'aide de la formule donnée dans la 2e colonne.**

Le patron d'un solide est une figure plane qui, en la pliant, permet de reconstituer le solide.

Solide	Patron du solide	Aire $\mathcal{A}$ de la boîte
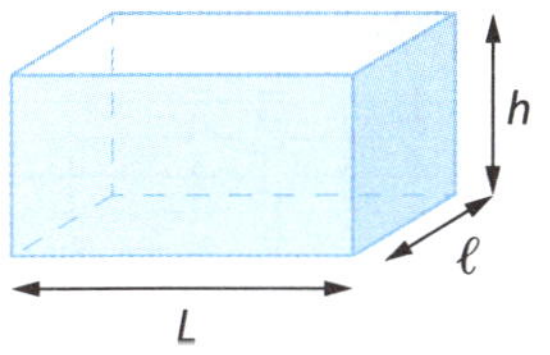 …………	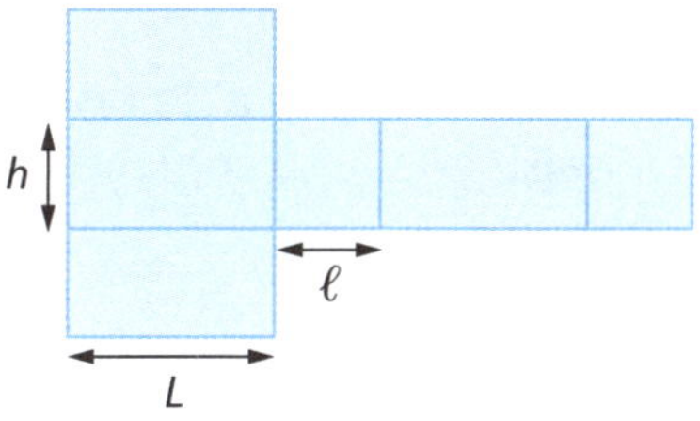 $\mathcal{A} = 2L \times \ell + 2L \times h + 2h \times \ell$	$L =$ ………… $\ell =$ ………… $h =$ ………… $\mathcal{A} =$ ………… ………… …………
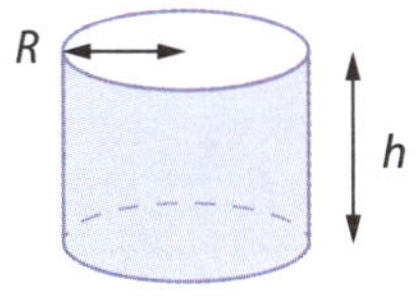 …………	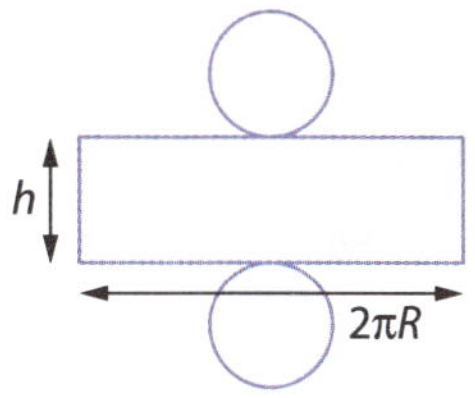 $\mathcal{A} = 2\pi R^2 + 2\pi R \times h$	$R =$ ………… $h =$ ………… $\mathcal{A} =$ ………… …………

Valider/Communiquer

3 **Quel modèle l'entreprise doit-elle choisir ? Justifier.**

…………………………………………

Le **patron** d'un solide est un dessin qui permet d'obtenir ce solide par ………… . Il est composé de figures planes.
L'**aire** d'un solide est égale à la ………… des aires des figures planes de son patron.

ACTIVITÉ 3

Calculer des volumes

À vos casseroles !

En cuisine-restauration, Damien possède une série de moules à soufflé. Il souhaiterait connaître le volume de chacun sans avoir à le calculer à chaque fois. Samia lui propose un petit outil sur tableur qui lui permettra, en saisissant les valeurs du diamètre et de la hauteur du récipient, de connaître son volume. Damien prépare 2 L de gâteau de riz.

Quel moule doit-il choisir ?

S'approprier

1 **Donner la forme géométrique d'un moule à soufflé.** ....

2 **Quelles sont les grandeurs mesurables sur un moule à soufflé ?** ....

Réaliser

3 **Donner la relation permettant de calculer le rayon R à partir du diamètre D :** ....

4 a. Le volume d'un cylindre de rayon R et de hauteur h est donné par la formule : $\mathcal{V} = \pi R^2 \times h$.
Calculer le volume d'un moule à soufflé de diamètre $D = 18$ cm et de hauteur $h = 13$ cm. Arrondir à l'unité.

....

$1 \text{ L} = 1\,000 \text{ cm}^3$

b. **Convertir le volume obtenu en L. Arrondir à 0,1.** ....

5 **Ouvrir un tableur et recopier le tableau ci-contre.**

	A	B	C	D	E	F
1	Moule	Diamètre (cm)	Rayon (cm)	Hauteur (cm)	Volume (cm³)	Volume (L)
2	1	10		6		
3	2	13		8		
4	3	16		12		
5	4	18		13		
6	5	20		18		
7	6	24		20		

a. **Choisir, en la cochant, la formule donnant le rayon à partir du diamètre, puis la saisir en C2. La copier dans les autres cellules de la colonne C.**

☐ `=2*B2` ☐ `=B2/2` ☐ `=B2`

b. **Saisir en E2 la formule donnant le volume en cm³ :** `=Pi()*C2^2*D2` **.**
La copier dans les autres cellules de la colonne E.

c. **Choisir, en la cochant, la formule donnant le volume (en L), puis la saisir en F2. La copier dans les autres cellules de la colonne F.**

☐ `=E2*1000` ☐ `=E2/1000` ☐ `=E2`

Valider/Communiquer

6 **Quel moule à soufflé conseiller à Damien pour son gâteau de riz ? Justifier.**

....

Le **volume d'un solide** se calcule à l'aide d'une .... où figurent les dimensions du solide : rayon, largeur, longueur et/ou hauteur.
Un volume s'exprime en **mètre cube** (..........) et une contenance s'exprime en **litre** (en L). Ces deux unités sont liées par l'égalité : 1 m³ = ... L.

ACTIVITÉ 4

Convertir des aires et des volumes et représenter un solide

Des logiciels pour aller plus vite !

Anaïs se demande quel est le volume d'une grande boîte de conserve de légumes. Elle mesure le diamètre *D* de la boîte ainsi que sa hauteur *h*. Elle trouve $D = 9{,}6$ cm et $h = 11$ cm. Pour atteindre son but, elle commence par revoir les conversions à l'aide d'un logiciel, puis elle utilise GeoGebra.

A Utilisation du logiciel Convertir

Réaliser

À l'aide du logiciel Convertir, il est facile de revoir les règles de conversion des aires et des volumes. Le logiciel donne une correction du placement des chiffres dans le tableau de conversion.

Télécharger le logiciel Convertir
→ lienmini.fr/2375-52

1 Pour convertir des aires.
- Sélectionner : Mode Entraînement, Niveau 1 et Conversions d'aires.
- Cocher l'option Autorise le tableau de conversion et cliquer sur Commencer.
- Répondre à la série des 20 questions proposées par le logiciel.

2 Pour convertir des volumes.
- Sélectionner : Mode Entraînement, Niveau 1 et Conversions de volumes.
- Cocher l'option Autorise le tableau de conversion et cliquer sur Commencer.
- Répondre à la série des 20 questions proposées par le logiciel.

B Utilisation de GeoGebra

3 À l'aide de GeoGebra, on peut construire un solide en 3D à partir d'une figure plane. **Ouvrir GeoGebra et suivre ces différentes étapes.**
- Créer un Nouveau point A.
- Créer un Curseur R variant de 0 à 12 avec un incrément de 0,5.
- Créer un Cercle (centre-rayon) de centre A et de rayon R.
- Créer un Curseur h variant de 5 à 20 avec un incrément de 0,5 .
- Aller dans Affichage et faire apparaître la fenêtre Graphique 3D.
- Cliquer sur le Graphique 3D pour avoir les icônes correspondant à cette fenêtre.
- Sélectionner Extrusion Prisme/Cylindre (menu déroulant visible depuis l'icône Pyramide).
- Cliquer sur le cercle du Graphique 3D. Le logiciel demande la hauteur : taper « h ».
- Sélectionner Volume (menu déroulant visible depuis l'icône Angle).
- Cliquer sur le cylindre : la valeur du volume s'affiche.
- Régler les paramètres Rayon-Hauteur correspondant à la boîte de conserve et relever la valeur du volume : ....

Les mesures sont en cm et le volume est en cm^3.

Valider/Communiquer

4 a. **Convertir le volume donné par GeoGebra en dm^3 :** ....

b. **En déduire le volume de la boîte de conserve, en L. Arrondir à 0,1.** ....

La **conversion des aires** nécessite .... chiffres par colonne.

La **conversion des volumes** nécessite .... chiffres par colonne.

Pour afficher le volume d'un cylindre, GeoGebra a besoin de connaître les valeurs du .... et de la ....

Je fais le bilan

Je retiens l'essentiel

- Le **volume** d'un solide est la mesure de l'espace occupé par ce solide.

Forme géométrique	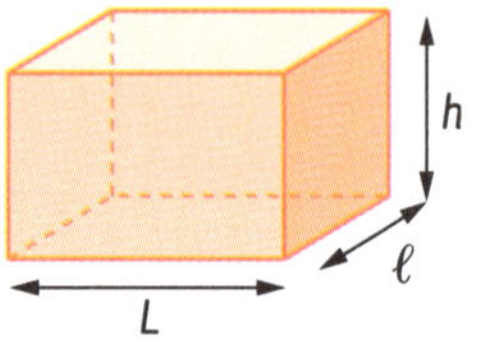	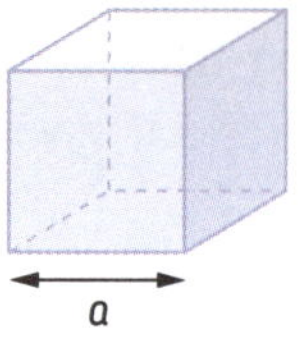	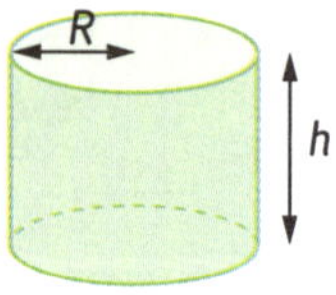		
Nom en géométrie	Parallélépipède rectangle	Cube	Cylindre	Cône	Sphère
Volume	$\mathcal{V} = L \times \ell \times h$	$\mathcal{V} = a \times a \times a = a^3$	$\mathcal{V} = \pi R^2 \times h$		

- Un volume s'exprime en **mètre cube** (m^3).
- Une contenance s'exprime en **litre** (en L). **1 m^3 = 1 000 L**.
- L'**aire** d'un solide est obtenue en additionnant l'aire des faces de son patron.

Je teste mes acquis

+ de tests en ligne
→ lienmini.fr/2375-53

Cocher la (ou les) bonne(s) réponse(s).

1 **Un parallélépipède rectangle a des faces :**

☐ carrées ☐ rectangulaires ☐ toutes identiques

2 **Un parallélépipède rectangle de dimensions 10 dm ; 5 dm et 2 dm a pour volume :**

☐ 100 dm^3 ☐ 17 dm^3 ☐ 100 cm^3

3 **1 m^3 est égal à :**

☐ 1 000 L ☐ 1 000 dm^3 ☐ 10 dm^3

4 **Un smartphone a la forme d'un :**

☐ cylindre ☐ parallélépipède rectangle ☐ rectangle

5 **Un cube d'arête 1 dm a pour volume :**

☐ 3 dm^3 ☐ 1 dm^2 ☐ 1 dm^3

6 **Le patron du cylindre est composé de deux disques et d'un :**

☐ rectangle ☐ triangle ☐ parallélépipède rectangle

7 **Un disque de diamètre 10 cm a pour aire :**

☐ $\pi \times 10^2$ ☐ $\pi \times 5^2$ ☐ $2 \times \pi \times 10$

8 **Lorsqu'on convertit 450 cm^3 en m^3, on obtient :**

☐ 0,0045 ☐ 0,45 ☐ 0,00045

9 **Un cornet de glace a la forme :**

☐ d'un cône ☐ d'une sphère ☐ d'un cylindre

10 **Un cube est un solide qui possède :**

☐ 6 faces identiques ☐ 8 faces ☐ 6 faces carrées

J'applique

Identifier un cube, un parallélépipède rectangle, un cylindre, une sphère et un cône

1 Sur le schéma ci-contre, sont disposés six dés identifiés par des lettres de A à F. Il existe une règle commune à tous les dés : la somme des points figurant sur deux faces opposées est toujours égale à 7.

1. **Donner la forme géométrique d'un dé.**

....

2. **Donner le nombre et la nature des faces d'un dé.**

....

3. **Dans chacune des cases ci-contre, inscrire le nombre de points qui figure sur la face opposée aux faces horizontales de chacun des dés du schéma.**

A	B	C
....	....	....
....	....	....
D	E	F

2 Les piles ont différentes tensions nominales et différentes formes.
Donner le nom des solides décrivant au mieux la forme des piles de la photographie ci-contre.

....

....

....

3 L'Atomium est un monument situé à Bruxelles (Belgique).
Décrire la composition géométrique de l'Atomium en complétant le texte suivant.

« L'ensemble des neuf ...., réparties aux sommets et au centre d'un cube, représente le motif élémentaire de la structure cristalline du fer.

Chaque .... symbolise un atome de fer. Les atomes sont liés par des liaisons chimiques, symbolisées ici par des .... »

4 Le tube ci-contre contient trois balles de tennis. Une balle de tennis a un diamètre moyen de 6,5 cm.

1. **Donner le nom des solides décrivant la forme du tube et de la balle.**

....

2. **En déduire la hauteur et la largeur du tube.**

....

....

Convertir des aires et des volumes

5 **Convertir les aires et les volumes suivants.**

a. 25 mm^2 = ... dm^2 b. 62 dm^3 = ... cm^3 c. 1,2 cm^2 = ... mm^2

d. 508 cm^3 = ... dm^3 e. 4 m^2 = ... cm^2 f. 3,29 m^3 = ... dm^3

g. 789 cm^2 = ... dm^2 h. 1 915 mm^3 = ... cm^3 i. 18 dm^2 = ... m^2

J'applique

Calculer l'aire et le volume d'un cube, d'un parallélépipède rectangle ou d'un cylindre

6 Lisa souhaite peindre une boîte pour ranger sa collection de foulards. On donne ci-contre la représentation d'un patron de la boîte, avec $R = 20$ cm et $h = 77$ cm.

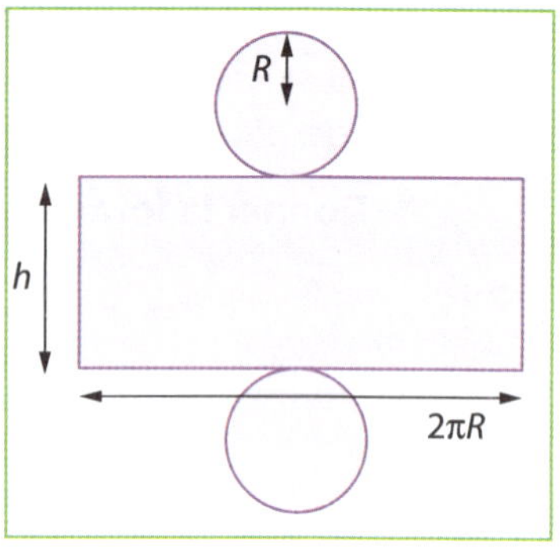

1. **À quel solide correspond ce patron ?**

....

2. Afin de prévoir la quantité de peinture à acheter, Lisa doit connaître l'aire de la surface à peindre.

   a. **Calculer l'aire $\mathcal{A}_1$ de chacun des deux disques avec la formule $\mathcal{A}_1 = 2\pi R^2$. Arrondir à l'unité.**

....

....

   b. **Calculer l'aire du rectangle $\mathcal{A}_2$ avec la formule $\mathcal{A}_2 = 2\pi R \times h$. Arrondir à l'unité.**

....

....

   c. **En déduire l'aire $\mathcal{A}$ de la surface à peindre. La convertir en m².**

....

3. Lisa choisit de la peinture à paillettes à 9,90 € le pot. Il est indiqué que chaque pot couvre une surface de 0,5 m².

   En déduire le nombre de pots à acheter et le prix que Lisa devra payer.

....

....

7 Un carton possède les indications suivantes :

	L	ℓ	P
Dimensions du carton (en cm)	49	48	62
Volume (en m³)	0,14582		

1. **Donner la forme du carton.**

....

2. **Relever le volume du carton :**

....

3. a. **Peut-on vérifier la valeur du volume ? Expliquer la démarche.**

....

....

   b. **Calculer le volume $\mathcal{V}$ du carton en cm³ et le convertir en m³.**

....

....

   c. **La valeur calculée est-elle en accord avec la valeur donnée ?**

....

8 Sébastien doit vérifier le stock des marchandises et ranger au mieux les rouleaux essuie-mains dans des cartons. Il dispose des informations suivantes.

Dimensions intérieures du carton

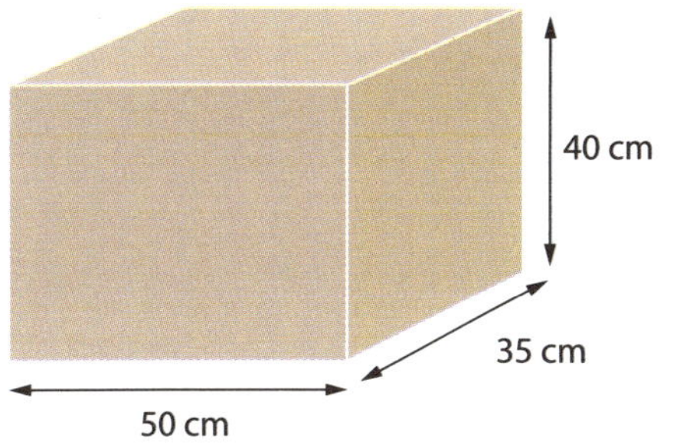

Dimensions d'un rouleau essuie-mains

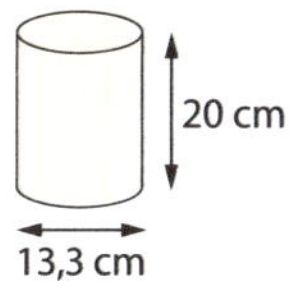

1. **Entourer le nom du solide correspondant à la forme du carton.**

   Sphère   Cube   Parallélépipède rectangle   Cylindre

2. **Entourer le nom du solide correspondant à la forme d'un rouleau essuie-mains.**

   Sphère   Cube   Parallélépipède rectangle   Cylindre

3. Sébastien affirme que le carton ne peut pas contenir 20 rouleaux.
   Justifier cette affirmation en utilisant les dimensions du carton et d'un rouleau essuie-mains.

   ....

   ....

   ....

   ....

9 Un réservoir d'eau a la forme et les dimensions indiquées sur le schéma ci-contre.
Au départ, le réservoir est vide. On le remplit d'eau à raison d'un litre par seconde.

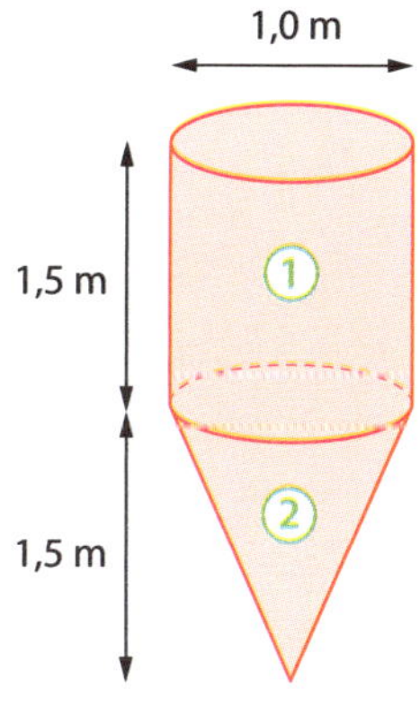

1. **Cocher la (ou les) bonne(s) réponse(s).**

   Pour déterminer le temps de remplissage, il faut calculer :

   ☐ la vitesse de remplissage   ☐ le volume du réservoir   ☐ l'aire du réservoir

2. **Décrire la forme du réservoir.**

   ....

3. **Calculer le volume du solide ① avec la formule $\mathcal{V} = \pi \times R^2 \times h$.**
   Arrondir à 0,01.

   ....

4. Le volume du solide ② est égal à 0,39 m³. **Calculer le volume total $\mathcal{V}'$ du réservoir.**

   ....

5. Le volume total du réservoir est de 1 570 L. **En déduire le temps de remplissage.**

   ....

10 Aminata pense que l'aire d'un cube (en cm²) est toujours supérieure à son volume (en cm³).

1. **Rappeler comment calculer l'aire $\mathcal{A}$ et le volume $\mathcal{V}$ d'un cube dont l'arête mesure *c*.**

   ....

   ....

2. Compléter le tableau suivant.

c (en cm)	2	3	4	5	6	7
$\mathcal{A} = 6c^2$ (en cm²)	....	....	....	....	....	....
$\mathcal{V} = c^3$ (en cm³)	....	....	....	....	....	....

3. Aminata a-t-elle raison ? Justifier.

....

4. Que peut-on dire lorsque $c = 6$?

....

11 On veut représenter, avec GeoGebra, un cône dont la base circulaire a pour rayon 4 cm et dont la hauteur est égale à 9 cm.

Remettre dans l'ordre les différentes étapes de construction en les numérotant, puis construire le solide demandé avec GeoGebra.

Consigne	Numéro
Cliquer sur le Graphique 3D pour avoir les icônes correspondant à cette fenêtre.	....
Créer un Nouveau point A au centre du repère.	....
Cliquer sur le cercle du Graphique 3D. Le logiciel demande la hauteur : taper alors la valeur.	....
Créer un Cercle (centre-rayon) de centre A et de rayon R.	....
Sélectionner Extrusion Pyramide/Cône (menu déroulant visible depuis l'icône Pyramide).	....
Aller dans Affichage et faire apparaître la fenêtre Graphique 3D.	....

Calcul numérique

+ de calculs en ligne
→ lienmini.fr/2375-54

Effectuer des opérations sur les nombres en écriture décimale

Fiche 1, p. 185

12 **Sans calculatrice, donner le résultat de chaque opération.**

a. $2{,}5 \times 100 =$ ....

b. $54 \times 0{,}001 =$ ....

c. $9\,325 \times 0{,}1 =$ ....

d. $12 \times 0{,}1 =$ ....

e. $8{,}9 \times 1\,000 =$ ....

f. $0{,}045 \times 10 =$ ....

g. $7{,}8 \times 0{,}01 =$ ....

h. $0{,}56 \times 100 =$ ....

i. $25{,}1 \times 0{,}01 =$ ....

Déterminer la valeur numérique d'une expression littérale

Fiche 12, p. 190

13 Une cuve à fioul cylindrique a pour dimensions intérieures :

diamètre : $d = 1\,240$ mm ; hauteur : $h = 2\,485$ mm.

La formule suivante donne le volume de la cuve en m³ : $\mathcal{V} = \dfrac{\pi \times d^2 \times h}{4 \times 10^9}$ avec d et h en mm.

Calculer le volume de la cuve en m³. Arrondir à l'unité.

....

Je m'évalue

Nom : ....

Prénom : ....

Date : ....

Problématique

Lors d'un voyage scolaire, un arrêt est fait à Montélimar. La spécialité de cette ville est une confiserie : le nougat. La ville est située sur la route nationale 7 (N7) et commercialise souvent le nougat dans une boîte en forme de borne kilométrique.

Le fabricant donne les dimensions de la boîte (en cm) : 23 ; 14 ; 6 (hauteur, largeur et épaisseur).

Fazia s'interroge : combien de nougats cette boîte peut-elle contenir ?

On a schématisé la boîte ci-contre.

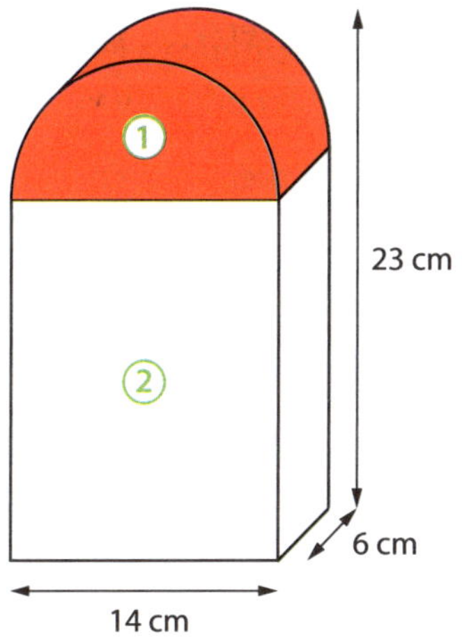

1 Donner le nom des solides formant cette borne kilométrique en cochant les deux bonnes réponses.

- ☐ cube
- ☐ parallélépipède rectangle
- ☐ cône
- ☐ cylindre
- ☐ demi-cylindre

2 Déterminer la valeur du rayon *R* du demi-cylindre.

....

3 Calculer, en cm³, le volume $\mathcal{V}_1$ de la partie supérieure. Arrondir à l'unité.

On s'aidera de la formule suivante : $\mathcal{V}_1 = \frac{\pi R^2}{2} \times e$, où *R* est le rayon du demi-cercle et *e* est l'épaisseur de la boîte.

....

....

4 La hauteur *h* du solide ② est égale à 16 cm.
Expliquer comment obtenir ce résultat.

....

....

5 Déterminer le volume $\mathcal{V}_2$ en cm³ à l'aide de la formule $L \times \ell \times h$.
L est la longueur, ℓ est la largeur et *h* est la hauteur du solide ②.

....

....

6 **En déduire que le volume total de la boîte $\mathcal{V}_{total}$ est de 1 806 cm³.**

7 **Convertir le volume total $\mathcal{V}_{total}$ en dm³.**

8 Un nougat emballé occupe en moyenne un volume de 3,8 cm³.
Expliquer le calcul à faire pour connaître le nombre de nougats que peut contenir la boîte.

9 **Cocher la bonne réponse.**

Le nombre de nougats (arrondi à l'unité) que peut contenir la boîte, est de :

☐ 6 863 ☐ 475 ☐ 47

10 **Répondre à l'interrogation de Fazia.**

Grille d'évaluation

Compétences	Capacités	Questions	Niveau d'acquisition conforme aux attendus		
S'approprier	• **Rechercher**, **extraire** et **organiser** l'information.	1 et 2			
Analyser Raisonner	• **Émettre** une conjecture, une hypothèse. • **Proposer** une méthode de résolution, un protocole expérimental.	4 et 8			
Réaliser	• **Choisir** une méthode de résolution, un protocole expérimental. • **Exécuter** une méthode de résolution, **expérimenter**, **simuler**.	3, 5, 7 et 9			
Valider	• **Contrôler** la vraisemblance d'une conjecture, d'une hypothèse. • **Critiquer** un résultat, **argumenter**.	6 et 10			
Communiquer	• **Rendre compte** d'une démarche, d'un résultat, à l'oral ou à l'écrit.	8 et 10			

Note : .... **/ 10**

CHAPITRE 11

La propriété de Pythagore

Je vais apprendre à

- Calculer la longueur d'un côté d'un triangle rectangle
- Identifier un triangle rectangle par la réciproque de la propriété de Pythagore

Je démarre

Julien est passionné d'origami, l'art du pliage du papier. Lors d'un pliage, il se retrouve avec la figure ci-contre.

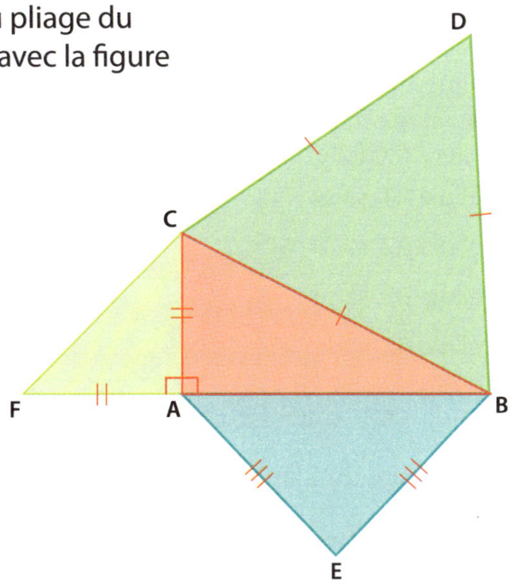

Pour chaque question, cocher la (ou les) bonne(s) réponse(s).

1 **Le triangle ABC est un triangle :**

☐ isocèle ☐ équilatéral ☐ rectangle

2 **Le triangle BCD est un triangle :**

☐ isocèle ☐ équilatéral ☐ rectangle

3 **Le triangle ABE est un triangle :**

☐ isocèle ☐ équilatéral ☐ rectangle

4 **Le triangle ACF est un triangle :**

☐ isocèle ☐ équilatéral ☐ rectangle

5 **Dans le triangle ABC, l'hypoténuse (coté opposé à l'angle droit) est le côté :**

☐ [AB] ☐ [AC] ☐ [BC]

6 **L'angle $\widehat{CAF}$ est un angle :**

☐ droit ☐ rectangle ☐ de mesure 90°

ACTIVITÉ 1

Découvrir la propriété de Pythagore

Pythagore sur ordinateur

Lorsque le mathématicien grec Pythagore (580 - 485 avant J.-C.) a démontré la propriété qui porte son nom, l'informatique n'existait pas.
Amir souhaite utiliser GeoGebra pour vérifier cette relation entre les longueurs des côtés et la nature du triangle.
Quelle est cette relation ?

Réaliser

1 **Ouvrir GeoGebra, puis suivre les étapes indiquées.**

- Placer trois points A, B et C.
- Construire le triangle ABC à l'aide de l'outil Polygone.
- Afficher la mesure des trois angles à l'aide de l'outil Angle.
- Dans l'onglet Affichage, cocher Tableur.
- Dans la cellule **A1**, saisir "BC^2".
- Dans la cellule **A2**, saisir BC^2.
- Dans la cellule **B1**, saisir "AB^2+AC^2".
- Dans la cellule **B2**, saisir AB^2+AC^2.

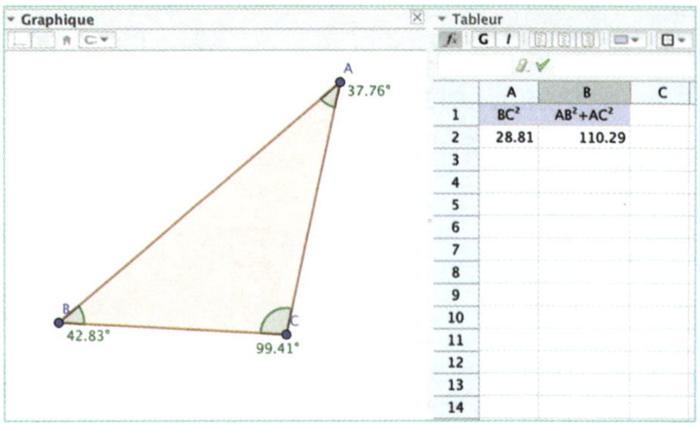

2 a. **L'égalité $BC^2 = AB^2 + AC^2$ est-elle vérifiée ?** ....

b. **Donner la nature du triangle ABC.** ....

3 **À l'aide de la souris puis du pavé directionnel du clavier, déplacer le point C de façon à ce que l'angle $\widehat{A}$ soit égal à 90°.**
Pour un réglage fin du pavé directionnel, faire un clic droit sur le point C et sélectionner Propriétés…, puis cliquer sur l'onglet Algèbre et fixer l'Incrément à 0,001.

4 **Donner la nature du triangle ABC.** ....

5 **L'égalité $BC^2 = AB^2 + AC^2$ est-elle vérifiée ?** ....

6 **Déplacer maintenant le point A et ajuster à l'aide du point C pour obtenir de nouveau un triangle rectangle en A. L'égalité est-elle toujours vérifiée ?** ....

Valider/Communiquer

7 **Compléter la phrase suivante.**
Si ABC est un triangle rectangle en A, alors : BC^2 ....

Le plus grand côté d'un triangle rectangle s'appelle ....
Dans un triangle ...., le carré de l'hypoténuse est égal à la .... des carrés des longueurs des deux autres côtés. C'est la **propriété de Pythagore**.

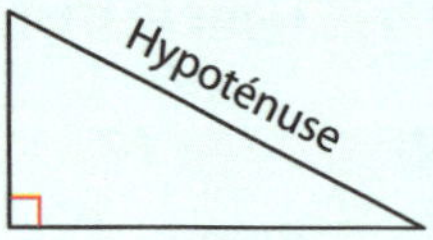

ACTIVITÉ 2 Calculer la longueur d'un côté d'un triangle rectangle

Attention piéton !

Léa est en retard pour aller rejoindre ses amies au terrain de basket. Elle hésite à traverser imprudemment la route du point J au point F sans utiliser le passage piéton, supposé perpendiculaire au trottoir.
En moyenne, un piéton met 1 seconde pour parcourir 1 mètre.
Léa préfère être prudente et passer par le passage piéton.
Elle affirme qu'elle perdra moins de 10 s sur son trajet.
A-t-elle raison ?

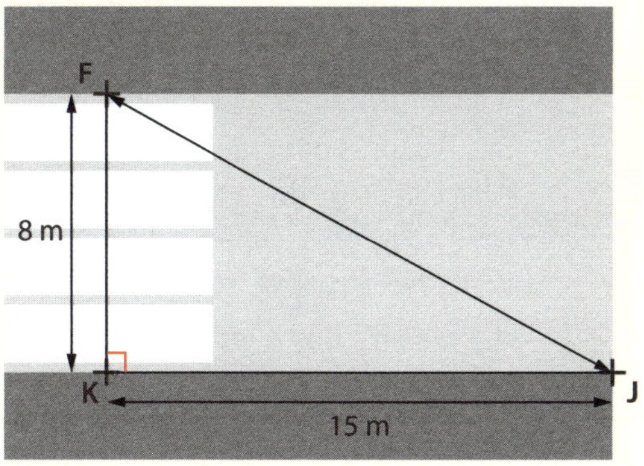

Analyser-Raisonner

1 **Afin de comparer la durée des deux parcours, quelle distance faut-il calculer ?**

....

Réaliser

2 **Calculer la distance parcourue par Léa si elle utilise le passage piéton.**

....

3 **En déduire le temps nécessaire pour parcourir cette distance :** ....

4 **Donner la nature du triangle FKJ.** ....

5 On cherche maintenant à déterminer la distance FJ. **Pour cela, cocher la formule correcte de la propriété de Pythagore dans le triangle FKJ.**

☐ $FK^2 + FJ^2 = KJ^2$ ☐ $FK^2 + KJ^2 = FJ^2$ ☐ $FK + KJ = FJ$

6 **Calculer FJ en utilisant la relation choisie précédemment et à l'aide des étapes suivantes.**

a. J'écris la propriété de Pythagore : ....

b. Je remplace les longueurs par les valeurs numériques : ....

c. Je calcule : ....

d. J'applique la racine carrée : ....

e. J'écris le résultat avec l'unité : ....

7 **Donner le temps nécessaire pour traverser sans utiliser le passage piéton :** ....

Valider/Communiquer

8 **Comparer les temps mis pour traverser sur le passage piéton et en dehors du passage piéton.**

....

9 **Léa a-t-elle raison ? Justifier.**

....

La **propriété de Pythagore** permet de déterminer .... quand on connaît celle des deux autres côtés d'un triangle ....

ACTIVITÉ 3

Utiliser la réciproque de la propriété de Pythagore

Des triangles à la pelle !

Élias doit identifier les triangles rectangles parmi neuf triangles. Les informations qu'il possède pour chaque triangle ABC sont les mesures des trois côtés données sous la forme {AB, AC, BC}. Voici la liste des triangles : {4, 5, 3}, {2, 4, 6}, {10, 8, 6}, {15, 26, 20}, {15, 8, 17}, {10, 13, 17}, {20, 12, 16}, {16, 24, 20}, {18, 24, 30}.

La mesure des trois côtés est-elle suffisante pour déterminer si le triangle est rectangle ?

S'approprier

1 **Pour le triangle {10, 8, 6}, donner la mesure des trois côtés en complétant les égalités.**

- AC = ...
- AB = ...
- BC = ...

Réaliser

2 Élias utilise la réciproque de la propriété de Pythagore : « Si, dans un triangle, le carré de la longueur du côté le plus grand est égal à la somme des carrés des longueurs des deux autres côtés, alors le triangle est rectangle. »

Le tableau ci-dessous montre la détermination de la nature du triangle {2, 4, 6} en suivant la méthode donnée dans la colonne du milieu. **Faire de même pour le triangle {4, 5, 3} .**

Triangle {2, 4, 6}	Méthode	Triangle {4, 5, 3}
BC = 6	• Je repère le plus grand des trois côtés et je donne sa valeur.	....
$BC^2 = 6^2 = 36$	• Je calcule le carré de la longueur du plus grand côté.	....
$AB^2 + AC^2 = 2^2 + 4^2$ $AB^2 + AC^2 = 20$	• Je calcule la somme des carrés des longueurs des deux autres côtés.	....
$BC^2 \neq AB^2 + AC^2$	• Je compare les deux résultats précédents.	....
D'après la réciproque de la propriété de Pythagore, le triangle {2, 4, 6} n'est pas un triangle rectangle.	• Je conclus sur la nature du triangle.	....

3 SCRATCH Élias écrit un programme avec Scratch qui lui permet de savoir si un triangle est rectangle.

a. **Lancer le logiciel Scratch et ouvrir le fichier fourni.**

b. **Cliquer sur le drapeau vert pour lancer le programme.**

c. **Tester le programme avec les triangles {2, 4, 6} et {4, 5, 3}.**

d. **La réponse du lutin est-elle en accord avec les calculs de la question 2 ?** ....

Fichier à télécharger
→ lienmini.fr/2375-55

Utiliser la réciproque de la propriété de Pythagore

e. **Tester les autres triangles et compléter le tableau suivant.**

Triangle	{10, 8, 6}	{15, 26, 20}	{15, 8, 17}	{10, 13, 17}	{20, 12, 16}	{16, 24, 20}	{18, 24, 30}
Est-il rectangle ?	....	....	....	....	....	....	....

Analyser-Raisonner

4 Le bloc d'instructions ci-contre permet de tester plusieurs conditions.
Après avoir donné la valeur des trois côtés du triangle ABC, que fait le programme ?

....

....

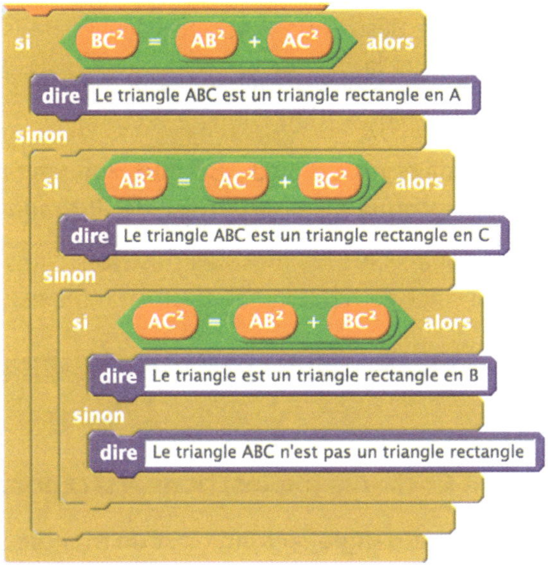

Valider/Communiquer

5 **Compléter les deux bulles du lutin à l'aide des phrases données dans la capture d'écran de la question 4.**

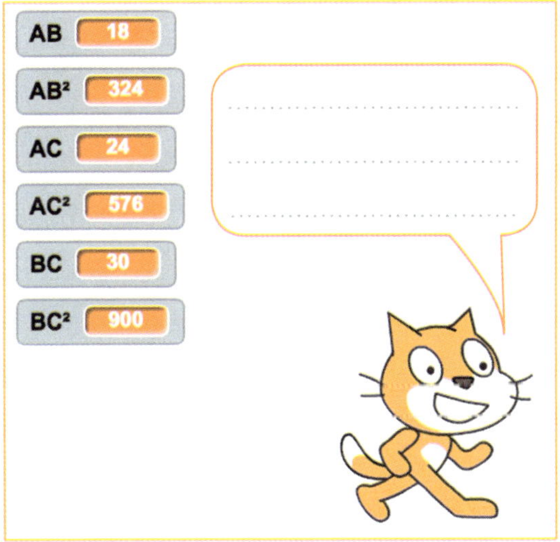

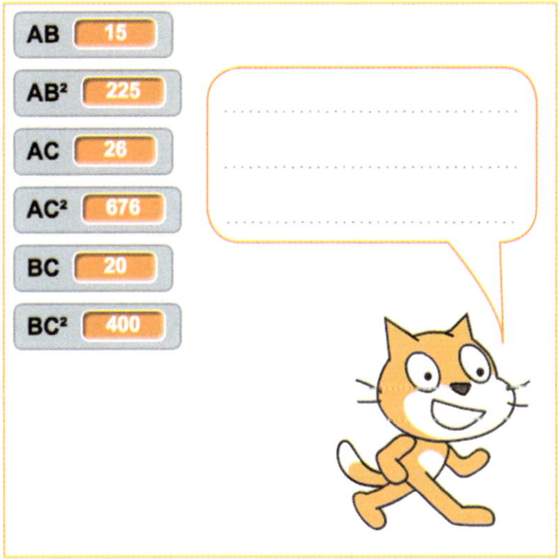

6 **Connaissant les mesures des trois côtés d'un triangle, peut-on savoir si le triangle est rectangle ? Expliquer la réponse.**

....

....

La **réciproque de la propriété de Pythagore** permet de savoir si un triangle est ....

Exemple : Si, dans un triangle ABC, l'égalité $AB^2 =$ .... est vérifiée, alors le triangle est rectangle en C.

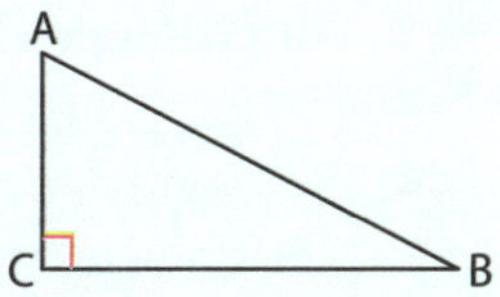

Je fais le bilan

Je retiens l'essentiel

- Dans un triangle **rectangle**, le carré de l'hypoténuse est égal à la somme des carrés des deux autres côtés. C'est la **propriété de Pythagore**.
  Exemple : la propriété de Pythagore appliquée au triangle ABC donne $BC^2 = AB^2 + AC^2$

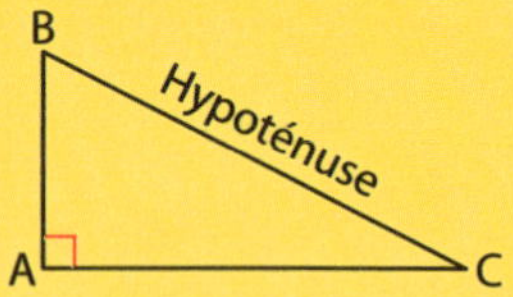

- La **propriété de Pythagore** permet de calculer la longueur d'un côté, connaissant celles de deux autres côtés d'un triangle rectangle.
- Si, dans un triangle ABC, $AB^2 + AC^2 = BC^2$, alors le triangle ABC est un triangle rectangle en A. C'est la **réciproque de la propriété de Pythagore**.
- Connaissant les mesures des trois côtés d'un triangle, la réciproque de la propriété de Pythagore permet de déterminer si un triangle est rectangle ou non.

Je teste mes acquis

+ de tests en ligne
→ lienmini.fr/2375-56

Cocher la (ou les) bonne(s) réponse(s).

1 **Un triangle rectangle est un triangle :**

☐ possédant un angle droit ☐ et un rectangle ☐ possédant un angle de 90°

Les questions 2 à 4 portent sur le triangle ABC ci-contre.

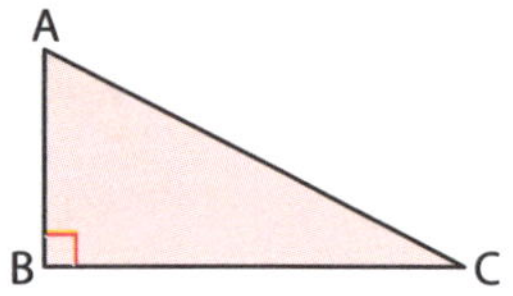

2 **L'hypoténuse du triangle ABC est le côté :**

☐ [AB] ☐ [BC] ☐ [AC]

3 **La propriété de Pythagore appliquée au triangle ABC donne :**

☐ $AC^2 = AB^2 + BC^2$ ☐ $AB^2 = BC^2 + AC^2$ ☐ $BC^2 = AB^2 + AC^2$

4 **Si AB = 6 cm et BC = 8 cm, alors AC est égal à :**

☐ 14 cm ☐ 10 cm ☐ 7 cm

5 **Si $AC^2 = 30$, alors :**

☐ $AC = \frac{30}{2}$ ☐ $AC = 30^2$ ☐ $AC = \sqrt{30}$

6 **Si $BC^2 = 20$, alors la valeur de BC arrondie à 0,1 est égale à :**

☐ BC = 4,7 ☐ BC = 10 ☐ BC = 4,5

7 **Si $5^2 = AB^2 + 4^2$, alors :**

☐ $AB^2 = 5^2 - 4^2$ ☐ $AB^2 = 5^2 + 4^2$ ☐ $AB^2 = \frac{5^2}{4^2}$

8 **La réciproque de la propriété de Pythagore permet de :**

☐ calculer la longueur d'un côté ☐ savoir si le triangle est rectangle

☐ calculer tous les angles

9 **Un triangle CAP a pour mesures : AC = 3 cm, AP = 4 cm et CP = 5 cm. C'est un triangle :**

☐ rectangle ☐ isocèle ☐ quelconque

10 **Si, dans un triangle DEF, on a $DF^2 = 25$ et $DE^2 + EF^2 = 21$, alors le triangle :**

☐ est rectangle ☐ n'est pas rectangle ☐ possède un angle droit

Calculer la longueur d'un côté d'un triangle rectangle

1 1. **Calculer AB sachant que $AB^2 = 5^2 + 9^2$. Arrondir à 0,1.**

....

....

....

....

2. **Calculer AC sachant que $4{,}5^2 = 3^2 + AC^2$. Arrondir à 0,01.**

....

....

....

....

2 Pour chaque triangle rectangle il manque la valeur d'un des côtés, qui est à choisir parmi les trois propositions suivantes : 10 ; $\sqrt{2}$; 3.

Sans calculatrice, compléter les figures en indiquant la valeur choisie.

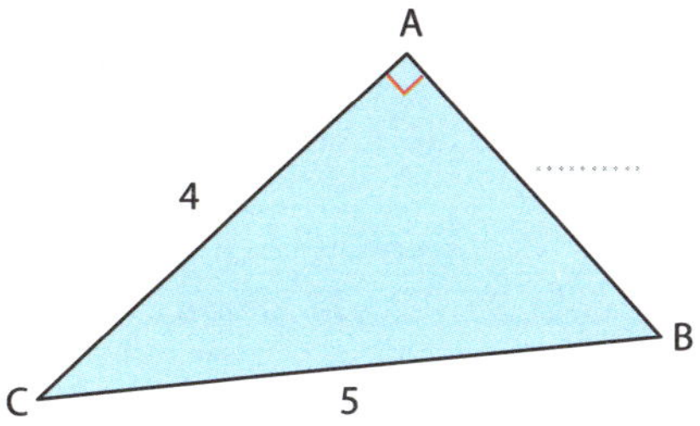

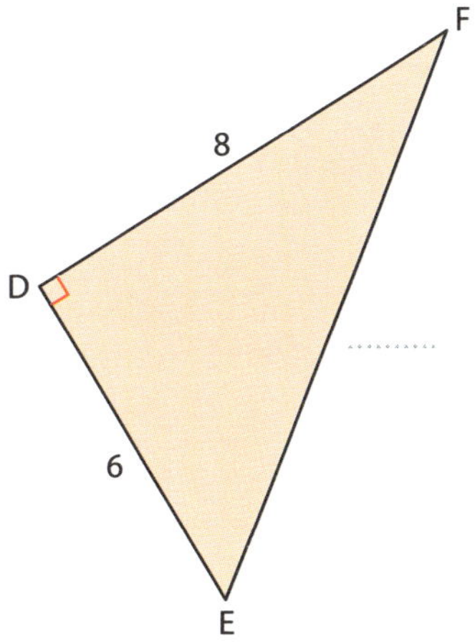

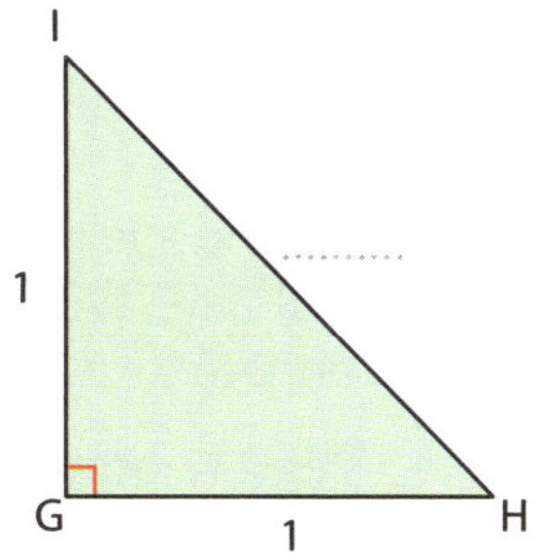

3 En partant de l'hébergement (H), un groupe d'élèves utilise le car pour faire les visites programmées : le musée (M) puis le palais (P).

Le parcours est schématisé de la manière suivante :

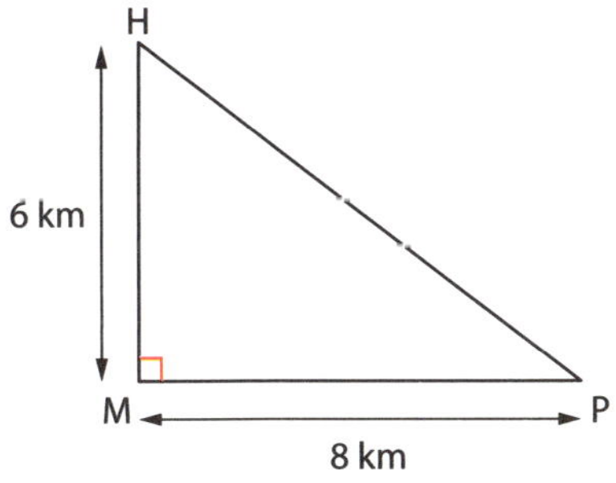

1. **Quelle est la nature de MHP ?** ....

2. **En utilisant la propriété de Pythagore, calculer la distance du retour HP en km.**

....

3. **Calculer, en km, la distance totale parcourue dans la journée.**

....

4 La taille des écrans d'ordinateur s'exprime par la longueur de leur diagonale, généralement donnée en pouces.

Jason voudrait changer son écran plat pour un écran de 19 pouces qu'il a vu en promotion. Il s'est renseigné sur la hauteur de l'écran, qui est de 29 cm, mais il ne connaît pas sa largeur.

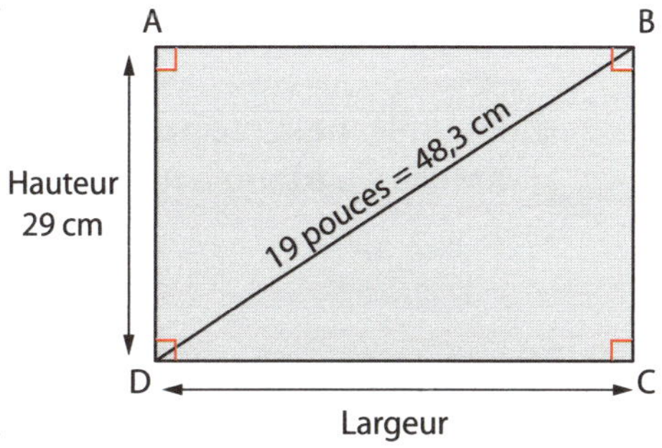

1. **Quelle est la nature de la figure ABD ?**

....

2. Donner la longueur de la diagonale BD en pouces, puis en cm. ....

3. Cocher la bonne réponse correspondant à la propriété de Pythagore dans le triangle ABD.

☐ $AD^2 + BD^2 = AB^2$ ☐ $BD^2 = AB^2 + AD^2$ ☐ $AD + AB = BD$

4. Calculer la largeur AB en cm. Arrondir le résultat à 0,1.

....

....

....

5. Jason dispose de 40 cm de largeur pour installer son écran sur son bureau. Peut-il acheter cet écran de 19 pouces ? Expliquer pourquoi.

....

....

Identifier un triangle rectangle par la réciproque de la propriété de Pythagore

5 Celestino a relevé les mesures d'un triangle ABC : AB = 45 mm, BC = 35 mm et AC = 30 mm.
Il souhaite savoir si le triangle ABC est un triangle rectangle. Pour cela, il utilise la réciproque de la propriété de Pythagore. **Compléter le raisonnement de Celestino.**

AB = 45 donc $AB^2 =$ ....

$BC^2 + AC^2 =$ ....

AB^2 .... à $BC^2 + AC^2$

Le triangle ABC ....

6 Un menuisier prend les mesures suivantes dans le coin d'un mur à 1 mètre au-dessus du sol pour construire un petit bureau d'angle ABC :
AB = 65 cm ; AC = 72 cm et BC = 97 cm.
Il réfléchit quelques minutes et assure que le bureau a un angle droit.

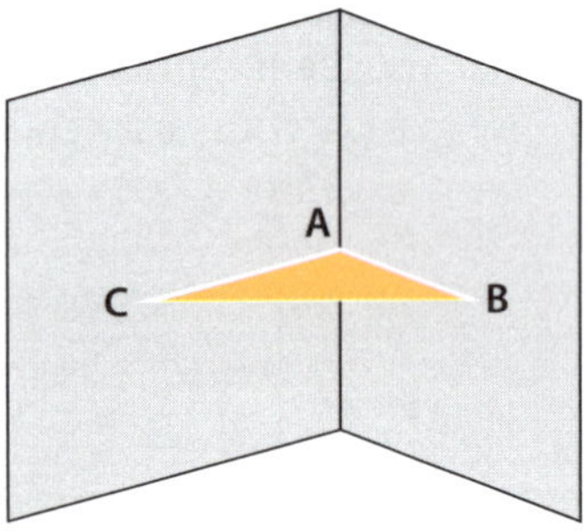

1. Calculer BC^2. ....

2. Calculer $AB^2 + AC^2$. ....

3. Comparer BC^2 à $AB^2 + AC^2$ et conclure sur la nature du triangle ABC.

....

....

4. Le menuisier a-t-il raison ? ....

7 Dans sa cuisine, Louisa fixe à un mur vertical une table [AE] de longueur 30 cm en la maintenant par un support [BE] de longueur 78 cm.
Louisa mesure AB et trouve 72 cm.

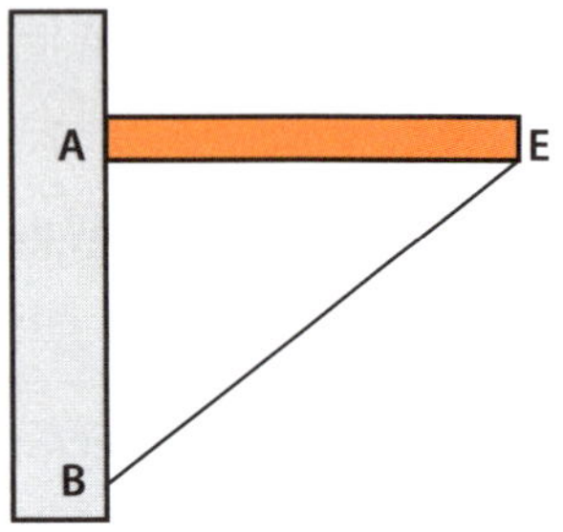

Les proportions ne sont pas respectées.

1. On suppose que le mur est parfaitement vertical. **Quelle doit être la nature du triangle ABE pour que la table [AE] soit horizontale ?**

....

2. En utilisant la réciproque de la propriété de Pythagore, donner la nature du triangle ABE.

....

....

3. La table est-elle horizontale ? ....

J'approfondis

8 On considère la figure ci-contre dessinée à main levée.
L'unité utilisée est le centimètre.
Les points I, H et K sont alignés.

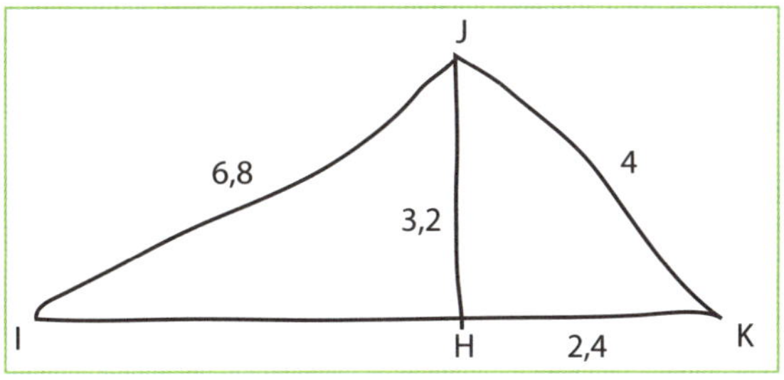

1. **Construire la figure en vraie grandeur (sur une feuille blanche ou avec GeoGebra).**

2. **Montrer que le triangle HJK est un triangle rectangle en H à l'aide de la réciproque de la propriété de Pythagore.**

.....

.....

.....

3. **Donner la mesure de l'angle $\widehat{JHI}$.** .....

4. **Calculer la longueur HI en utilisant la propriété de Pythagore dans le triangle IHJ, rectangle en H.**

.....

.....

.....

9 Caroline souhaite vérifier l'horizontalité d'une étagère.
Elle relève ainsi les mesures ci-contre.

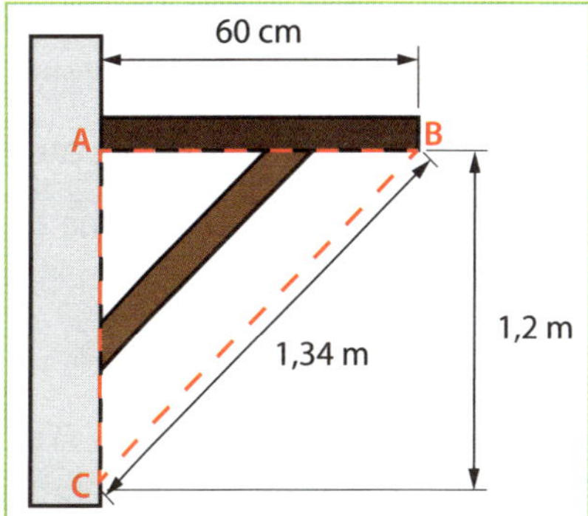

Les proportions ne sont pas respectées.

1. **Donner les mesures, en m, des trois côtés du triangle ABC.**

   AC = ...

   BC = ...

   AB = ...

2. Caroline utilise un programme Scratch qui lui permet, à partir des mesures des trois côtés, de connaître la nature du triangle. Elle obtient le résultat ci-contre.

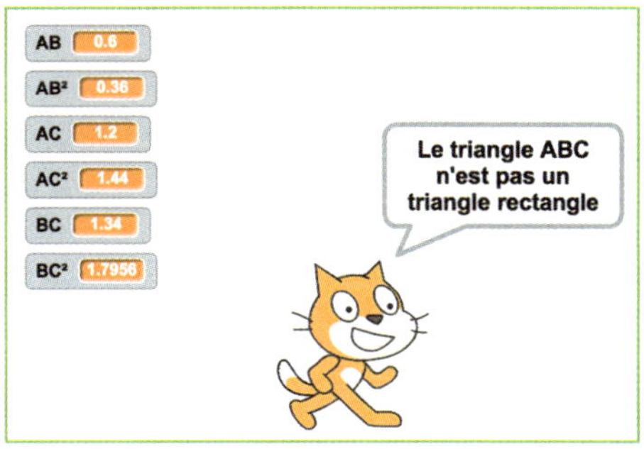

   a. **Justifier par un calcul la réponse du chat.**

   .....

   .....

   .....

   b. **Peut-on dire que l'étagère est horizontale ?**

   .....

   .....

10 Mehdi et Claire souhaitent aménager le grenier de leur maison. Le toit est symétrique par rapport à (SH)

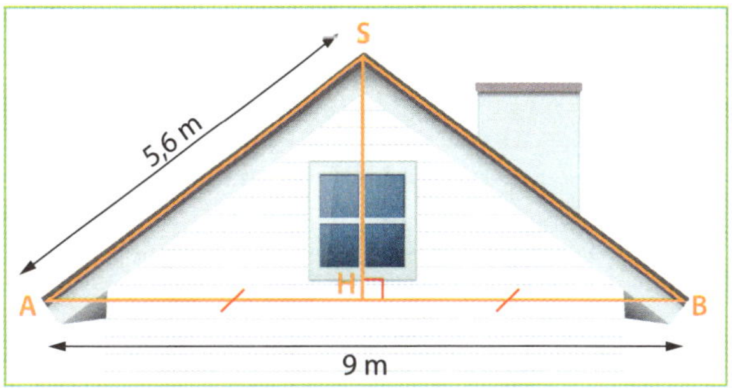

1. **Donner la nature du triangle ABS.**

.....

2. **Indiquer la valeur de la distance AH.**

.....

J'approfondis

3. Peut-on appliquer la propriété de Pythagore dans :

a. le triangle ABS ? ....

b. le triangle AHS ? ....

4. Calculer SH à l'aide de la propriété de Pythagore. Arrondir à 0,01.

....

....

....

....

....

5. Construire le triangle AHS à l'aide de GeoGebra en suivant les étapes indiquées.

- Placer un point A.
- Sélectionner l'outil Segment de longueur donnée et cliquer sur A, puis entrer la valeur 4,5.
- Renommer le point obtenu H.
- Tracer la perpendiculaire à (AH) passant par H.
- Sélectionner l'outil Cercle (centre-rayon) et cliquer sur le centre A du cercle puis entrer la valeur 5,6 pour le rayon.
- Sélectionner l'outil Intersection entre deux objets puis cliquer sur le cercle et la droite perpendiculaire.
- Renommer un des points obtenus S.
- À l'aide de l'outil Polygone, tracer le triangle AHS.
- Relever la mesure du côté [SH] : ....

6. Obtient-on le même résultat par le calcul et avec GeoGebra ?

....

Calcul numérique

+ de calculs en ligne

→ lienmini.fr/2375-57

Calculer une racine carrée

→ Fiche 6, p. 187

11 **Avec la calculatrice, compléter le tableau en donnant le résultat arrondi à 0,01.**

x	0,2	2	5	0,5	10	100	39
$\sqrt{x}$	....	....	....	....	....	....	....

Calculer le carré, le cube d'un nombre

→ Fiche 5, p. 187

12 **Sans calculatrice, relier par un trait le calcul, le résultat et l'écriture mathématique.**

Calcul	Résultat	Écriture mathématique
$2 \times 2 \times 2$	16	10^2
4×4	8	4^2
10×10	0,001	2^3
$3 \times 3 \times 3$	100	$0,1^3$
$0,1 \times 0,1 \times 0,1$	27	3^3

Je m'évalue

Nom : ....
Prénom : ....
Date : ....

Problématique

Pour répondre à la demande d'un client, un décorateur a besoin de découper des triangles dans du carrelage. Les triangles doivent être rectangles et isocèles avec une hypoténuse de longueur 15 cm. Les carreaux qu'il doit utiliser sont des carrés de 12 cm de côté.

Ces carreaux sont-ils assez grands pour faire deux de ces triangles dans chacun d'eux ?
Où doit-il couper ?

A Étude de la taille du carreau

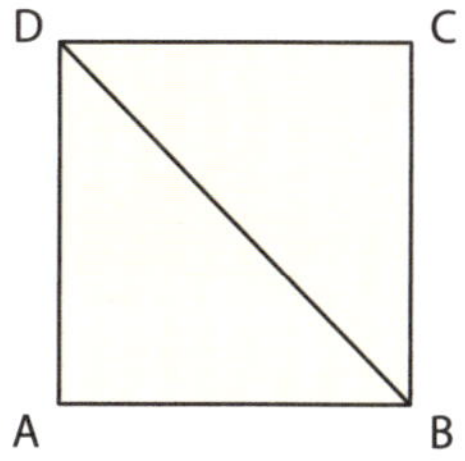

1 Le type de carreau utilisé est modélisé par le quadrilatère ci-contre.

Donner la nature du quadrilatère ABCD et indiquer les cotes sur le schéma.

....

2 **En déduire la nature du triangle BCD.**

....

3 **Cocher la bonne réponse correspondant à la propriété de Pythagore dans le triangle BCD.**

☐ $CD^2 = BC^2 + BD^2$ ☐ $CD^2 + BC^2 = BD^2$ ☐ $BD = BC + CD$

4 **Montrer que la longueur BD, arrondie à l'unité, est égale à 17 cm.**

....

....

....

5 Le triangle que souhaite obtenir le décorateur est modélisé par le triangle EFG. **Préciser la nature du triangle. Nommer son hypoténuse et donner sa longueur à l'aide des données de l'énoncé.**

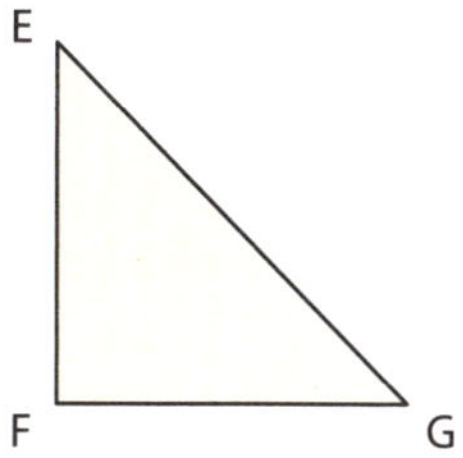

....

....

6 **Le carreau est-il assez grand pour faire deux triangles ? Justifier.**

....

B Étude de la position de la coupe

7 Ouvrir le fichier fourni.

a. **Déplacer le point E (à la souris, puis au clavier directionnel pour un réglage fin) afin de régler l'hypoténuse à 15 cm.**

b. **Relever alors la distance AE :** ....

Fichier à télécharger
→ lienmini.fr/2375-58

Je m'évalue

8 En déduire le découpage à effectuer en cochant la bonne réponse.

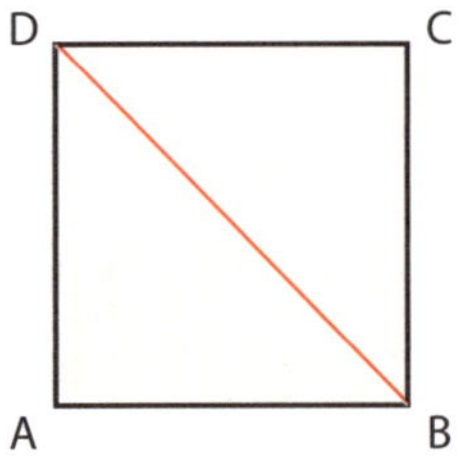

☐

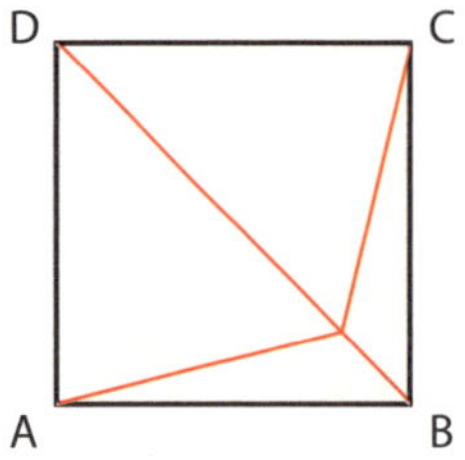

☐

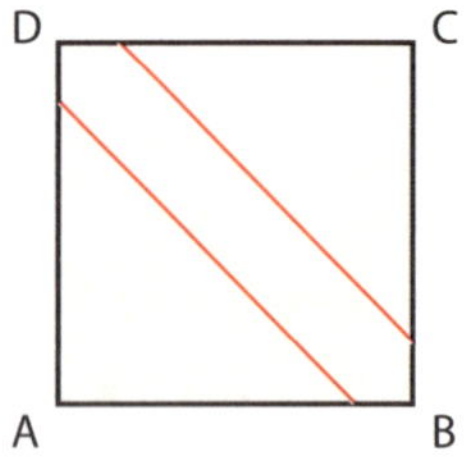

☐

C Vérification

9 Pour être certain que le triangle obtenu est un triangle rectangle, le décorateur utilise la réciproque de la propriété de Pythagore.
Les dimensions exactes du triangle, en cm, sont données ci-contre.

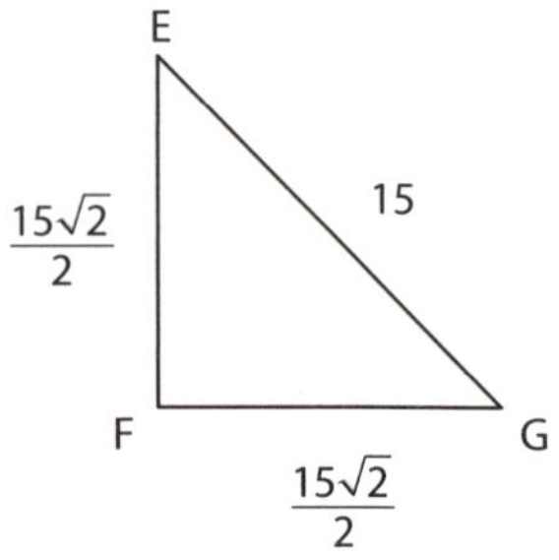

a. Compléter les égalités suivantes.

$EG^2 =$ ....

$EF^2 + FG^2 = \left(\frac{15\sqrt{2}}{2}\right)^2 + \left(\frac{15\sqrt{2}}{2}\right)^2 = \frac{225}{2} + \frac{225}{2}$

$EF^2 + FG^2 =$ ....

b. Comparer EG^2 et $EF^2 + FG^2$ et conclure sur la nature du triangle.

....

Grille d'évaluation

Compétences	Capacités	Questions	Niveau d'acquisition conforme aux attendus ✗	✓	✓
S'approprier	• **Rechercher**, **extraire** et **organiser** l'information.	1, 2 et 5			
Analyser Raisonner	• **Émettre** une conjecture, une hypothèse. • **Proposer** une méthode de résolution, un protocole expérimental.	8			
Réaliser	• **Choisir** une méthode de résolution, un protocole expérimental. • **Exécuter** une méthode de résolution, **expérimenter**, **simuler**.	3, 4, 7 et 9 a.			
Valider	• **Contrôler** la vraisemblance d'une conjecture, d'une hypothèse. • **Critiquer** un résultat, **argumenter**.	6 et 9 b.			
Communiquer	• **Rendre compte** d'une démarche, d'un résultat, à l'oral ou à l'écrit.	4			

Note : .... **/ 10**

CHAPITRE 12

La propriété de Thalès

Je vais apprendre à

› Calculer la longueur d'un segment

Je démarre

Pour chaque question, cocher la (ou les) bonne(s) réponse(s).
On considère le triangle ABC ci-dessous :

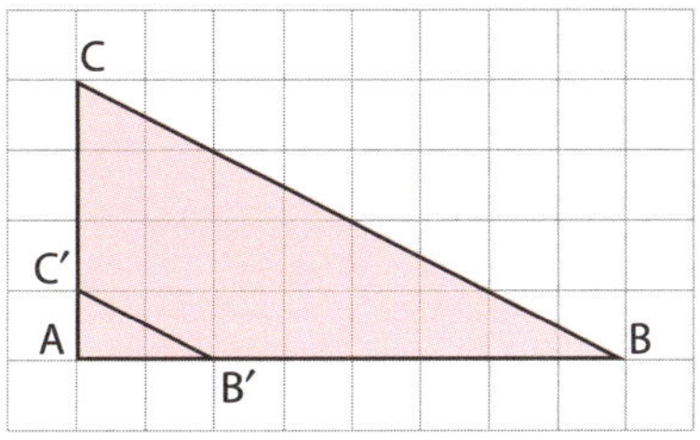

1 Par rapport à AB, la longueur AB′ est :

☐ quatre fois plus petite ☐ deux fois plus petite ☐ quatre fois plus grande

2 Les longueurs AC et AC′ sont liées par la (ou les) relation(s) :

☐ $AC' = 4 \times AC$ ☐ $AC = 4 \times AC'$ ☐ $AC' = \frac{AC}{4}$

3 Les droites (AC) et (AB) sont :

☐ sécantes ☐ parallèles ☐ perpendiculaires

4 Par rapport au triangle ABC, le triangle AB′C′ est :

☐ une réduction ☐ un agrandissement ☐ symétrique

5 On agrandit le triangle AB′C′ en multipliant par 2 la longueur de ses côtés. Cela correspond au schéma :

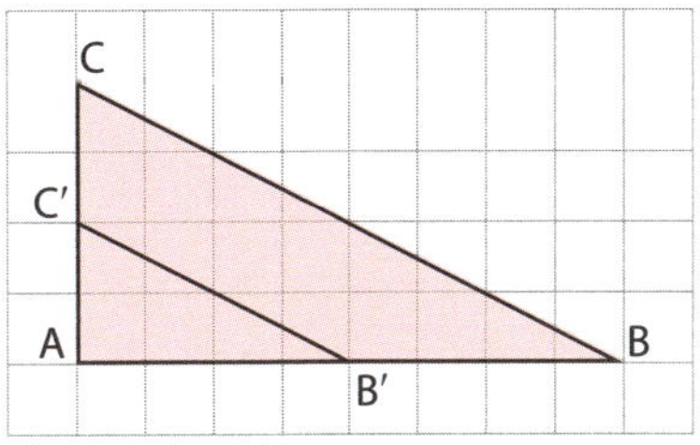

☐

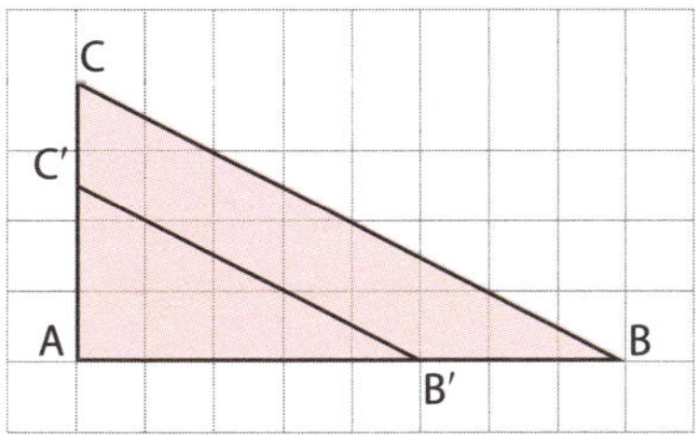

☐

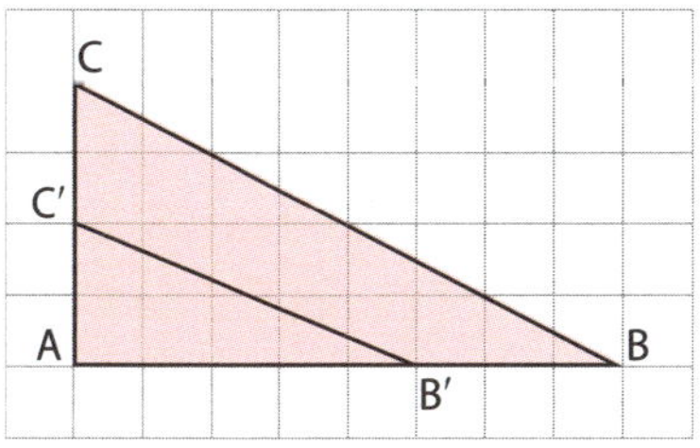

☐

ACTIVITÉ 1

Découvrir la propriété de Thalès

Marionnette et ombre

Un marionnettiste doit faire un spectacle sur le thème de l'ombre. Pour cela, il a besoin que sa marionnette de 30 cm forme une ombre de 1,2 m sur la toile. La source de lumière C est située à 8 m de la toile [AB]. La marionnette est représentée par le segment [DE]. Les droites (AB) et (DE) sont parallèles. **Où doit-il placer sa marionnette entre B et C ?**

S'approprier

La situation est schématisée sur la figure ci-contre. Les proportions ne sont pas respectées.

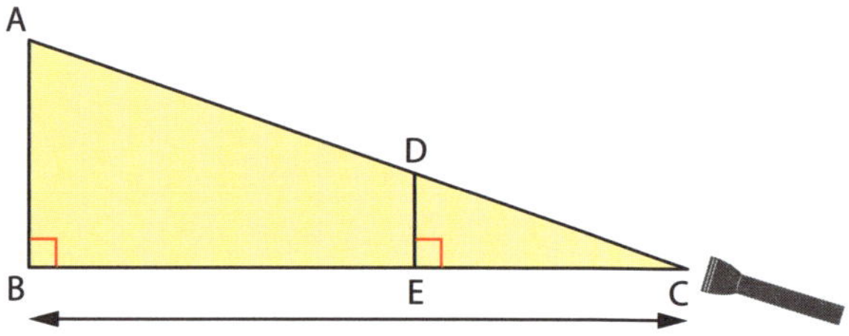

1 **Reporter sur la figure les trois cotes données dans le texte.**

2 **Nommer la distance recherchée par le marionnettiste.** ....

Réaliser

Fichier à télécharger → lienmini.fr/2375-59

3 **Ouvrir le fichier fourni avec GeoGebra.** Les mesures sont en m.

4 **Déplacer le point D d'abord en cliquant sur le point à la souris pour un premier réglage ; ensuite au clavier directionnel pour un réglage plus fin afin d'obtenir DE = 0,30 m.**

5 **Relever les différentes valeurs de longueur, puis calculer les rapports en complétant le tableau :**

Triangle ABC	AB = ... m	CB = ... m	CA = ... m
Triangle CDE	DE = ... m	CE = ... m	CD = ... m
Rapport	$\frac{AB}{DE}$ = ...	$\frac{CB}{CE}$ = ...	$\frac{CA}{CD}$ = ...

Valider/Communiquer

6 **Comparer les trois rapports du tableau précédent.** ....

7 **Peut-on en déduire que les longueurs des côtés du triangle ABC sont proportionnelles aux longueurs des côtés du triangle CDE ?** ....

8 **Indiquer au marionnettiste où il doit placer la marionnette.**

....

Si les droites (AB) et (A'B') sont parallèles, alors les longueurs des côtés du triangle ABC sont .... aux longueurs des côtés du triangle A'B'C.

Cela se traduit par la **propriété de Thalès :** $\frac{CA'}{CA} = \frac{CB'}{CB} = \frac{A'B'}{AB}$

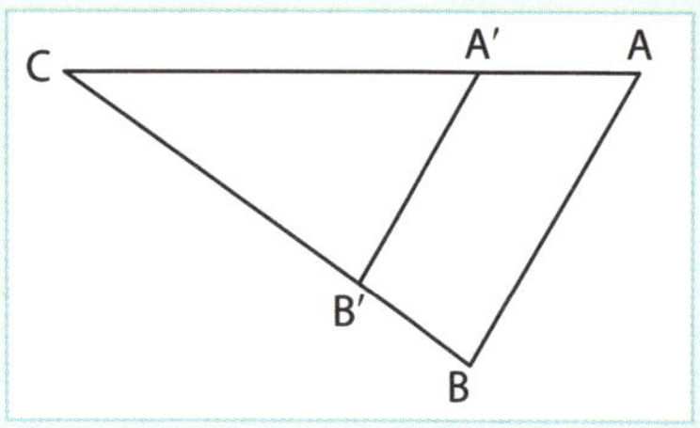

ACTIVITÉ 2

Utiliser la propriété de Thalès

Prendre de la hauteur

La « croix du bûcheron » est une croix formée par deux bâtons de même longueur et perpendiculaires entre eux.
Son positionnement est tel que les droites (AB) et (ED) sont parallèles.
Cette croix permet-elle de déterminer la hauteur d'un arbre ?

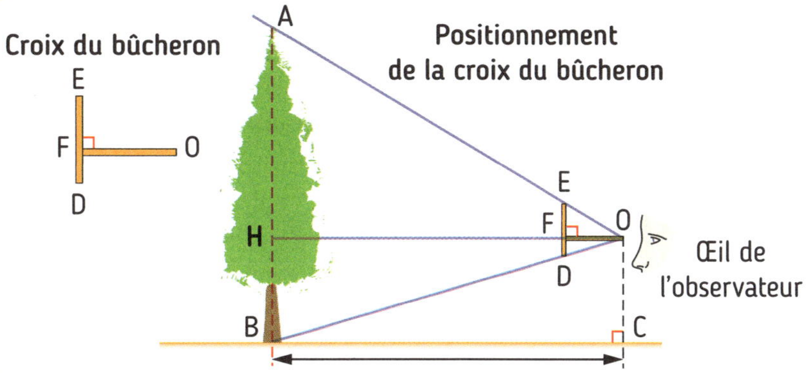

Analyser-Raisonner

1 **Que peut-on dire des longueurs OF et ED ? Justifier.**

....

Réaliser

2 **Écrire la propriété de Thalès dans le triangle OAB :** ....

3 **Écrire la propriété de Thalès dans le triangle OAH :** ....

Des deux relations précédentes, on déduit que $\frac{OF}{OH} = \frac{ED}{AB}$.

4 **Que représente la distance AB ?** ....

5 **Que représente la distance OH ?**

....

6 **Dans l'égalité $\frac{OF}{OH} = \frac{ED}{AB}$, comme OF = ED, en déduire une relation entre OH et AB :** ....

Valider/Communiquer

7 **Compléter la phrase suivante, qui explique la technique du bûcheron pour déterminer la hauteur de l'arbre.**

Le bûcheron se positionne de façon à ce que le bâton .... cache l'arbre. Il note sa position puis mesure la distance qui le sépare de l'arbre.

8 Le bûcheron parvient à viser l'arbre avec sa croix quand il est à 30 m du pied de l'arbre.
En déduire la hauteur de l'arbre.

....

Soit un triangle ABC et M et N deux points appartenant respectivement à [AB] et [AC].

Si (MN) est .... à (BC), alors $\frac{AN}{AC} = \frac{AM}{AB} = \frac{MN}{BC}$

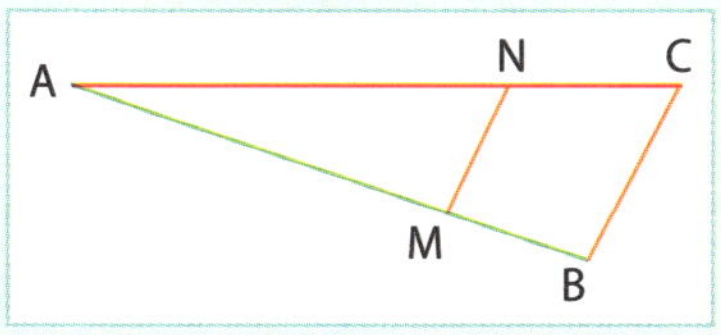

ACTIVITÉ 3

Calculer des longueurs en utilisant le coefficient d'agrandissement

Un pont miniature

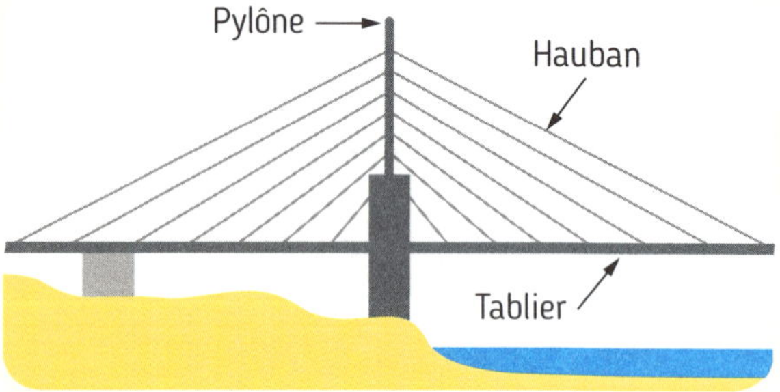

Le principe du pont à haubans est de suspendre le tablier à des câbles, appelés haubans, qui sont ancrés dans la partie haute du pylône. Lorsque les haubans sont tous parallèles et fixés à intervalles réguliers le long du pylône, il s'agit d'un pont à haubans en harpe.
Anna et Toufik souhaitent réaliser une maquette d'un pont à haubans en harpe. Pour cela, ils utilisent des câbles qui jouent le rôle de haubans. **Quelle longueur de câble leur faudra-t-il ?**

Analyser-Raisonner

1. **Le pont possède-t-il une symétrie ? Préciser la réponse.**

2. **En déduire une conséquence sur le calcul de la longueur totale de câble.**

Réaliser

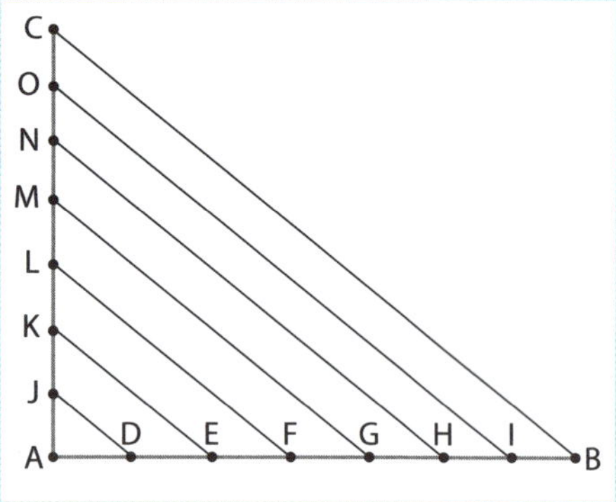

La partie droite du pont est représentée sur le schéma ci-contre.
La maquette aura pour dimensions : AB = 28 cm et AC = 21 cm.
Le premier hauban [JD] mesure 5 cm.

3. Il y a 7 haubans placés à intervalles réguliers.
En déduire l'espace entre chaque hauban :
   a. **sur le tablier [AB] :** ....
   b. **sur le pylône [AC] :** ....

On considère les triangles ABC et ADJ. Alicia et Toufik veulent calculer la longueur BC.

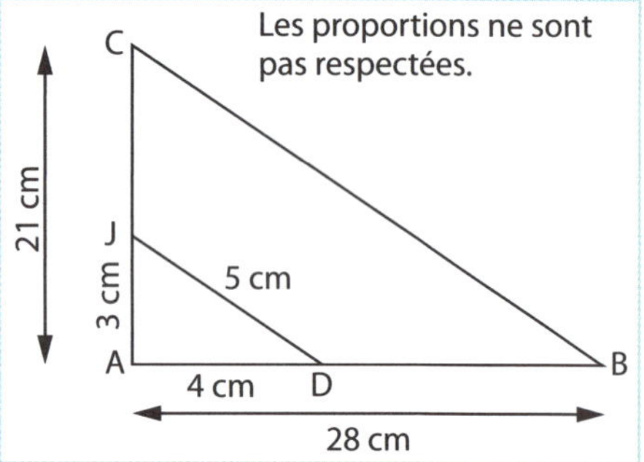

4. **Écrire la propriété de Thalès dans le triangle ABC.**

5. **Dans l'égalité écrite à la question précédente, remplacer les longueurs connues par les valeurs numériques.**
   a. **Isoler deux rapports et effectuer le produit en croix.**
   b. **Calculer BC :** ....

6. Anna et Toufik résument les mesures des deux triangles ADJ et ABC.

Triangle ADJ	AD = 4 cm	AJ = 3 cm	DJ = 5 cm
Triangle ABC	AB = 28 cm	AC = 21 cm	BC = 35 cm

ACTIVITÉ 3 Calculer des longueurs en utilisant le coefficient d'agrandissement

a. Les longueurs des côtés du triangle ABC sont-elles proportionnelles à celles des côtés du triangle ADJ ? Justifier.

....

b. Une triangle est un **agrandissement** ou une **réduction** d'un autre triangle si les longueurs de leurs côtés sont proportionnelles deux à deux. Le coefficient de proportionnalité *k* qui permet de passer d'une figure à l'autre est appelé coefficient d'agrandissement (si $k > 1$) ou de réduction (si $k < 1$).

Cocher la (ou les) bonne(s) réponse(s).

☐ Le triangle ABC est un agrandissement du triangle ADJ.
☐ Le triangle ABC est une réduction du triangle ADJ.
☐ Le triangle ADJ est une réduction du triangle ABC.

c. En déduire le coefficient d'agrandissement qui permet de passer du triangle ADJ au triangle ABC.

....

7 Chaque hauban fixé sur le pylône et le tablier forme un triangle agrandi du triangle ADJ.

a. Pour chaque triangle, déterminer le coefficient d'agrandissement *k* en complétant le schéma suivant.

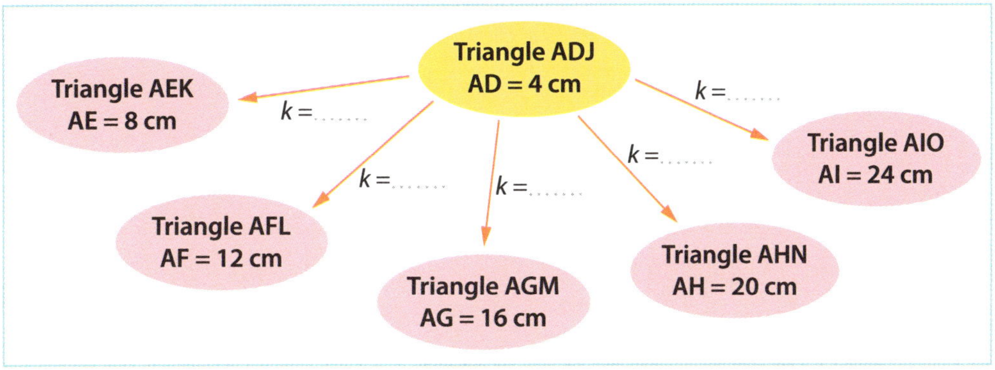

b. Appliquer les différents coefficients d'agrandissement pour compléter le tableau suivant.

Hauban	[DJ]	[EK]	[FL]	[GM]	[HN]	[IO]	[BC]
Longueur (en cm)	5	....	....	....	....	....	....

Valider/Communiquer

8 **Calculer la longueur de câble nécessaire pour la partie droite du pont.**

....

9 **En déduire la longueur totale de câble nécessaire pour les parties gauche et droite du pont. Donner le résultat en cm et en m.**

....

Un **agrandissement** ou une **réduction** d'un triangle est obtenu lorsqu'on multiplie par un même .... les longueurs de ses côtés.

La **propriété de Thalès** traduit la proportionnalité des longueurs des côtés de deux triangles dont l'un est un .... de l'autre.

Je fais le bilan

Je retiens l'essentiel

- Soit un triangle CAB et deux points A′ et B′ appartenant respectivement à [AC] et [BC]. La **propriété de Thalès** énonce que, si (A′B′) est parallèle à (AB), alors :

$$\frac{CA'}{CA} = \frac{CB'}{CB} = \frac{A'B'}{AB}$$

- Sur le schéma ci-contre, le triangle CAB est un **agrandissement** du triangle CA′B′. Le triangle CA′B′ est une **réduction** du triangle BAC.

  Les longueurs sont multipliées par un même **coefficient *k***.

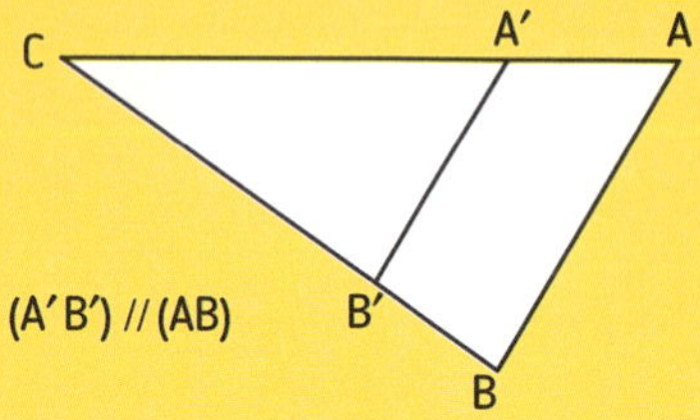

Petit triangle CA′B′	CA′	CB′	A′B′
Grand triangle CAB	CA	CB	AB

× *k*

Je teste mes acquis

+ de tests en ligne
→ lienmini.fr/2375-60

Cocher la (ou les) bonne(s) réponse(s).

1 **Pour pouvoir appliquer la propriété de Thalès dans un triangle, il faut :**

☐ un angle droit ☐ une droite parallèle à un des côtés ☐ deux côtés égaux

Dans les questions 2 à 4, on considère le triangle ABC ci-dessous où (DE) et (AB) sont parallèles.

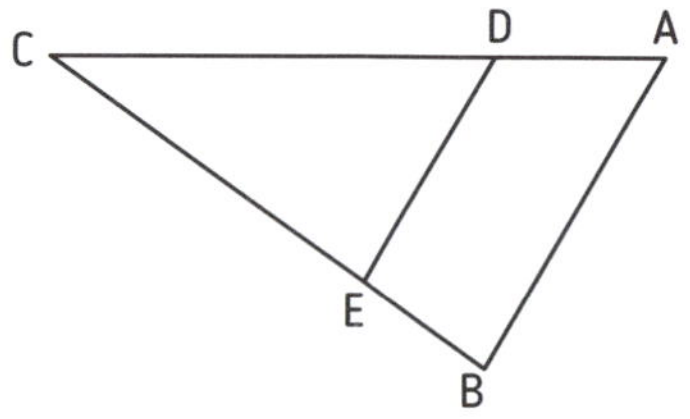

2 **La propriété de Thalès appliquée au triangle ABC donne :**

☐ $\frac{CD}{CA} = \frac{CE}{CB} = \frac{AB}{DE}$ ☐ $\frac{CD}{CA} = \frac{CE}{CB} = \frac{DE}{AB}$ ☐ $\frac{CB}{CA} = \frac{CE}{CD} = \frac{AB}{ED}$

3 **Dans ce triangle ABC, si AC = 15 cm et CD = 11 cm, alors AD a pour valeur :**

☐ 4 cm ☐ 26 cm ☐ 9 cm

4 **Par rapport au triangle ABC, le triangle CDE est :**

☐ réduit ☐ augmenté ☐ agrandi

5 **Le produit en croix appliqué à l'égalité $\frac{15}{CB} = \frac{45}{9}$ donne :**

☐ $CB \times 9 = 15 \times 45$ ☐ $CB \times 15 = 9 \times 45$ ☐ $CB \times 45 = 15 \times 9$

6 **La propriété de Thalès permet de calculer :**

☐ une aire ☐ une longueur ☐ un angle

7 **Si AB vérifie l'égalité $\frac{3}{5} = \frac{12}{AB}$, alors :**

☐ AB = 15 ☐ AB = 20 ☐ AB = 14

8 **Lors de la résolution d'un exercice, Max a obtenu l'égalité $\frac{3}{5} = \frac{CF}{15} = \frac{EF}{AB}$. À partir de cette égalité, il peut calculer :**

☐ EF ☐ AB ☐ CF

J'applique

Utiliser la proportionnalité en géométrie

1 Dans le tableau de proportionnalité suivant, on indique les mesures des triangles ABC et ADE, où les droites (DE) et (AB) sont parallèles :

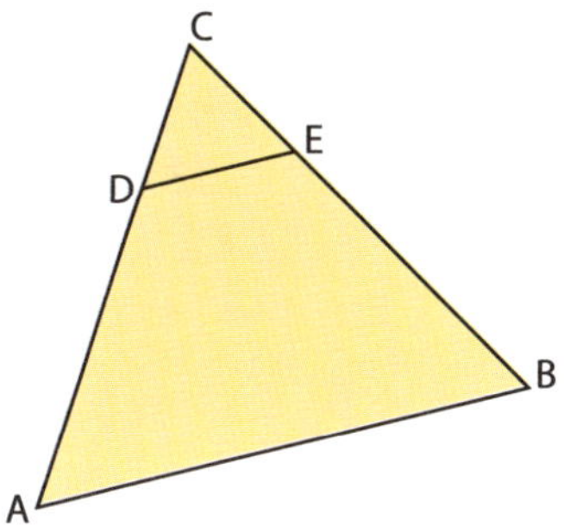

CA = 21 cm	CB = ...	AB = 15 cm
CD = 7 cm	CE = 8 cm	DE = 5 cm

1. **Donner la valeur du coefficient multiplicateur qui permet de passer de la deuxième ligne à la première ligne.**

....

2. **En déduire la valeur de la longueur CB, puis compléter le tableau.**

....

2 Marika réduit une image facilement avec un logiciel de dessin. Elle obtient les résultats suivants.

	Image initiale	**Réduction**
Hauteur (en cm)	$H = 3$	$H_1 = 2{,}50$
Largeur (en cm)	$L = 2{,}34$	$L_1 = 1{,}95$

1. **Le pingouin a-t-il la même allure dans les deux configurations ?**

....

2. **Calculer les rapports suivants en arrondissant à 0,01.**

$\frac{H_1}{H} =$ .... $\frac{L_1}{L} =$ ....

3. Marika avait coché l'option Conserver les proportions du logiciel. **Est-ce cohérent avec les résultats de la question précédente ? Justifier.**

....

3 Sur le quadrillage ci-contre, deux points A et B ont été placés tels que AB = 6. L'unité est le carreau.

1. **Terminer la construction en suivant les étapes.**
   a. **Placer un point M sur [AB] tel que $\frac{AM}{AB} = \frac{4}{6}$.**
   b. **Placer un point C tel que AC = 12 et $\widehat{BAC} = 90°$.**
   c. **Placer un point N de [AC] tel que $\frac{AN}{AC} = \frac{8}{12}$.**
   d. **Tracer les segments [BC], [AC] et [MN].**

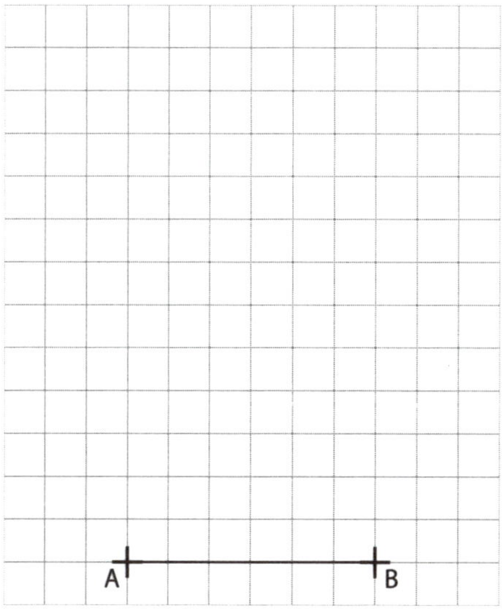

2. **Que peut-on dire des droites (MN) et (BC) ?**

....

3. **Comparer les rapports $\frac{AM}{AB}$ et $\frac{AN}{AC}$.**

....

4. **Le résultat précédent traduit-il la propriété de Thalès ?**

....

J'applique

Calculer une longueur

4 Clémence a utilisé la propriété de Thalès dans un triangle afin de calculer une longueur.
Elle parvient à l'égalité suivante : $\frac{3,2}{BC} = \frac{8,1}{23}$.

1. **Nommer la longueur recherchée.** ....

2. **Écrire le produit en croix correspondant à l'égalité :** ....

3. **Calculer la longueur BC. Arrondir à 0,1.**

....

5 Sur la figure ci-contre, qui n'est pas à l'échelle :
- les points D, P et A sont alignés ;
- les points K, H et A sont alignés ;
- DA = 60 cm ;
- DK = 11 cm ;
- DP = 45 cm.

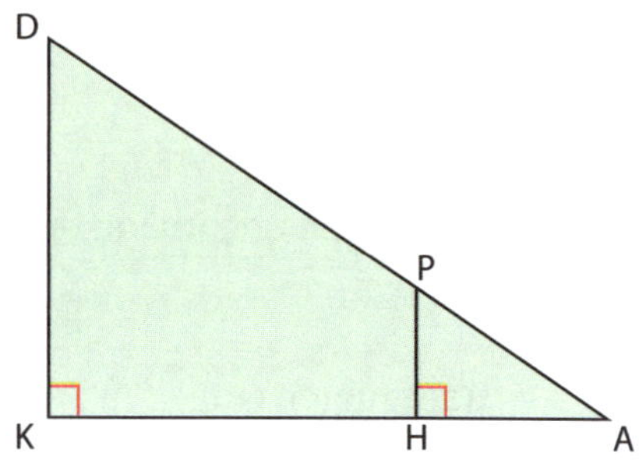

1. Il existe une propriété en géométrie qui énonce que deux droites perpendiculaires à une même droite sont parallèles. **En appliquant cette propriété à la situation, que peut-on dire des droites (DK) et (HP) ? Justifier.**

....

....

2. **Calculer AP à l'aide des mesures données dans l'énoncé.**

....

3. **Écrire la propriété de Thalès dans le triangle ADK.**

....

4. **Calculer HP.**

....

....

6 1. **Ouvrir le fichier fourni avec GeoGebra.**

Fichier à télécharger
→ lienmini.fr/2375-61

2. **La propriété de Thalès est-elle vérifiée ?**

....

3. **Déplacer successivement les points A, B puis C.**
Que constate-t-on au niveau de la valeur des rapports ?

....

4. **Déplacer successivement les points M et N.**
Que constate-t-on au niveau de la valeur des rapports ?

....

5. **Peut-on dire que la propriété de Thalès se vérifie même si l'on bouge les points A, B, C, M et N ?**

....

7 Un photographe est en mission dans l'Himalaya. Un hélicoptère est chargé de le transporter en haut d'une montagne puis de l'amener vers son quartier général.

– Le pilote : « *Alors, je vous emmène, monsieur ?* »

– Le photographe : « *OK, allons-y ! Mais d'abord, puis-je voir le plan de vol ?* »

– Le pilote : « *Je dois faire le plein…* »

– Le photographe : « *Combien consomme votre hélico ?* »

– Le pilote : « *1,1 L par km pour ce genre de trajet.* »

– Le photographe : « *Mais le plein nous surchargerait ! 20 L de carburant seront très largement suffisants.* »

Le trajet ABCDEF modélise le plan de vol. Il est constitué de déplacements rectilignes. On a de plus les informations suivantes :

- AF = 12,5 km
- AC = 7,5 km
- CF = 10 km
- AB = 6 km
- DG = 7 km
- EF = 750 m.
- (DE) est parallèle à (CF).
- ABCH et ABGF sont des rectangles.

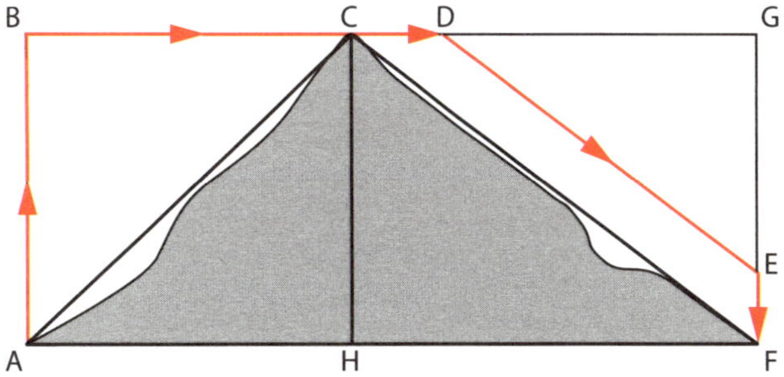

1. À l'aide des mesures données, calculer :

a. la longueur BD.

....

b. la longueur GE.

....

1 km = 1 000 m

2. D'après la propriété de Thalès, on a l'égalité suivante : $\frac{GE}{GF} = \frac{DE}{CF}$.

Calculer, en m, la longueur DE.

....

....

3. En déduire la longueur du parcours ABCDEF.

....

4. Calculer le nombre de litres de carburant nécessaires pour effectuer ce parcours en complétant le tableau de proportionnalité. Détailler le calcul.

Quantité de carburant (en L)	1,1	....
Distance (en km)	1	21

....

5. Le pilote doit-il se fier au photographe ? Justifier.

....

....

8 Au cœur de la Puisaye, dans l'Yonne (Bourgogne), une cinquantaine d'ouvriers relèvent un défi hors normes : construire un château-fort selon les techniques et avec les matériaux utilisés au Moyen Âge. Ce chantier, débuté en 1997, devrait durer environ 25 ans.
Pour déterminer la hauteur de la tour des logis, un des outils utilisés est la corde à nœuds.

J'approfondis

Cette corde est formée de 13 nœuds, espacés régulièrement de 20 cm. On a représenté ci-contre la position de la corde ABC pour mesurer la hauteur de la tour (les proportions sur le schéma ne sont pas respectées).
La longueur AC mesure 0,80 m. La longueur AD mesure 31 m.
Les côtés [BC] et [ED] sont parallèles.

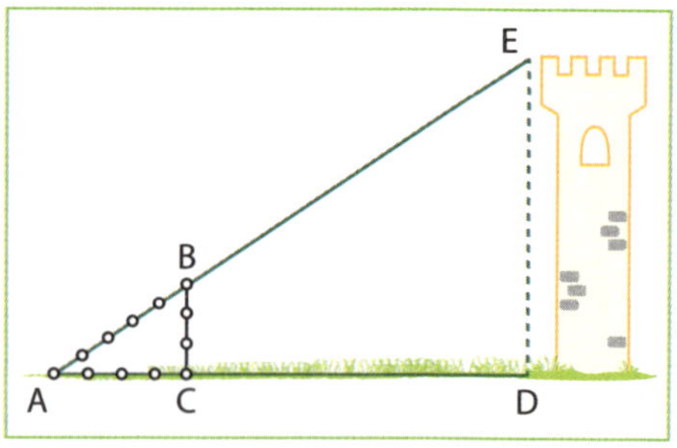

1. **Calculer, en m, les longueurs AB et BC. Utiliser la figure ci-contre où sont placés les nœuds espacés chacun de 20 cm.**

....

....

2. **Écrire la propriété de Thalès dans le triangle AED :** ....

3. **Calculer, en m, la longueur ED, sachant que BC = 0,60 m.**

....

....

4. **En déduire la hauteur de la tour.** ....

+ de calculs en ligne
→ lienmini.fr/2375-62

Calcul numérique

Effectuer des opérations sur les nombres en écriture décimale

→ Fiche 1, p. 185

9 **Compléter chaque tableau avec la valeur de la quatrième proportionnelle (par calcul mental ou avec la calculatrice).**

2,1	0,3
4,2	....

3,3	1,5
....	0,5

3	0,5
12	....

1 200	300
200	....

10	....
50	0,05

....	7,5
7	15

3,3	2,2
....	6,6

1	....
20	0,2

Simplifier ou déterminer l'écriture décimale d'une fraction

→ Fiches 9 et 11, p. 189

10 **Dans chacune des égalités suivantes, simplifier ou donner l'écriture décimale de la fraction de droite, puis calculer AB.**

a. $\frac{AB}{3} = \frac{12}{6}$ ....

b. $\frac{AB}{5} = \frac{36}{6}$ ....

c. $\frac{AB}{1,5} = \frac{21}{7}$ ....

d. $\frac{AB}{4} = \frac{10}{5}$ ....

e. $\frac{AB}{0,5} = \frac{10}{100}$ ....

Je m'évalue

Nom : ....

Prénom : ....

Date : ....

Problématique

Pour filmer les étapes d'une course cycliste, les réalisateurs de télévision utilisent des caméras installées sur deux motos et d'autres dans deux hélicoptères. Un avion-relais, plus haut dans le ciel, recueille les images et joue le rôle d'une antenne-relais.
On considère que les deux hélicoptères se situent à la même altitude et que le peloton des coureurs roule sur une route horizontale. Le schéma ci-dessous illustre cette situation. On sait que : AM = AN = 1 km ; HL = 270 m et AH = AL = 720 m.
Quelle distance sépare les deux motos ?

Voici le schéma de la situation (les proportions ne sont pas respectées).

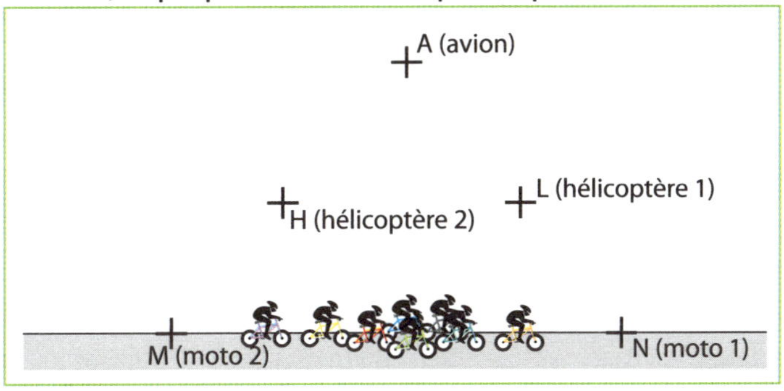

1 **Sur le schéma, relier les points :**
- A, H et M.
- A, L et N.
- H et L.

2 **Que peut-on dire des points A, L et N ?**

....

3 **Que peut-on dire des points A, H et M ?**

....

4 **Dans l'énoncé, relever la phrase qui permet d'affirmer que les droites (LH) et (MN) sont parallèles.**

....

....

....

5 **Indiquer le dispositif technologique (caméra ou antenne-relais) présent sur chaque moyen de transport (hélicoptère, moto ou avion). Rédiger la réponse.**

....

....

....

Je m'évalue

6 Compléter le tableau de proportionnalité suivant.

Triangle AHL	AL = 720 m	AH = ... m	HL = ... m
Triangle AMN	AN = 1 km = 1 000 m	AM = 1 km = 1 000 m	MN

7 Indiquer à quoi correspond la distance MN.

....

8 Écrire la propriété de Thalès traduisant la proportionnalité des longueurs des côtés des triangles AHL et AMN (tableau de la question 6).

....

9 Calculer MN à l'aide de l'égalité : $\frac{1\,000}{720} = \frac{MN}{270}$.

....

....

....

....

10 Conclure sur la distance entre les deux motos.

....

....

Grille d'évaluation

Compétences	Capacités	Questions	Niveau d'acquisition conforme aux attendus ✔ (rouge)	✔ (orange)	✔ (vert)
S'approprier	• **Rechercher**, **extraire** et **organiser** l'information.	4 et 5			
Analyser Raisonner	• **Émettre** une conjecture, une hypothèse. • **Proposer** une méthode de résolution, un protocole expérimental.	4 et 8			
Réaliser	• **Choisir** une méthode de résolution, un protocole expérimental. • **Exécuter** une méthode de résolution, **expérimenter**, **simuler**.	1, 2, 3, 6, 7, 8 et 9			
Valider	• **Contrôler** la vraisemblance d'une conjecture, d'une hypothèse. • **Critiquer** un résultat, **argumenter**.	10			
Communiquer	• **Rendre compte** d'une démarche, d'un résultat, à l'oral ou à l'écrit.	5 et 9			

Note : .... **/ 10**

CHAPITRE 13

Relations trigonométriques dans le triangle rectangle

Je vais apprendre à

- Donner la valeur d'un cosinus, d'un sinus, d'une tangente
- Donner la mesure d'un angle à partir d'un cosinus, d'un sinus, d'une tangente
- Déterminer la mesure d'un angle dans un triangle rectangle
- Déterminer la longueur d'un côté dans un triangle rectangle

Je démarre

Pour chaque question, cocher la (ou les) bonne(s) réponse(s).
On considère le triangle ABC ci-dessous.

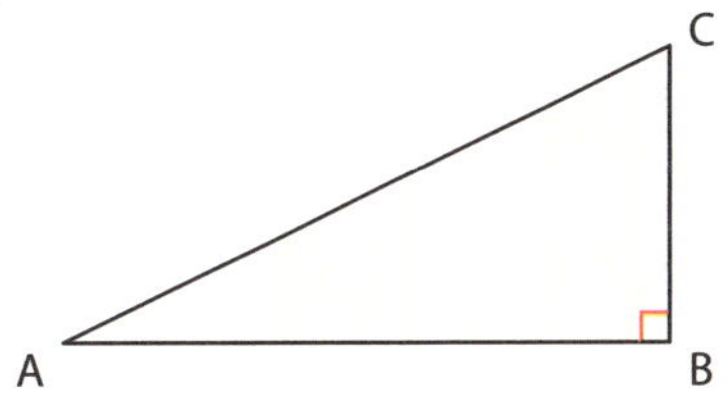

1 **Le triangle ABC est un triangle :**

☐ rectangle ☐ quelconque ☐ isocèle

2 **Dans un triangle rectangle, le côté opposé à l'angle droit s'appelle :**

☐ la diagonale ☐ l'hypoténuse ☐ la tangente

3 **Dans le triangle ABC, l'hypoténuse est le côté :**

☐ [AB] ☐ [BC] ☐ [AC]

4 **Un triangle DEF dont le côté [EF] est l'hypoténuse correspond au schéma :**

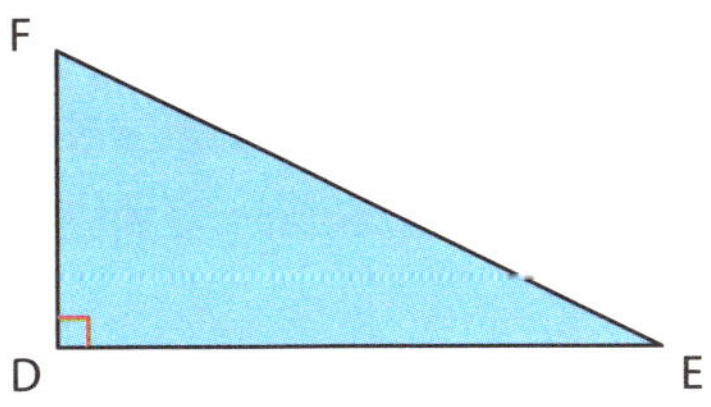

☐

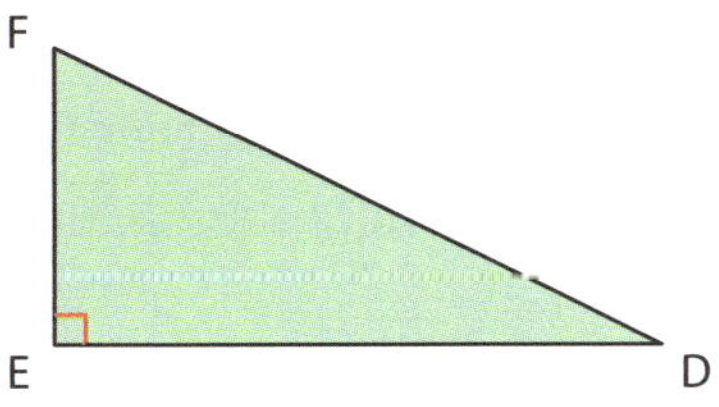

☐

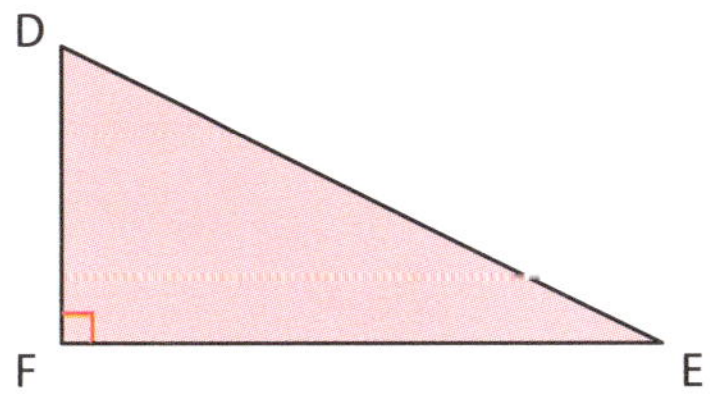

☐

5 **Dans un triangle, la somme des mesures des trois angles est égale à :**

☐ 90° ☐ 360° ☐ 180°

ACTIVITÉ 1 Établir les rapports trigonométriques

Se repérer dans un triangle rectangle

Luis souhaite se repérer dans un triangle rectangle.
Pour cela, il construit un triangle rectangle ABC qu'il légendera au fur et à mesure.

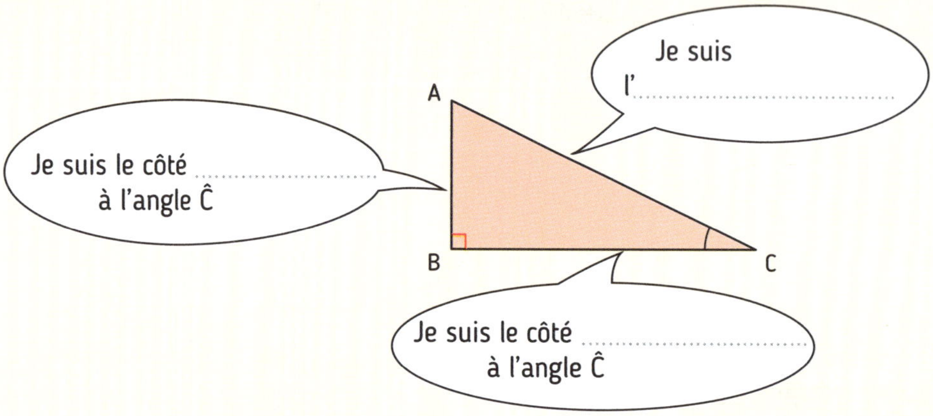

Que représentent les rapports $\frac{AB}{AC}$, $\frac{BC}{AC}$ et $\frac{AB}{BC}$?

S'approprier

1 Pourquoi peut-on dire que le triangle ABC est rectangle en B ?

....

Réaliser

2 Dans un triangle rectangle, on repère d'abord l'hypoténuse : c'est le côté opposé à l'angle droit.

Nommer le côté qui représente l'hypoténuse : ....

3 a. Compléter les égalités suivantes :

$\hat{A}+\hat{B}+\hat{C} =$ .... et $\hat{B} =$ ...., donc $\hat{A}+\hat{C} =$ ....

b. Cocher la bonne réponse.

Les angles $\hat{A}$ et $\hat{C}$ sont donc des angles : ☐ aigus ☐ obtus

> Un angle aigu mesure entre 0° et 90°. Un angle obtus mesure entre 90° et 180°.

4 Les rapports trigonométriques sont des relations entre les angles aigus et les côtés d'un triangle rectangle :

$$\textbf{sinus } \alpha = \frac{\text{côté opposé à l'angle } \alpha}{\text{hypoténuse}} \qquad \textbf{cosinus } \alpha = \frac{\text{côté adjacent à l'angle } \alpha}{\text{hypoténuse}}$$

$$\textbf{tangente } \alpha = \frac{\text{côté opposé à l'angle } \alpha}{\text{côté adjacent à l'angle } \alpha}$$

a. Compléter les bulles du schéma de l'énoncé avec les mots *hypoténuse* ; *opposé* ; *adjacent*.

b. Écrire les trois rapports trigonométriques appliqués au triangle ABC, rectangle en B, pour l'angle $\hat{C}$.

- $\sin \hat{C} =$ ....
- $\cos \hat{C} =$ ....
- $\tan \hat{C} =$ ....

Pour écrire un **rapport trigonométrique** dans un triangle rectangle, il faut identifier le côté opposé à l'angle droit (..........) et les côtés opposé et .... par rapport à l'angle considéré.

ACTIVITÉ 2

Utiliser les rapports trigonométriques

Des maths partout !

Un charpentier doit réaliser pour un de ses clients la charpente dont il a fait un schéma ci-contre. Elle est symétrique par rapport à la poutre [CD] et les poutres [CD] et [AB] sont perpendiculaires.
Comment calculer la longueur des poutres [AC], [CD] et [BC] ?

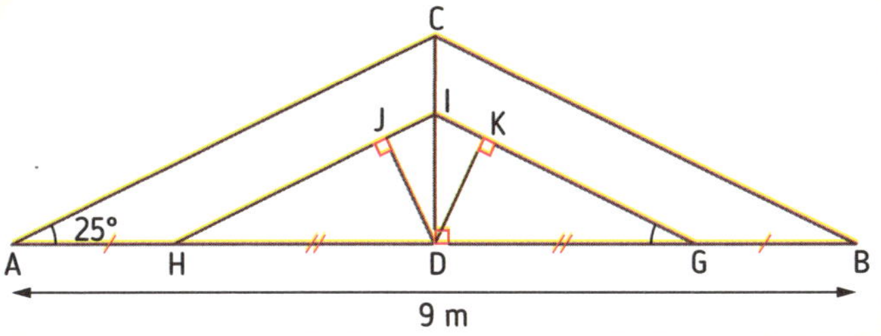

Analyser-Raisonner

1 **Dans le triangle ACD, par rapport à l'angle $\widehat{A}$, que représente le côté :**

a. [AC] ? .... b. [AD] ? .... c. [CD] ? ....

Réaliser

2 **Compléter les trois rapports trigonométriques appliqués au triangle ACD.**

• $\sin \widehat{A} =$ .... • $\cos \widehat{A} =$ .... • $\tan \widehat{A} =$ ....

3 **Recopier le rapport qui permet de calculer la longueur CD connaissant AD :** ....

MÉTHODE

Pour calculer le cosinus, le sinus ou la tangente d'un angle, on utilise la calculatrice.
Par exemple, pour calculer cos 60° :

Action	Casio fx-92 Spéciale Collège	TI-Collège Plus Solaire
Vérifier que la calculatrice est en mode degré (D ou DEG).	[SECONDE] [MENU CONFIG] [2] [1]	[mode] puis utiliser les touches du pavé directionnel pour sélectionner DEG. [entrer] [annul] pour valider la sélection et revenir au mode calcul.
Calculer le cosinus.	[cos] [6] [0] [)] [EXE]	[cos] [6] [0] [)] [entrer]

4 **Avec la calculatrice, calculer CD et arrondir à 0,01.**

....

5 **En utilisant un autre rapport de la question 2, calculer AC. Arrondir à 0,01.**

....

....

Valider/Communiquer

6 **En déduire la longueur de la poutre [BC]. Justifier la réponse.**

....

Connaissant les valeurs d'un angle et d'un côté d'un triangle rectangle, le **rapport trigonométrique** permet de calculer la longueur d'un autre ....

ACTIVITÉ 3

Déterminer la mesure d'un angle

Accès pour tous

Une boulangerie veut installer une rampe d'accès pour les personnes à mobilité réduite.
Le seuil de la porte est situé à 6 cm au-dessus du sol
Horizontalement, la longueur disponible est de 50 cm.
La norme impose que l'angle $\widehat{D}$ formé par la rampe avec l'horizontale soit inférieur à 7°.
Cette rampe est-elle conforme à la norme ?

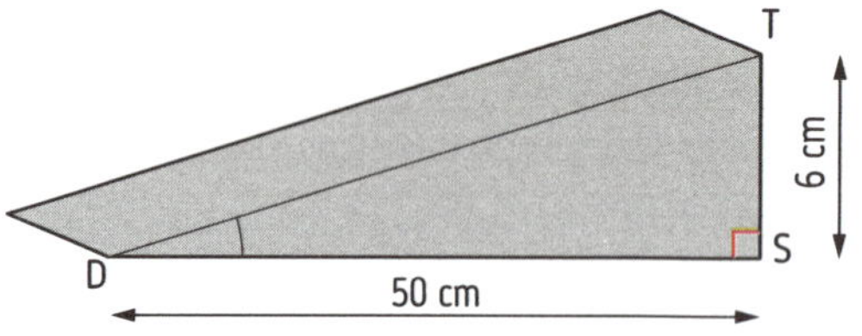

Les proportions ne sont pas respectées.

Réaliser

1 Compléter la figure ci-contre avec les mots :
hypoténuse, côté opposé, côté adjacent.
L'angle considéré est l'angle $\widehat{D}$.

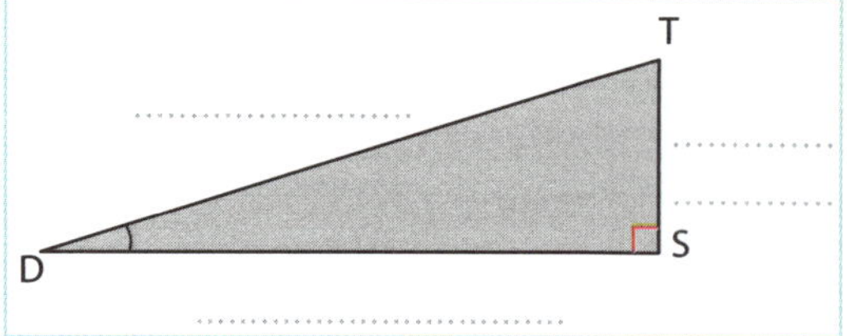

2 Compléter les deux rapports trigonométriques par rapport à l'angle $\widehat{D}$.

$\sin\widehat{D} = \dfrac{TS}{DT}$ $\cos\widehat{D} =$ .... $\tan\widehat{D} =$ ....

$\sin\widehat{D} = \dfrac{6}{DT}$ $\cos\widehat{D} =$ .... $\tan\widehat{D} =$ ....

3 Recopier le rapport qui permet de déterminer la mesure de l'angle $\widehat{D}$: ....

MÉTHODE

Pour déterminer la **mesure de l'angle** si l'on connaît son cosinus, son sinus ou sa tangente, on utilise la calculatrice. Par exemple, pour déterminer la mesure de $\widehat{A}$ tel que $\tan\widehat{A} = 1{,}5$:

Casio fx-92 Spéciale Collège	TI-Collège Plus Solaire
[SECONDE] [Arctan F / tan] [1] [,] [5] [)]	[2nde] [arctan / tan] [1] [,] [5] [)] [entrer =]

La calculatrice affiche $\widehat{A} \approx 56{,}3°$.

4 Avec la calculatrice, déterminer la mesure de l'angle $\widehat{D}$. Arrondir à 0,1.

....

Valider/Communiquer

5 Donner la mesure de l'angle formé par la rampe avec l'horizontale. ....

6 Cette rampe est-elle conforme à la norme ? Justifier.

....

Connaissant deux côtés dans un triangle rectangle, l'utilisation d'un **rapport trigonométrique** permet de déterminer la **mesure** ....

ACTIVITÉ 4

Calculer des mesures d'angles avec le tableur

En route !

Le viaduc de Millau est un pont inauguré en 2004. Sa construction a pris 3 ans : on a d'abord installé 7 pylônes (espacés de 342 m) puis on a construit le tablier (partie horizontale du pont où circulent les voitures). Entre deux pylônes, pour éviter que le tablier s'affaisse sous son propre poids, on a installé des haubans (câbles). Il y a 11 paires de haubans sur chaque pylône et ils sont symétriques par rapport au pylône qui les supporte.
On cherche à étudier l'angle que forment les haubans avec le pylône.

S'approprier

1 **Annoter le schéma ci-contre avec les mots : *tablier*, *pylône* et *hauban*.**

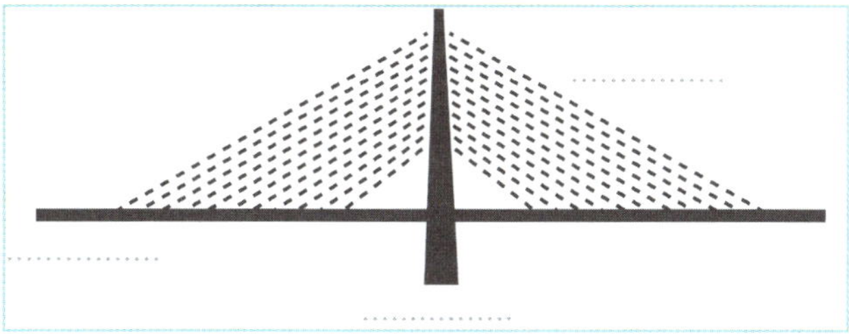

2 **Donner le nombre de haubans présents sur chaque pylône.**

....

Réaliser

Le schéma ci-contre représente la position du hauban le plus court.
On souhaite calculer l'angle $\widehat{A}$ d'inclinaison du hauban avec le pylône.

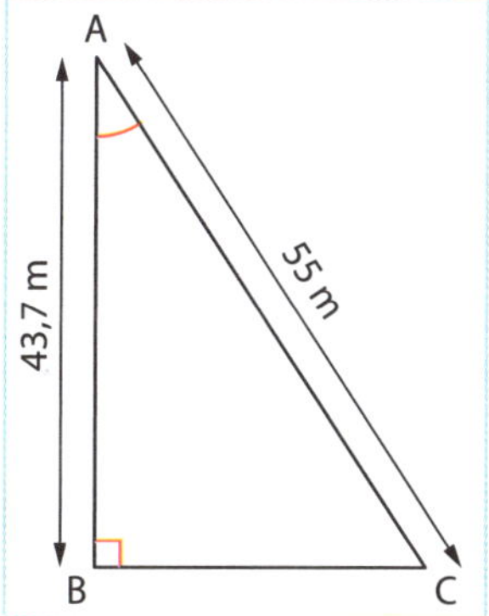

3 **Compléter les rapports trigonométriques pour l'angle $\widehat{A}$.**

$\sin \widehat{A} = \dfrac{BC}{AC}$ $\cos \widehat{A} =$ .... $\tan \widehat{A} =$ ....

$\sin \widehat{A} = \dfrac{BC}{55}$ $\cos \widehat{A} =$ .... $\tan \widehat{A} =$ ....

4 **Avec la calculatrice, déterminer la mesure de l'angle $\widehat{A}$. Arrondir à l'unité.**

....

5 Pour calculer les angles d'inclinaison des autres haubans, on peut utiliser le tableur. **Ouvrir le fichier fourni, qui donne les caractéristiques de la position des différents haubans.**

Fichier à télécharger
→ lienmini.fr/2375-63

6 **Afin de calculer les valeurs des angles, saisir en D2 la formule** `=DEGRES(ACOS(C2/B2))`**, puis copier la formule pour les autres cellules de la colonne D.**

Valider/Communiquer

7 **Comment varie l'angle d'inclinaison du hauban avec le pylône selon la position du hauban ?**

....

Le **tableur** permet de déterminer des .... à partir d'une .... utilisant un **rapport trigonométrique.**

Je fais le bilan

Je retiens l'essentiel

- Les **rapports trigonométriques** sont des relations entre les angles aigus et les côtés d'un **triangle rectangle**.

$$\text{sinus } \alpha = \frac{\text{côté opposé à l'angle } \alpha}{\text{hypoténuse}} \qquad \text{cosinus } \alpha = \frac{\text{côté adjacent à l'angle } \alpha}{\text{hypoténuse}}$$

$$\text{tangente } \alpha = \frac{\text{côté opposé à l'angle } \alpha}{\text{côté adjacent à l'angle } \alpha}$$

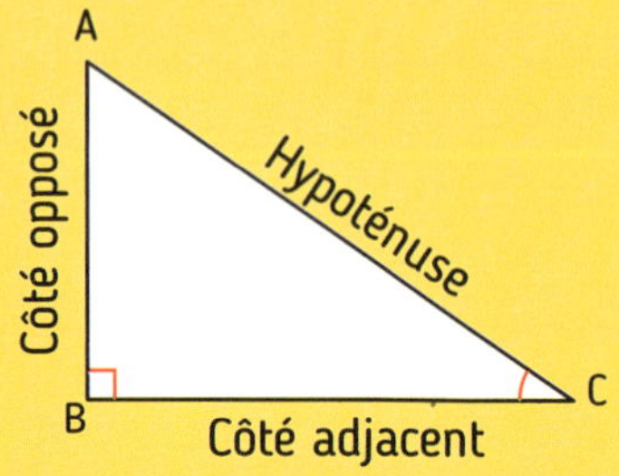

- Un moyen mnémotechnique pour retenir les formules de trigonométrie est l'expression : SOHCAHTOA.

Exemple : Pour l'angle $\hat{C}$, $\sin \hat{C} = \frac{AB}{AC}$; $\cos \hat{C} = \frac{BC}{AC}$; $\tan \hat{C} = \frac{AB}{BC}$

- Les touches sin, cos, tan d'une **calculatrice** permettent de calculer le sinus, le cosinus et la tangente d'un angle. Les touches Arcsin, Arccos et Arctan permettent de trouver la mesure d'un angle connaissant la valeur de son sinus, de son cosinus ou de sa tangente.

Je teste mes acquis

+ de tests en ligne
→ lienmini.fr/2375-64

Cocher la (ou les) bonne(s) réponse(s).

1 Les rapports trigonométriques s'utilisent dans un triangle :

☐ rectangle ☐ quelconque ☐ isocèle

2 Dans un triangle rectangle, le côté opposé à l'angle droit est :

☐ le côté le plus long ☐ l'hypoténuse ☐ le côté le plus court

3 Dans un triangle ABC rectangle en A, le côté adjacent à l'angle $\hat{C}$ est le côté :

☐ [AC] ☐ [BC] ☐ [AB]

4 Dans un triangle ABC rectangle en B tel que $\hat{A} = 55°$, la mesure de l'angle $\hat{C}$ est égale à :

☐ 25° ☐ 35° ☐ 45°

5 sin 90° est égal à :

☐ 0,9 ☐ 1 ☐ 0

6 Si $\cos \hat{A} = 0{,}5$, alors l'angle $\hat{A}$ a pour valeur :

☐ 60° ☐ 50° ☐ 40°

7 Si $\cos 30° = \frac{AB}{4}$, alors AB est égal à :

☐ $4 \times \cos 30°$ ☐ $4 + \cos 30°$ ☐ $\frac{\cos 30°}{4}$

8 Si $\sin 30° = \frac{6}{AB}$, alors la valeur de AB est égale à :

☐ 3 ☐ 6 ☐ 12

9 La valeur arrondie à 0,01 de tan 60° est égale à :

☐ 0,87 ☐ 1,73 ☐ 0,5

10 Si $\tan \hat{A} = 1{,}73$, alors l'angle $\hat{A}$ a pour mesure (arrondie à l'unité) :

☐ 60° ☐ 50° ☐ 40°

J'applique

Donner la valeur d'un cosinus, d'un sinus, d'une tangente

1 **Avec la calculatrice, compléter le tableau suivant. Arrondir les résultats à 0,01.**

α (en °)	0	30	45	60	90
cos α	....	....	....	....	....
sin α	....	....	....	....	....
tan α	....	....	....	....	

2 Antoine affirme que la valeur du sinus d'un angle aigu augmente avec la mesure de l'angle.

1. **Rappeler la définition d'un angle aigu.**

....

2. **Ouvrir une feuille de calcul d'un tableur, puis construire un tableau à deux colonnes comme ci-contre.** Dans la colonne **A**, l'angle varie de 1 en 1 jusqu'à 89°.

	A	B
1	**Angle α (en °)**	**sin α**
2	1	
3	2	
4	3	

3. **Pour calculer la valeur du sinus correspondant, saisir en B2 la formule** `=SIN(RADIANS(A2))` **et la copier sur l'ensemble des autres cellules de la colonne B.**
Observer les valeurs obtenues et conclure.

....

Donner la mesure d'un angle à partir d'un cosinus, d'un sinus, d'une tangente

3 **Avec la calculatrice, compléter le tableau suivant en calculant la valeur de l'angle α arrondie à l'unité.**

cos α	0,77	0	0,5	0,87
sin α	0,64	1	0,87	0,5
tan α	0,84		1,73	0,58
α (en °)	....	....	....	....

Déterminer la longueur d'un côté dans un triangle rectangle

4 Par rapport à l'angle $\hat{C}$ du triangle ci-contre, Johanna a écrit les trois relations trigonométriques suivantes :

$\cos 50° = \dfrac{AC}{15}$; $\tan 50° = \dfrac{AB}{AC}$; $\sin 50° = \dfrac{AB}{15}$

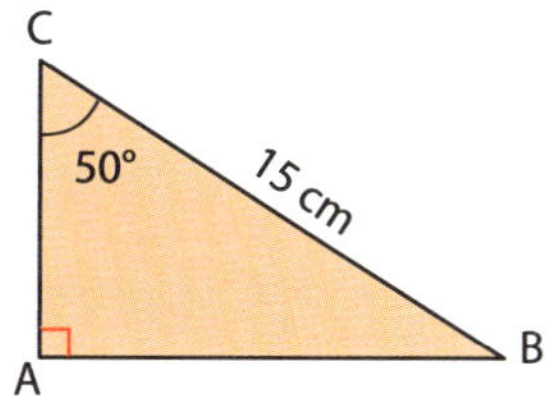

1. **Recopier la relation permettant de calculer AC.**

....

2. **Calculer AC. Arrondir à 0,1.**

....

3. **Recopier la relation permettant de calculer AB.**

....

4. **Calculer AB. Arrondir à 0,1.**

....

5 Des ingénieurs de l'Office national des forêts (ONF) repèrent un lot de pins destinés à la vente.
Ils estiment la hauteur *h* des arbres de ce lot, en plaçant leur œil au point O.
Ils ont relevé les données suivantes :
OA = 15 m ; $\widehat{SOA} = 45°$; $\widehat{AOP} = 25°$.

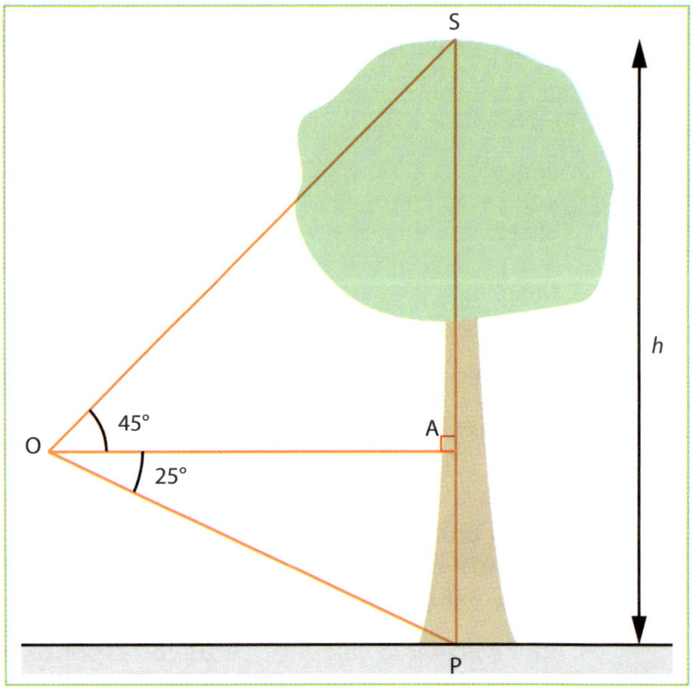

1. **Donner la relation entre *h*, AP et AS.**

....

2. **Dans le triangle AOP, donner l'expression de tan 25°.**

....

3. **À l'aide de l'expression précédente, calculer AP. Arrondir à l'unité.**

....

4. **Dans le triangle AOS, donner l'expression de tan 45°.**

....

5. **À l'aide de l'expression précédente, calculer AS.**

....

6. **En déduire la hauteur *h* de l'arbre (en m).**

....

Déterminer la mesure d'un angle dans un triangle rectangle

6 RST est un triangle rectangle en R tel que RT = 3,5 m et RS = 1,4 m. On souhaite connaître précisément la valeur de l'angle $\hat{S}$.

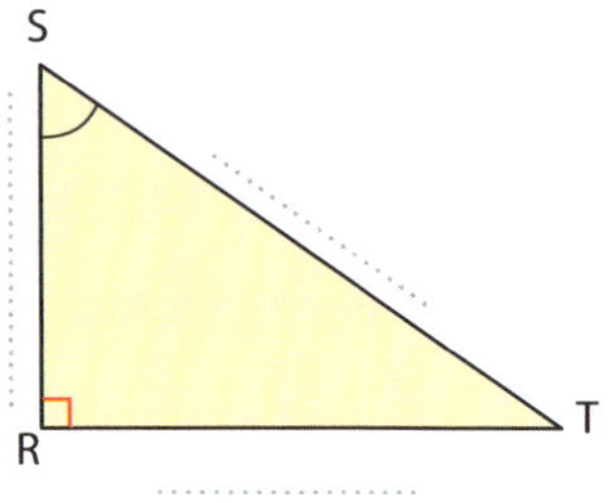

1. **Par rapport à l'angle $\hat{S}$ cherché, repérer le côté opposé, le côté adjacent et l'hypoténuse en annotant la figure ci-contre, qui n'est pas à l'échelle.**
2. **Écrire les trois rapports trigonométriques pour l'angle $\hat{S}$.**

....

....

3. **Calculer l'angle $\hat{S}$ en sélectionnant un des trois rapports trigonométriques précédents. Arrondir à 0,1.**

....

7 Le schéma ci-contre (qui n'est pas à l'échelle) représente une route inclinée à 5 %, c'est-à-dire qu'elle présente un dénivelé de 5 m sur 100 m.

Calculer l'angle d'inclinaison $\hat{C}$ (arrondi à 0,1°) de la route avec l'horizontale en complétant l'égalité suivante :

$\tan \hat{C} = \frac{AB}{BC}$ donc ....

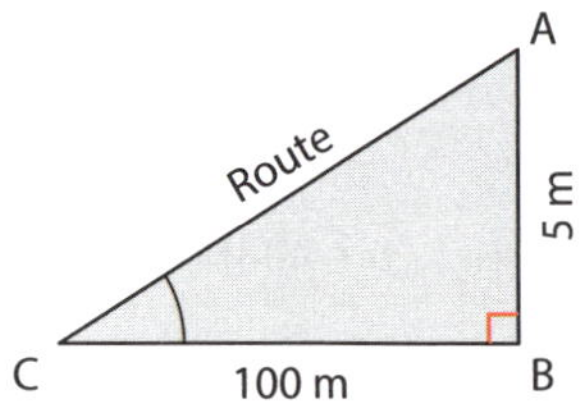

J'approfondis

8 Pauline cherche à calculer la mesure d'un angle du triangle ABC ci-contre. Elle effectue le calcul $\frac{4,5}{6}$.

1. **Donner la longueur de l'hypoténuse.**

....

2. **Pauline calcule-t-elle le sinus, le cosinus ou la tangente d'un des angles du triangle ?**

....

....

3. **De quel angle s'agit-il ? Donner sa mesure, arrondie au degré.**

....

....

....

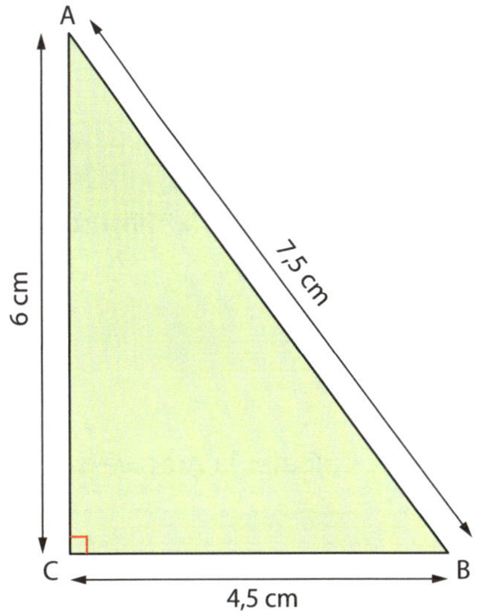

9 Le panneau routier ci-contre indique une descente dont la pente est de 10 %.
Cela signifie que, pour un déplacement horizontal de 100 mètres, le dénivelé est de 10 mètres.
Le schéma ci-dessous n'est pas à l'échelle.

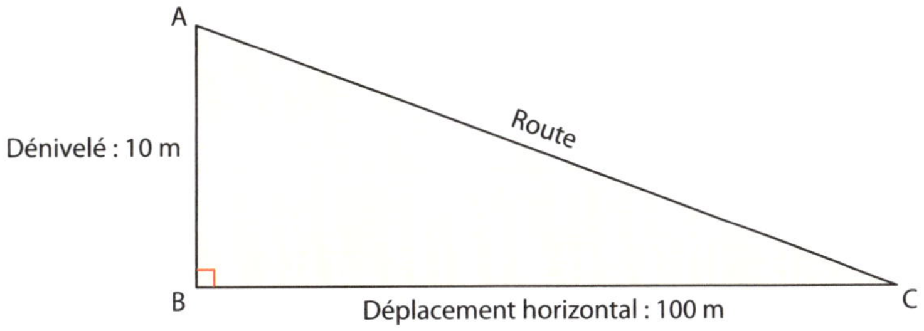

1. **Déterminer la mesure de l'angle $\widehat{BCA}$ que fait la route avec l'horizontale. Arrondir à l'unité.**

....

2. Dans certains pays, il arrive parfois que la pente d'une route ne soit pas donnée par un pourcentage, mais par une indication comme « 1 : 5 ». Cela veut dire que, pour un déplacement horizontal de 5 mètres, le dénivelé est de 1 mètre.

a. Calculer l'angle α que fait la route avec l'horizontale pour le panneau ① sachant que tan α = 15 %. Arrondir à 0,1.

....

b. Calculer l'angle β que fait la route avec l'horizontale pour le panneau ②, sachant que $\tan \beta = \frac{1}{5}$. Arrondir à 0,1.

....

c. En déduire le panneau qui indique la pente la plus forte.

....

....

J'approfondis

10 On considère le triangle ABC ci-contre. Les cotes sont données en cm.

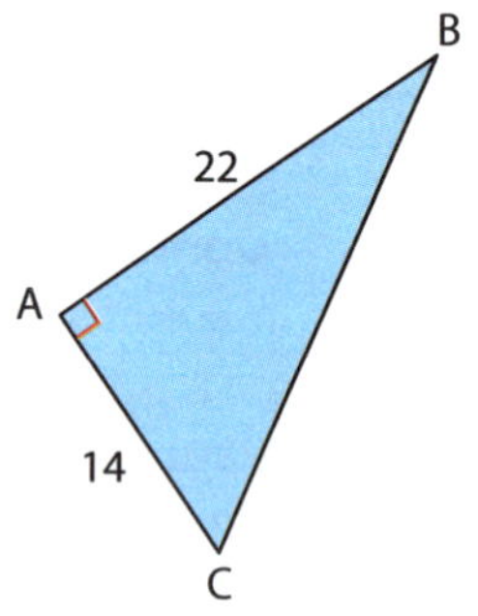

1. **Calculer la mesure de l'angle $\widehat{ACB}$. Arrondir à 0,1.**

....

....

2. **En déduire la mesure de l'angle $\widehat{ABC}$.**

....

....

....

3. **Calculer la mesure du côté [BC]. Arrondir à l'unité.**

....

....

....

Calcul numérique

+ de calculs en ligne

→ lienmini.fr/2375-65

Simplifier une fraction

Fiche 11, p. 189

11 **Exprimer sous forme de fraction irréductible la tangente des trois angles coloriés en complétant les trois égalités suivantes.** L'unité est le carreau.

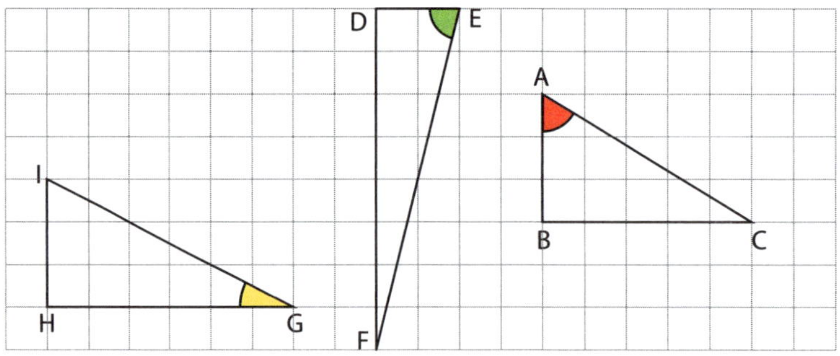

tan $\hat{G}$ = ... tan $\hat{E}$ = ... tan $\hat{A}$ = ...

Arrondir un résultat

Fiche 8, p. 188

12 **Compléter le tableau suivant avec la calculatrice.**

	Arrondir à l'unité	Arrondir à 0,1	Arrondir à 0,01	Arrondir à 0,001
sin 60°	....	....	....	....
cos 45°	....	....	....	....
tan 50°	....	....	....	....
cos 25°	....	....	....	....

Je m'évalue

Nom : ....

Prénom : ....

Date : ....

Problématique

Kenza et Guillaume souhaitent repeindre leur appartement à l'aide d'une échelle. Sur la notice de l'échelle, figure le texte suivant :

« Donner un angle suffisant par rapport au sol (recommandations de l'Organisme professionnel de prévention du bâtiment et des travaux publics : entre 70,5° et 75,5°). Ne pas dresser une échelle trop verticalement, afin d'éviter son basculement en arrière. »

Guillaume explique à Kenza que, pour placer l'échelle en toute sécurité, il faut utiliser le test du coude.

Le test du coude est-il une bonne méthode pour s'assurer du positionnement correct d'une échelle ?

A Une expérience

1 Le test du coude est schématisé ci-dessous :

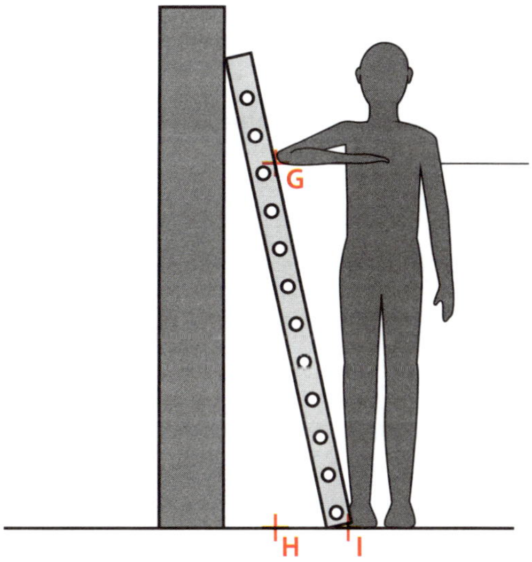

a. Dire à quelle partie du corps correspondent les distances suivantes :

- **HI :** ....
- **GH :** ....

b. À quoi correspond l'angle α ?

....

c. Quelles valeurs doit prendre l'angle α pour travailler en toute sécurité ? ....

2 Guillaume veut montrer à Kenza le test du coude.
Pour cela, il demande à Kenza de se positionner contre l'échelle comme sur le schéma précédent, puis il mesure GH et HI.
Il obtient HI = 0,35 m et GH = 1,30 m.

Je m'évalue

a. Dans le triangle rectangle GHI, sélectionner, en le cochant, le rapport trigonométrique permettant de calculer l'angle α.

☐ $\cos \alpha = \frac{HI}{GI}$ ☐ $\tan \alpha = \frac{GH}{HI}$ ☐ $\sin \alpha = \frac{GH}{GI}$

b. Calculer, en détaillant les étapes, la mesure de l'angle α. Arrondir à 0,1.

....

3 La démonstration de Guillaume est-elle concluante ? Justifier.

....

B Avec le tableur

Kenza pense qu'il faudrait réaliser plusieurs fois l'expérience pour s'assurer de la validité du test du coude. Pour cela, elle demande à ses collègues de faire le test.
Elle collecte les différents résultats dans un fichier tableur.

Fichier à télécharger
→ lienmini.fr/2375-66

4 Ouvrir le fichier fourni et indiquer à quoi correspondent les résultats.

....

5 Pour traiter les différents résultats, suivre les étapes indiquées.

- Saisir dans la cellule **D2** la formule `=B2/C2`.
- Copier la formule sur l'ensemble de la colonne **D**.
- Saisir dans la cellule **E2** la formule `=DEGRES(ATAN(D2))`.
- Copier la formule sur l'ensemble de la colonne **E**.
- Sélectionner l'ensemble des cellules de **D2** à **E12** et régler le format des cellules afin d'avoir un seul chiffre après la virgule.

Appel : **Faire vérifier le fichier.**

6 Le résultat obtenu à la question 3 est-il confirmé par le tableur ? ....

7 En considérant qu'il peut y avoir des erreurs de mesure, peut-on dire que le test du coude est fiable pour s'assurer du bon positionnement de l'échelle ? Justifier.

....

Grille d'évaluation

Compétences	Capacités	Questions	Niveau d'acquisition conforme aux attendus ✗	✓	✓
S'approprier	• **Rechercher**, **extraire** et **organiser** l'information.	1 et 4			
Analyser Raisonner	• **Émettre** une conjecture, une hypothèse. • **Proposer** une méthode de résolution, un protocole expérimental.	2 a.			
Réaliser	• **Choisir** une méthode de résolution, un protocole expérimental. • **Exécuter** une méthode de résolution, **expérimenter**, **simuler**.	2 b. et 5 (Appel)			
Valider	• **Contrôler** la vraisemblance d'une conjecture, d'une hypothèse. • **Critiquer** un résultat, **argumenter**.	3 et 6			
Communiquer	• **Rendre compte** d'une démarche, d'un résultat, à l'oral ou à l'écrit.	7			

Note : .... / 10

Je prépare le CCF 1

Durée : 30 minutes.
Les parties sont indépendantes.

Nom : ....

Prénom : ....

Date : ....

Domaines de connaissances
Calcul numérique • Repérage • Proportionnalité • Statistiques

Le lait

Problématique

Le lait est un composant essentiel de l'alimentation humaine aux différents âges de la vie. Ainsi, le jeune enfant (de 6 à 12 mois) le consomme sous forme de lait conditionné et l'adulte plutôt sous forme de fromages et de beurre.
Pourquoi les médecins déconseillent-ils fortement le lait de soja au profit du lait de vache chez le jeune enfant ? Est-il exact que les Français consomment plus de 25 % de la production de lait sous forme de fromages et de beurre ?

A Comparaison des qualités nutritionnelles de deux types de lait

Le tableau ci-dessous indique les valeurs nutritionnelles en protéines et en calcium de deux types de lait selon leur origine, végétale ou animale.

Valeurs nutritionnelles pour 100 mL / Type de lait	Protéines	Calcium
Lait de soja	3,6 g	25 mg
Lait de vache	3,5 g	120 mg

1 Cocher la bonne réponse.
Le lait qui a la plus grande teneur en calcium est le :
☐ lait de soja ☐ lait de vache

2 Rédiger une phrase précisant la teneur en calcium, en mg pour 100 mL, de ce lait.

....

3 Compléter les tableaux de proportionnalité suivants.

a. Pour le lait de vache :

	Protéines	Calcium
Pour 100 mL	3,5 g	120 mg
Pour 500 mL	....	....

× ......

b. Pour le lait de soja :

	Protéines	Calcium
Pour 100 mL	3,6 g	25 mg
Pour 500 mL	....	....

4 Un enfant de 6 à 12 mois consomme en moyenne 500 mL de lait par jour. L'apport nutritionnel minimal conseillé par jour à cet âge de la vie est de 10 g de protéines et de 500 mg de calcium.
À l'aide des résultats obtenus, expliquer pourquoi les médecins recommandent le lait de vache dans l'alimentation du jeune enfant de 6 à 12 mois.

....

....

B Analyse d'une infographie

L'infographie ci-contre donne la répartition annuelle de la production de lait, en tonnes, en France.

5 À l'aide de l'infographie, cocher la bonne réponse.

La production annuelle de lait consacrée aux fromages et au beurre, en milliers de tonnes, est de :

☐ 1 632 ☐ 2 296 ☐ 3 546

6 À l'aide d'un tableur-grapheur, réaliser le diagramme circulaire de cette série statistique. Pour cela, suivre les étapes pas à pas.

Fichier à télécharger → lienmini.fr/2375-71

- Ouvrir le fichier fourni.
- Sélectionner les cellules **A2** jusqu'à **B7** en maintenant appuyé le clic gauche de la souris.

Avec Excel	Avec Calc
• Dans l'onglet Insertion, sélectionner Tous types de graphique et choisir l'icône Secteurs. • Choisir l'icône dans l'onglet Disposition du graphique pour accéder directement à la répartition des productions de lait en pourcentage.	• Cliquer sur l'icône Diagramme et choisir Secteur. • Cliquer sur Suivant à chaque étape, puis sur Terminer. • Sélectionner le graphique obtenu par un double clic, puis faire un clic droit sur un des secteurs du graphique. • Sélectionner Insérer des étiquettes de données et choisir l'affichage en pourcentage.

Appel : **Faire vérifier le diagramme circulaire.**

7 Écrire le calcul qui permet de déterminer le pourcentage représenté par les fromages et le beurre dans la production totale de lait en France : ....

8 L'information selon laquelle les fromages et le beurre représentent plus de 25 % de la production de lait en France est-elle exacte ? Justifier.

....

Grille d'évaluation

Compétences	Capacités	Questions	Niveau d'acquisition conforme aux attendus ✔ (rouge)	✔ (orange)	✔ (vert)
S'approprier	• **Rechercher**, **extraire** et **organiser** l'information.	1			
Analyser Raisonner	• **Émettre** une conjecture, une hypothèse. • **Proposer** une méthode de résolution, un protocole expérimental.	5			
Réaliser	• **Choisir** une méthode de résolution, un protocole expérimental. • **Exécuter** une méthode de résolution, **expérimenter**, **simuler**.	3, 4, 6 Appel et 7			
Valider	• **Contrôler** la vraisemblance d'une conjecture, d'une hypothèse. • **Critiquer** un résultat, **argumenter**.	4			
Communiquer	• **Rendre compte** d'une démarche, d'un résultat, à l'oral ou à l'écrit.	2, 4 et 8			

Note : .... **/ 10**

Je prépare le CCF 2

Durée : 30 minutes.
Les parties sont indépendantes.

Domaines de connaissances
Calcul numérique • Repérage • Géométrie dans l'espace

Nom : ....
Prénom : ....
Date : ....

Le chauffage d'une maison

Problématique

M. et Mme Dupont habitent à Givry (altitude : 355 m) dans le département de la Saône-et-Loire. Ils possèdent une maison de 110 m². Ils ont agrandi leur maison en ajoutant une extension (en violet sur le schéma ci-contre).

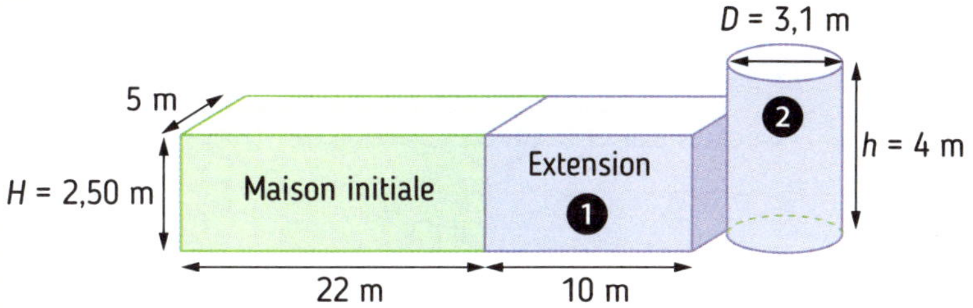

Les proportions ne sont pas respectées

Ils possèdent une chaudière de 24 kW pour chauffer leur maison.
Avec l'extension, la puissance de cette chaudière sera-t-elle suffisante ?

A Température

La température extérieure minimale régionale dépend de l'altitude et du lieu d'habitation. Elle est donnée par le tableau suivant.

Altitude \ Zone	A	B	C	D	E	F	G	H	I
0 à 200 m	−2	−4	−5	−7	−8	−9	−10	−12	−15
201 à 400 m	−4	−5	−6	−8	−9	−10	−11	−13	−15
401 à 600 m	−6	−6	−7	−9	−11	−11	−13	−15	−19
601 à 800 m	−8	−7	−8	−11	−13	−12	−14	−17	−21
801 à 1 000 m	−10	−8	−9	−13	−15	−13	−17	−19	−23

1. **Donner l'altitude de l'habitation de M. et Mme Dupont :** ....

2. Les départements sont classés par zone de température. Les zones s'étendent de A (la moins froide) à I (la plus froide). La Saône-et-Loire se situe en zone G.
À l'aide du tableau, connaissant la zone et l'altitude, entourer et noter la température extérieure minimale régionale T_e : ....

B Volume

3. On considère d'abord la maison initiale.

a. **À l'aide de l'énoncé, relever :**

• **la hauteur de la maison :** $H =$ ....

• **l'aire au sol de la maison en m² :** $B =$ ....

b. **En déduire le volume $\mathcal{V}_3$ de la maison initiale à l'aide de la formule $\mathcal{V} = B \times H$.**

....

4. On considère maintenant l'extension de la maison.

a. **Donner le nom des deux formes géométriques 1 et 2 qui constituent l'extension.**

....

b. À l'aide du fichier fourni, construire l'extension afin d'en déterminer le volume.

- Cliquer sur le Graphique 3D pour avoir les icônes correspondant à cette fenêtre.
- Sélectionner Extrusion Prisme/Cylindre (menu déroulant visible depuis l'icône Pyramide).
- Cliquer sur le rectangle du Graphique 3D. Le logiciel demande la hauteur : taper H.
- Sélectionner Extrusion Prisme/Cylindre (menu déroulant visible depuis l'icône Pyramide).
- Cliquer sur le cercle du Graphique 3D. Le logiciel demande la hauteur : taper h.
- Cliquer sur la fenêtre de gauche afin de régler les curseurs h et H aux valeurs de l'énoncé.
- Cliquer sur le Graphique 3D et sélectionner Volume (menu déroulant visible depuis l'icône Angle).
- Cliquer sur chacun des solides et noter leur volume en m^3 en arrondissant à l'unité.

Fichier à télécharger
→ lienmini.fr/2375-77

$\mathcal{V}_1$ = ... $\mathcal{V}_2$ = ...

Appel : Faire vérifier la construction et les résultats obtenus.

c. Montrer que le volume total $\mathcal{V}$ de la maison est égal à 430 m^3.

....

C Puissance

La puissance théorique nécessaire P (en W) pour chauffer une habitation s'évalue à partir de la formule $P = C \times \mathcal{V} \times (T_s - T_e)$ avec :
T_s : température souhaitée (en °C) ; T_e : température extérieure minimum régionale (en °C) ;
C : coefficient d'isolation de la maison (en unités SI) ; $\mathcal{V}$: volume de la maison (en m^3).
Le coefficient d'isolation C de la maison est égal à 1,2. La température souhaitée T_s est de 20°C.

5 À l'aide de la formule, calculer la puissance nécessaire pour chauffer l'habitation, sachant que $(T_s - T_e) = 31$.

....

6 M. et Mme Dupont peuvent-ils garder leur chaudière ? Justifier.

....

Grille d'évaluation

Compétences	Capacités	Questions	Niveau d'acquisition conforme aux attendus ✔ (rouge)	✔ (orange)	✔ (vert)
S'approprier	• **Rechercher**, **extraire** et **organiser** l'information.	1, 2, 3 a. et 4 a.			
Analyser Raisonner	• **Émettre** une conjecture, une hypothèse. • **Proposer** une méthode de résolution, un protocole expérimental.	3			
Réaliser	• **Choisir** une méthode de résolution, un protocole expérimental. • **Exécuter** une méthode de résolution, **expérimenter**, **simuler**.	3 b., 4 b. (Appel) et 5			
Valider	• **Contrôler** la vraisemblance d'une conjecture, d'une hypothèse. • **Critiquer** un résultat, **argumenter**.	4 c. et 6			
Communiquer	• **Rendre compte** d'une démarche, d'un résultat, à l'oral ou à l'écrit.	6			

Note : .... / 10

Durée : 30 minutes.
Les parties sont indépendantes.

Nom : ....
Prénom : ....
Date : ....

Domaines de connaissances
Calcul numérique • Géométrie plane • Propriétés de la géométrie plane • Proportionnalité

Entretien d'une crèche

Problématique

Une ville vient d'achever la construction d'une crèche. Un agent d'entretien est chargé de nettoyer chaque soir l'ensemble de la crèche.
Un seau contenant de l'eau et du détergent peut laver efficacement au maximum une surface de 36 m^2. L'agent sait qu'il doit laver la crèche avec 5 seaux.
Comment doit-il s'organiser ?

A Composition géométrique de la crèche

La crèche se compose de cinq pièces correspondant à cinq figures planes simples.

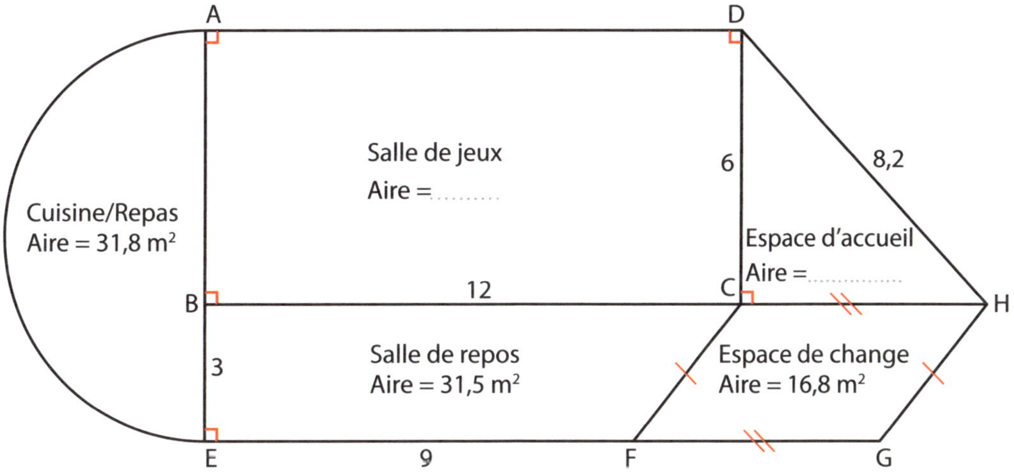

Le schéma n'est pas à l'échelle. Les cotes sont exprimées en mètres.

1 **Indiquer la nature de la figure géométrique correspondant aux pièces suivantes.**

- la salle de jeux : ....
- l'espace d'accueil : ....
- l'espace de change : ....

2 On souhaite calculer la longueur CH.

a. Cocher l'outil nécessaire pour calculer cette longueur.

☐ Trigonométrie ☐ Propriété de Pythagore ☐ Propriété de Thalès

b. À l'aide de la formule $CD^2 + CH^2 = DH^2$, calculer, en m, la longueur CH. Arrondir à 0,01.

....

....

c. SCRATCH **Vérifier la valeur de CH à l'aide du programme Scratch fourni, qui utilise la réciproque de la propriété de Pythagore.**

Fichier à télécharger
→ lienmini.fr/2375-79

Appel : **Faire vérifier la valeur obtenue.**

3 Afin d'organiser le nettoyage du sol de la crèche, il est nécessaire de connaître l'aire de chaque pièce ainsi que l'aire totale de la crèche.

a. Compléter le tableau en indiquant le calcul et le résultat. Prendre CH = 5,6 m.

	Formule de l'aire	Aire (en m²)
Salle de jeux	$\mathcal{A} = L \times \ell$	....
Espace d'accueil	$\mathcal{A} = (B \times h)/2$	....

b. Reporter les deux valeurs d'aires sur le plan de la crèche.

c. Indiquer le calcul permettant de vérifier que l'aire totale de la crèche est de 168,9 m².

....

B Répartition des seaux

4 On souhaite calculer le nombre de seaux nécessaires pour laver l'ensemble de la crèche.

a. Rappeler la surface que l'on peut nettoyer avec un seau : ....

b. Avec l'aire totale de la crèche, calculer le nombre de seaux nécessaires. Arrondir à l'unité.

....

c. Le résultat précédent est-il en accord avec celui donné par l'agent ? ....

5 On se demande quelle stratégie doit adopter l'agent d'entretien pour nettoyer la crèche afin de remplir les deux contraintes : 5 seaux et 36 m² par seau.

a. La méthode « Changer de seau à chaque changement de pièce » remplit-elle la contrainte des 36 m² ?

....

b. Compléter la répartition suivante en indiquant la (ou les) pièce(s) concernée(s) pour chaque seau.

- Seau 1 : ....
- Seau 2 : ....
- Seau 3 : ....
- Seau 4 : ....
- Seau 5 : ....

Grille d'évaluation

Compétences	Capacités	Questions	Niveau d'acquisition conforme aux attendus		
S'approprier	• **Rechercher**, **extraire** et **organiser** l'information.	1 et 4 a.			
Analyser Raisonner	• **Émettre** une conjecture, une hypothèse. • **Proposer** une méthode de résolution, un protocole expérimental.	2 a. et 5 b.			
Réaliser	• **Choisir** une méthode de résolution, un protocole expérimental. • **Exécuter** une méthode de résolution, **expérimenter**, **simuler**.	2 b. et c., 3 a. et 4 b.			
Valider	• **Contrôler** la vraisemblance d'une conjecture, d'une hypothèse. • **Critiquer** un résultat, **argumenter**.	4 c. et 5 a.			
Communiquer	• **Rendre compte** d'une démarche, d'un résultat, à l'oral ou à l'écrit.	2 b. et 3 b.			

Note : .... / 10

Durée : 30 minutes.
Les parties sont indépendantes.

Nom : ....

Prénom : ....

Date : ....

Domaines de connaissances

Calcul numérique • Géométrie plane • Proportionnalité • Statistiques

Le flacon de parfum

Problématique

Un parfumeur célèbre lance sur le marché son dernier parfum dans un flacon épuré. Une étiquette de forme rectangulaire est incrustée dans la face en verre du flacon aux dimensions suivantes :
longueur L : 6,8 cm; largeur ℓ : 3,6 cm ; hauteur h : 4,2 cm.
Le prix de vente est fixé à 80 €.
Le service marketing de ce parfumeur établit que le parfum peut faire partie des meilleures ventes s'il répond à :
– un critère esthétique : l'aire de l'étiquette portant le nom du parfum ne doit pas excéder 30 % de l'aire de la face avant du flacon ;
– un critère d'achat : le prix de vente doit correspondre au prix moyen du parfum précédent.
Ces critères sont-ils respectés ?

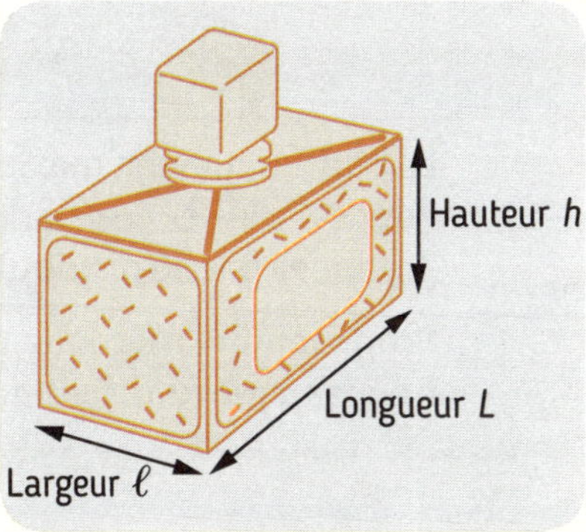

A Caractéristiques du flacon

1 On représente le schéma de la face avant du flacon du parfum à l'échelle 1/1.

Placer sur le schéma les points B′ et C′, symétriques respectifs des points B et C par rapport à l'axe de symétrie (*d*).

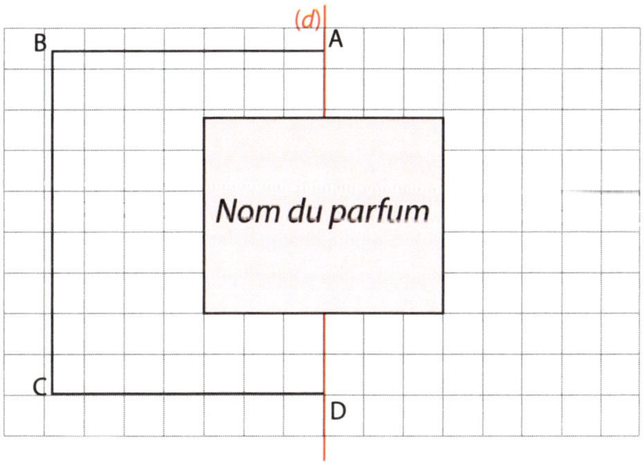

Aire d'un rectangle = longueur × largeur

2 **Compléter le schéma de la face avant du flacon de parfum.**

3 **Déterminer l'aire de la face avant du flacon, en cm².**

....

4 **Mesurer sur le schéma la longueur et la largeur de l'étiquette indiquant le nom du parfum.**

• Longueur : .... • Largeur : ....

5 **Vérifier que l'aire $\mathcal{A}$ de l'étiquette portant le nom du parfum est de 7,2 cm².**

....

....

6 On admet que l'aire de la face avant du flacon de parfum est de 28,56 cm^2.
Déterminer la proportion, en %, que représente l'aire de l'étiquette par rapport à l'aire de la face avant du flacon de parfum. Arrondir le résultat à l'unité.

....

7 **Le critère esthétique est-il respecté ? Justifier.**

....

B Détermination du juste prix du nouveau parfum

Le parfumeur veut que le prix de vente de ce nouveau parfum soit égal au prix moyen du précédent. Pour cela, le service marketing du parfumeur lui fournit les données statistiques des prix de vente pratiqués par 50 distributeurs de la marque.

8 **Proposer une méthode permettant de déterminer le prix de vente à fixer pour commercialiser le nouveau parfum. Rédiger une proposition.**

....

....

Appel n° 1 : **Faire valider la méthode utilisée.**

9 **Ouvrir le fichier fourni. Déterminer le prix moyen d'un flacon dans la cellule B12 en utilisant l'outil** `=moyenne(plage de données)`**. Arrondir au centime d'euro.**

Fichier à télécharger
→ lienmini.fr/2375-81

Prix moyen : ....

Appel n° 2 : **Faire vérifier la détermination du prix moyen.**

10 **Le prix de vente de 80 € correspond-il au prix de vente moyen du parfum précédent ?**

....

Grille d'évaluation

Compétences	Capacités	Questions	Niveau d'acquisition conforme aux attendus ✗	✓	✓
S'approprier	• **Rechercher**, **extraire** et **organiser** l'information.	1 et 4			
Analyser Raisonner	• **Émettre** une conjecture, une hypothèse. • **Proposer** une méthode de résolution, un protocole expérimental.	8 Appel n° 1			
Réaliser	• **Choisir** une méthode de résolution, un protocole expérimental. • **Exécuter** une méthode de résolution, **expérimenter**, **simuler**.	2, 3, 6 et 9 Appel n° 2			
Valider	• **Contrôler** la vraisemblance d'une conjecture, d'une hypothèse. • **Critiquer** un résultat, **argumenter**.	5 et 7			
Communiquer	• **Rendre compte** d'une démarche, d'un résultat, à l'oral ou à l'écrit.	7, 8, 9 Appel n° 2 et 10			
			Note : .... / 10		

Je prépare le CCF 5

Durée : 30 minutes.
Les parties sont indépendantes.

Nom : ....

Prénom : ....

Date : ....

Domaines de connaissances

Calcul numérique • Proportionnalité • Géométrie dans l'espace

Installation d'un chauffe-eau

Problématique

Le premier chantier d'Ivan, stagiaire chez un plombier, consiste à prévoir l'installation d'un chauffe-eau électrique de 200 L. Ce chauffe-eau est alimenté en eau par des tuyaux en cuivre. Ivan affirme que le prix y des tuyaux (en €) est proportionnel à leur longueur x (en m). De plus, en découvrant les dimensions du chauffe-eau, il pense qu'il est impossible qu'il puisse contenir 200 L d'eau.

A-t-il raison ?

A Prix des tuyaux en cuivre

1 En regardant ses précédentes factures, Ivan en déduit le tableau ci-dessous.
Compléter le tableau en positionnant x et y sur la bonne ligne.

Longueur (en m)	....	2,4	3,20	4,10
Prix (en €)	....	13,44	17,92	22,96

2 On cherche à déterminer s'il existe une relation algébrique entre y et x.

- **Ouvrir le fichier fourni.**
- **Sélectionner les valeurs, puis choisir l'outil Statistiques à 2 variables.**
- **Une nouvelle fenêtre apparaît : cliquer sur Analyse.**
- **Un graphique apparaît. Choisir un modèle d'ajustement linéaire.**

Fichier à télécharger
→ lienmini.fr/2375-83

Appel n° 1 : **Faire vérifier l'ajustement.**

3 **Écrire la relation algébrique donnée par le logiciel.**

....

4 **Cocher la bonne réponse.**

La fonction linéaire $f(x)$ représentant l'évolution du prix en fonction de la longueur x est :

☐ $f(x)=\frac{5,6}{x}$ ☐ $f(x)=\frac{x}{5,6}$ ☐ $f(x)=5,6x$

5 **Peut-on dire, comme l'affirme Ivan, que le prix est proportionnel à la longueur ? Justifier.**

....

....

B Contenance du chauffe-eau

Le chauffe-eau peut être matérialisé par le solide ci-contre. Les dimensions extérieures sont indiquées sur le schéma.

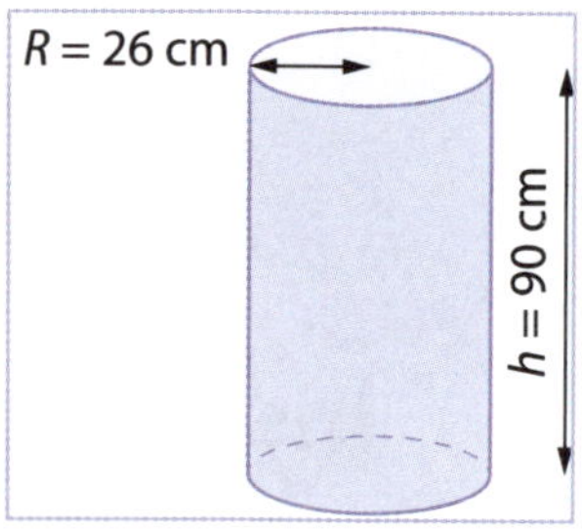

6 **Cocher la bonne réponse.** Le solide associé à cet objet est un :

☐ parallélépipède rectangle ☐ cube ☐ cylindre

7 Le volume du chauffe-eau de rayon R et de hauteur h est donné par la formule $\mathcal{V} = \pi \times R^2 \times h$.

Calculer le volume extérieur $\mathcal{V}$ (en cm³) du chauffe-eau. Arrondir à l'unité.

....

Appel n° 2 : **Montrer le calcul du volume.**

8 **Placer la valeur trouvée dans le tableau de conversion suivant et donner la valeur du volume $\mathcal{V}$ en dm³, arrondi à l'unité.**

m³			dm³			cm³			mm³		
......	......	......	......	......	......	......	......	......	......	......	......

$\mathcal{V} \approx$ ....

9 **Sachant que 1 dm³ = 1 L, en déduire le volume total d'eau (en L) que peut contenir le chauffe-eau.**

....

10 **Ivan a-t-il raison ? Justifier.**

....

....

Grille d'évaluation

			Niveau d'acquisition conforme aux attendus		
Compétences	Capacités	Questions	✔ (rouge)	✔ (orange)	✔ (vert)
S'approprier	• **Rechercher**, **extraire** et **organiser** l'information.	1, 7 et 8			
Analyser Raisonner	• **Émettre** une conjecture, une hypothèse. • **Proposer** une méthode de résolution, un protocole expérimental.	4 et 6			
Réaliser	• **Choisir** une méthode de résolution, un protocole expérimental. • **Exécuter** une méthode de résolution, **expérimenter**, **simuler**.	2 appel n° 1 7 appel n° 2 et 8			
Valider	• **Contrôler** la vraisemblance d'une conjecture, d'une hypothèse. • **Critiquer** un résultat, **argumenter**.	3, 9 et 10			
Communiquer	• **Rendre compte** d'une démarche, d'un résultat, à l'oral ou à l'écrit.	2, 5 et 10			
			Note : .... / 10		

Durée : 30 minutes.
Les parties sont indépendantes.

Nom : ....

Prénom : ....

Date : ....

Domaines de connaissances
Calcul numérique • Géométrie dans l'espace • Notions de chance ou de probabilité

Changement d'un radiateur

Problématique

Arthur profite de la rénovation de sa chambre, dont la hauteur sous plafond *h* est de 2,5 m, pour changer son radiateur. Le plan de la chambre est donné ci-contre. Le vendeur du magasin conseille à Arthur de prévoir 40 W pour 1 m^3 chauffé. Voici les caractéristiques des radiateurs disponibles :

Modèle A	Modèle B	Modèle C
500 W	1 000 W	1 500 W
220 €	250 €	295 €

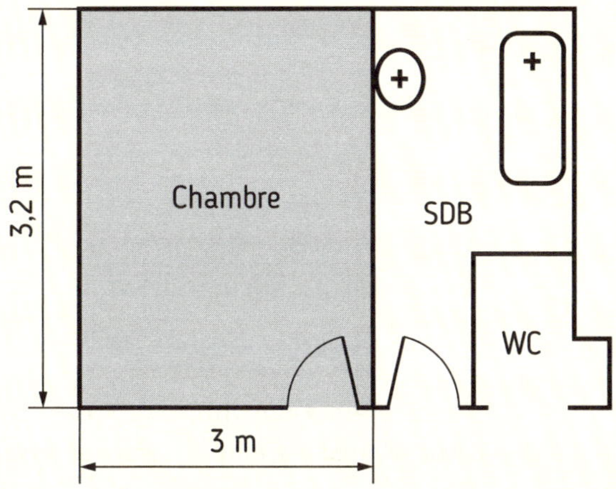

Par ailleurs, le magasin organise un jeu sous forme de tickets à gratter qui permet de gagner des bons d'achat allant jusqu'à 70 €.

Quel radiateur Arthur devra-t-il choisir ?
Quelle chance aura-t-il de bénéficier d'un ticket gagnant ?

A Choix du radiateur

1 **Proposer une méthode pour aider Arthur à choisir le radiateur le plus adapté.**

....

....

2 **Parmi les solides usuels suivants, cocher celui qui permettrait de représenter la chambre d'Arthur.**

☐ un cube ☐ un parallélépipède rectangle ☐ un cylindre

3 **a. Relever les dimensions, en m, de la chambre.**

• Longueur : .... • Largeur : .... • Hauteur : ....

b. Calculer le volume, en m^3, de la chambre d'Arthur en utilisant la formule $\mathcal{V} = L \times \ell \times h$.

....

4 **Construire la représentation en 3D de la chambre en paramétrant le curseur Hauteur du fichier GeoGebra fourni.**

Fichier à télécharger → lienmini.fr/2375-85

Appel : **Faire vérifier la représentation de la chambre.**

5 Arthur souhaite suivre le conseil du vendeur. **Calculer la puissance, en W, du radiateur, sachant que le volume de la chambre est de 24 m^3.**

....

6 **Choisir, en le cochant, le modèle de radiateur qu'Arthur doit acheter pour chauffer sa chambre.**

☐ Modèle A ☐ Modèle B ☐ Modèle C

B Chances de gagner au jeu du magasin

Le magasin distribue 100 tickets qui comportent chacun une case à gratter. Sur ces 100 tickets, 2 laissent apparaître des cases rouges, 48 des cases bleues et les autres des cases vertes.

- Si la case grattée est rouge, le client gagne un bon d'achat de 70 €.
- Si la case grattée est bleue, le client gagne un bon d'achat de 10 €.
- Si la case grattée est verte, le client ne gagne rien.

7 Sur 100 tickets, calculer le nombre de tickets gagnants.

8 Cocher la bonne réponse. La probabilité de gagner un bon d'achat de 70 € est :

☐ $\frac{2}{100} = 0{,}02$ ☐ $\frac{48}{100} = 0{,}48$ ☐ $\frac{2}{48} = 0{,}04$

9 La directrice du magasin prétend qu'un ticket tiré au hasard a une chance sur deux d'être gagnant. **Cette affirmation est-elle vraie ? Justifier.**

10 Au moment où Arthur paie son achat, 80 tickets ont déjà été distribués et 43 bons d'achat de 10 € ont été gagnés. Arthur pense qu'il a une chance sur quatre de gagner un bon d'achat de 10 €.

a. **Calculer le nombre de tickets avec une case bleue qu'il reste.**

b. **Arthur a-t-il une chance sur quatre de gagner un bon d'achat de 10 € ? Justifier.**

Grille d'évaluation

Compétences	Capacités	Questions	Niveau d'acquisition conforme aux attendus		
			✔	✔	✔
S'approprier	• **Rechercher**, **extraire** et **organiser** l'information.	2 et 3 a.			
Analyser Raisonner	• **Émettre** une conjecture, une hypothèse. • **Proposer** une méthode de résolution, un protocole expérimental.	1, 6 et 8			
Réaliser	• **Choisir** une méthode de résolution, un protocole expérimental. • **Exécuter** une méthode de résolution, **expérimenter**, **simuler**.	3 b., 4, 5, 7 et 10 a.			
Valider	• **Contrôler** la vraisemblance d'une conjecture, d'une hypothèse. • **Critiquer** un résultat, **argumenter**.	9			
Communiquer	• **Rendre compte** d'une démarche, d'un résultat, à l'oral ou à l'écrit.	9 et 10 b.			

Note : .... / 10

Durée : 30 minutes.
Les parties sont indépendantes.

Nom : ....

Prénom : ....

Date : ....

Domaines de connaissances

Calcul numérique • Repérage • Situations du 1er degré • Statistiques

Match au stade de France

Problématique

Olivia, son mari et ses deux enfants habitent à Lille. Olivia souhaite assister en famille à un match au stade de France, près de Paris.
La famille dispose d'un budget de 1 000 € : les billets pour le match coûtent 300 € et le reste du budget doit couvrir les frais de transport et d'hébergement à l'hôtel.
Le budget de cette famille sera-t-il suffisant ?

A Montant des frais de transport

Olivia a reporté dans le tableau ci-dessous les prix des billets de train aux dates choisies, mais elle a oublié d'inscrire le tarif enfant d'un trajet Paris-Lille.

	Trajet Lille-Paris	Trajet Paris-Lille
Tarif adulte	64,00 €	57, 00 €
Tarif enfant	42,00 €	?

1 **Relever dans le tableau le prix d'un billet de train au tarif adulte d'un trajet Lille-Paris.**

....

2 **Indiquer le prix total Lille-Paris pour la famille d'Olivia. Cocher la bonne réponse.**

☐ 106 € ☐ 190 € ☐ 212 €

3 Olivia aimerait retrouver le prix d'un billet au tarif enfant pour le trajet Paris-Lille. Elle sait que le trajet de retour Paris-Lille lui revient en tout à 190 €.

a. Calculer le prix de deux billets de train Paris-Lille au tarif adulte. ....

b. On appelle x le prix d'un billet de train au tarif enfant.
Cocher, parmi les expressions proposées, celle qui traduit la situation.

☐ $2x + 114 = 190$ ☐ $2x + 57 = 190$ ☐ $2x + 190 = 114$

c. Résoudre l'équation choisie et en déduire le prix d'un billet de train au tarif enfant.

....

....

4 SCRATCH **Tester la valeur de x trouvée lors de la résolution de l'équation à l'aide du fichier Scratch fourni.**

Appel : **Faire valider la valeur.**

Fichier à télécharger
→ lienmini.fr/2375-73

5 Olivia pense qu'elle ne dépassera pas plus de la moitié de son budget pour les frais de transport en train. **A-t-elle raison ? Justifier la réponse.**

....

....

B Choix de l'hôtel

La famille dormira une nuit à l'hôtel après le match.
Olivia repère un hôtel proche du stade qui propose un tarif de 175 € la nuit pour une famille.
Olivia choisira cet hôtel seulement si plus de la moitié des avis de 20 internautes sont supérieurs ou égaux à 3 étoiles.
Elle a représenté les avis des internautes par le diagramme ci-contre.

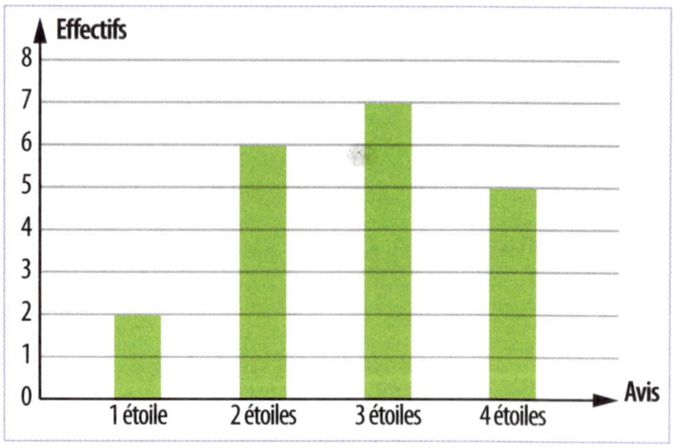

6 Donner le nom de cette représentation graphique.

....

7 Calculer la fréquence des avis supérieurs ou égaux à 3 étoiles.

....

8 Olivia choisira-t-elle cet hôtel ? Justifier.

....

C Conclusion

9 Finalement, Olivia choisit l'hôtel proche du stade. On admet que les frais de transport sont de 402 €.

Dans ce cas, indiquer si le budget prévu est suffisant pour assister au match en famille. Justifier la réponse.

....

....

....

....

Grille d'évaluation

Compétences	Capacités	Questions	Niveau d'acquisition conforme aux attendus ✗	✓ (partiel)	✓
S'approprier	• **Rechercher**, **extraire** et **organiser** l'information.	1 et 6			
Analyser Raisonner	• **Émettre** une conjecture, une hypothèse. • **Proposer** une méthode de résolution, un protocole expérimental.	2 et 3 b.			
Réaliser	• **Choisir** une méthode de résolution, un protocole expérimental. • **Exécuter** une méthode de résolution, **expérimenter**, **simuler**.	3 a. et 3 c. 7			
Valider	• **Contrôler** la vraisemblance d'une conjecture, d'une hypothèse. • **Critiquer** un résultat, **argumenter**.	4 (appel) et 8			
Communiquer	• **Rendre compte** d'une démarche, d'un résultat, à l'oral ou à l'écrit.	5, 8 et 9			

Note : .... / 10

Je prépare le CCF 8

Durée : 30 minutes.
Les parties sont indépendantes.

Nom : ....

Prénom : ....

Date : ....

Domaines de connaissances

Calcul numérique • Notion de chance et de probabilité • Géométrie plane • Propriétés de la géométrie plane

Piste de ski

Problématique

Louise, sauveteuse-secouriste dans une station de ski, se trouve en haut de la station à 2 261 m d'altitude.
On lui signale la chute grave d'un skieur sur une piste noire.
Face à elle, se trouvent plusieurs pistes de ski de difficultés différentes. La piste noire, la plus difficile, est longue de 1 461,6 m. Louise prétend que la probabilité d'emprunter une piste noire est la plus importante.

Est-ce exact ? Devra-t-elle parcourir plus des trois quarts de la piste noire pour rapatrier le skieur blessé au bas de la station ?

A Probabilité d'emprunter les différentes pistes de ski

Louise, située tout en haut de la station, a face à elle trois pistes noires, une piste rouge, deux pistes bleues et deux pistes vertes. Elle emprunte une piste au hasard.

1 Indiquer le nombre de pistes qui mènent au bas de la station.

....

2 Déterminer, en cochant, la probabilité que la piste empruntée par Louise soit une piste bleue.

☐ $\frac{3}{8}=0{,}375$ ☐ $\frac{2}{8}=0{,}250$ ☐ $\frac{1}{8}=0{,}125$

3 Cocher l'autre type de piste qui a la même probabilité d'être empruntée que la piste bleue.

☐ piste noire ☐ piste rouge ☐ piste verte

4 Est-il vrai de dire que la probabilité d'emprunter au hasard une piste noire est la plus importante ? Justifier la réponse.

....

B Détermination de la distance pour rapatrier le skieur blessé

On suppose que Louise emprunte la piste noire où a eu lieu l'accident. On admet que cette piste, notée SK sur le schéma ci-dessous, est rectiligne et mesure 1 461,6 m. Le skieur a chuté à 320,2 m d'altitude par rapport au bas de la station.

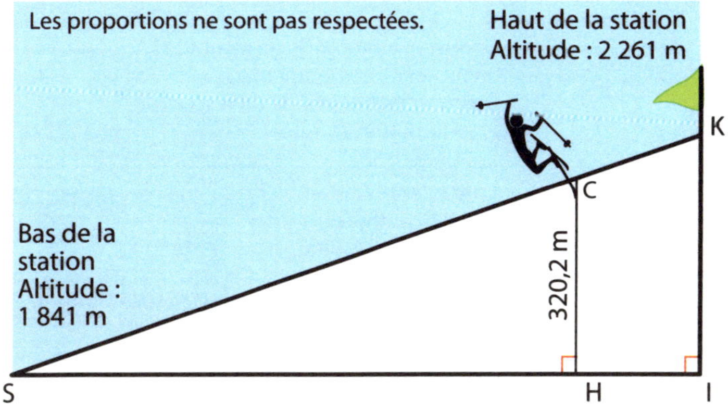

5 Vérifier que la différence de hauteur entre le haut et le bas de la station, KI, est de 420 m.

....

6 Compléter en utilisant les données de l'énoncé.

SK = ... m

KI = ... m CH = ... m

7 **Pourquoi peut-on dire que les droites (CH) et (KI) sont parallèles ? Justifier.**

....

8 a. **Cocher la propriété de géométrie qui permet de déterminer la longueur SC.**

☐ propriété de Pythagore ☐ réciproque de la propriété de Pythagore ☐ propriété de Thalès

b. La propriété choisie à la question précédente et appliquée au triangle SKI donne : $\frac{SC}{SK} = \frac{CH}{KI}$.

À l'aide des données de la situation, calculer la distance SC en m. Arrondir le résultat au dixième.

....

....

....

Fichier à télécharger
→ lienmini.fr/2375-87

9 **Ouvrir le fichier fourni, qui va permettre de vérifier la valeur trouvée.**

a. **Modéliser la situation en déplaçant le point C avec l'outil**

Appel : **Faire vérifier la modélisation réalisée.**

b. **Mesurer, à l'aide de l'outil , la longueur SC en m.**

....

10 a. **Que représente la distance SC ?**

....

....

b. **Louise doit-elle parcourir plus des trois quarts des 1461,6 m de longueur de la piste noire pour rapatrier le skieur blessé au bas de la station ? Justifier.**

....

Grille d'évaluation

Compétences	Capacités	Questions	Niveau d'acquisition conforme aux attendus		
			✗	~	✓
S'approprier	• **Rechercher**, **extraire** et **organiser** l'information.	1, 6, 7 et 8 a.			
Analyser Raisonner	• **Émettre** une conjecture, une hypothèse. • **Proposer** une méthode de résolution, un protocole expérimental.	3 et 10 a.			
Réaliser	• **Choisir** une méthode de résolution, un protocole expérimental. • **Exécuter** une méthode de résolution, **expérimenter**, **simuler**.	2, 8 b., 9 a. (Appel), 9 b. et 10 b.			
Valider	• **Contrôler** la vraisemblance d'une conjecture, d'une hypothèse. • **Critiquer** un résultat, **argumenter**.	4, 5 et 9			
Communiquer	• **Rendre compte** d'une démarche, d'un résultat, à l'oral ou à l'écrit.	10			

Note : .... **/ 10**

Je pratique le calcul numérique

Fiche 1 Effectuer des opérations sur les nombres en écriture décimale

Les quatre opérations

- **Addition :** la somme de deux nombres a et b est notée $a + b$ (ou $b + a$).
- **Soustraction :** la différence de deux nombres a et b est notée $a - b$.
- **Multiplication :** le produit de deux nombres a et b est noté $a \times b$ (ou $b \times a$).
- **Division :** le quotient d'un nombre a par un nombre b est noté a/b ou $\frac{a}{b}$.

Application

Compléter les pyramides suivantes en appliquant le programme de calcul.

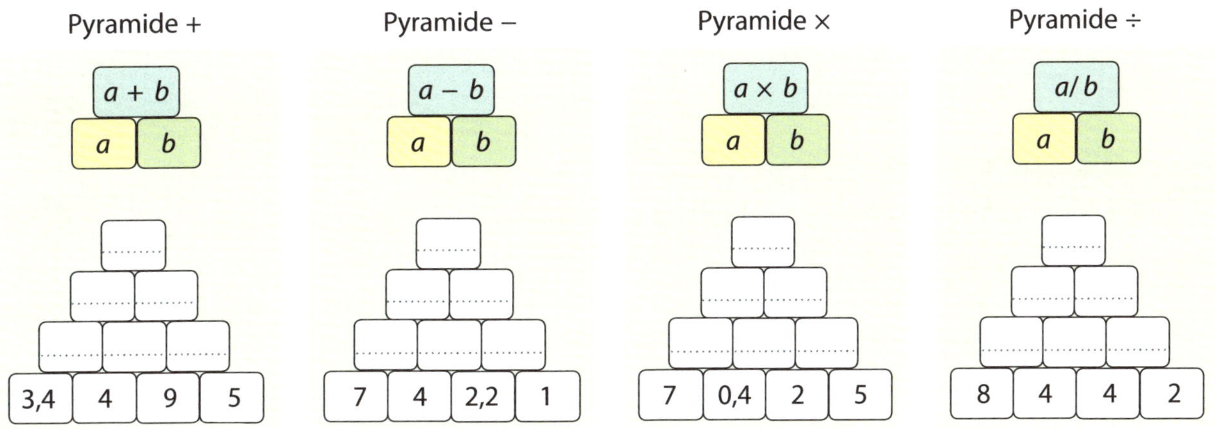

→ Exercices : 11 p. 28, 11 p. 52, 12 p. 130, 9 p. 154.

Fiche 2 Déterminer rapidement un ordre de grandeur

Pour toute opération, il est important d'avoir en tête une idée approximative du résultat à trouver.

Exemple : 19×32

19 est proche de 20.

32 est proche de 30.

19×32 sera proche de 20×30, soit 600. En effet, $19 \times 32 = 608$.

Application

Sans calculatrice, donner un ordre de grandeur des opérations suivantes.

Opération	102×398	$420/185$	$789 - 104$	$1\,015 + 1\,995$
Ordre de grandeur	....	....	....	....

→ Exercices : 13 p. 76, 14 p. 104.

Fiche 3 Convertir des mesures de temps

Le temps s'exprime en heure, minute, seconde avec :
1 h = 60 min ; 1 min = 60 s et 1 h = 3 600 s. C'est le système sexagésimal.
4,5 h (écriture décimale) représente 4 h 30 min (écriture sexagésimale).
À la calculatrice, il est possible de passer d'un système à l'autre en suivant le protocole suivant.

	Casio fx-92 Spéciale Collège	TI-Collège Plus Solaire
Système sexagésimal → système décimal	2 °′″ 4 5 °′″ EXE °′″	2 2nde angle π entrer 4 5 2nde angle π ▾ entrer entrer 2 : ′
Système décimal → système sexagésimal	2 , 7 5 EXE SECONDE ← °′″	2 , 7 5 2nde angle π ▾ entrer entrer 4 : ▶DMS

Exemple : 2 h 45 min = 2,75 h.

Application

Avec la calculatrice, compléter le tableau suivant.

Système décimal	6,43	1,3	2,9	0,69
Système sexagésimal	....	....	....	....

→ Exercice : 12 p. 76

Fiche 4 Comparer des nombres en écriture décimale

- Un nombre décimal comporte une partie entière et une partie décimale.

Exemple : le nombre 25,68 admet 25 comme partie entière et 68 comme partie décimale.

Pour comparer des nombres, on procède par étapes :
– en premier, on repère la partie entière ;
– en second, on considère la partie décimale.

On utilise des symboles mathématiques pour comparer des nombres :
- < signifie « inférieur » ou « plus petit que » ;
- > signifie « supérieur » ou « plus grand que » ;
- = signifie « égal à ».

Exemple : soit les deux nombres : 11,52 et 11,51.
La partie entière des deux nombres étant égale à 11, on passe à la partie décimale. 52 étant plus grand que 51, on en déduit que 11,52 est supérieur à 11,51, soit : 11,52 > 11,51.

Application

Écrire le symbole mathématique qui convient.

25,05 .... 25,50 4,21 .... 4,23 5,78 4,79

9,4 .... 9,40 78,456 .... 78,356 45 45,01

Pour ordonner une liste de nombres dans l'ordre croissant, il faut les ranger du plus petit au plus grand.
Pour ordonner une liste de nombres dans l'ordre décroissant, il faut les ranger du plus grand au plus petit.

Exemple : les nombres 4,5 ; 7,8 ; 7,84 ; 2,1 ; 6,41 et 0,54 peuvent être rangés dans :
– l'ordre croissant : 0,54 < 2,1 < 4,5 < 6,41 < 7,8 < 7,84 ;
– l'ordre décroissant : 7,84 > 7,8 > 6,41 > 4,5 > 2,1 > 0,54.

Application

Ranger dans l'ordre décroissant les performances réalisées par des athlètes au lancer de poids féminin aux Jeux olympiques de 2008.

19,2 m ; 19,5 m ; 18,44 m ; 19,01 m ; 19 m ; 20,28 m ; 19,08 m ; 19,86 m ; 18,28 m ; 20,56 m.

....

→ Exercices : 11 p. 16, 14 p. 118.

Fiche 5 Calculer le carré, le cube d'un nombre

Le carré d'un nombre *a* se note a^2 et est égal à : $a \times a$.
Le cube d'un nombre *a* se note a^3 et est égal à : $a \times a \times a$.

Avec la calculatrice :

	Casio fx-92 Spéciale Collège	TI-Collège Plus Solaire
Carré d'un nombre	4 x^2 EXE	4 x^2 entrer
Cube d'un nombre	7 x^3 EXE	7 x^n 3 entrer

Exemple : $4^2 = 16$ et $7^3 = 343$.

Application

Compléter le tableau.

x	0,2	1,4	6	17,2	54
x^2	....	....	....	....	....
x^3	....	....	....	....	....

→ Exercices : 10 p. 64, 13 p. 118, 12 p. 142.

Fiche 6 Calculer une racine carrée

Soit *a* un nombre positif. Il existe un nombre positif dont le carré est égal à *a*.
Ce nombre est appelé « racine carrée de *a* » et se note $\sqrt{a}$.

Avec la calculatrice :

Casio fx-92 Spéciale Collège	TI-Collège Plus Solaire
SECONDE x^2 ($\sqrt{■}$) 8 EXE S⇔D	2nde x^2 ($\sqrt{}$) 8 entrer ◂▸

Exemple : $\sqrt{8} \approx 2{,}83$ (arrondie à 0,01).

Application

Compléter le tableau (en arrondissant à 0,01 si nécessaire).

x	9	13	–5	87	100
$\sqrt{x}$	....	....	....	....	....

→ Exercices : 15 p. 104, 11 p. 142.

Fiche 7 Écrire un nombre en notation scientifique

Un nombre positif écrit en notation scientifique est sous la forme $a \times 10^n$ où :
- a est un nombre décimal tel que $1 \leqslant a < 10$ (c'est-à-dire que a s'écrit avec un seul chiffre différent de 0 avant la virgule) ;
- n est un nombre entier relatif.

Avec la calculatrice :

Casio fx-92 Spéciale Collège	TI-Collège Plus Solaire
2 5 6 EXE SECONDE $a \times 10^n$ x	2 5 6 2nde $\blacktriangleright a \cdot 10^n$ (entrer

Exemple : $256 = 2{,}56 \times 10^2$.

Application

Compléter le tableau.

Écriture décimale	0,54	892,5	3 800	178,5	0,0005
Écriture scientifique	....	....	....	....	....

→ Exercice : 12 p. 88.

Fiche 8 Arrondir un résultat

Arrondir un résultat, c'est en donner une valeur approchée selon la précision demandée.
En fonction du nombre de chiffres souhaité, on regarde la valeur de celui qui est juste après.
- Si le chiffre qui suit est 0, 1, 2, 3 ou 4, on garde le chiffre précédent.
- Si le chiffre qui suit est 5, 6, 7, 8 ou 9, on augmente le chiffre précédent de une unité.

Une valeur exacte est une valeur qui n'a pas été arrondie.

Exemple : le nombre 71,7458 admet comme valeur arrondie :
– à l'unité : 72
– à 0,1 : 71,7
– à 0,01 : 71,75
– à 0,001 : 71,746

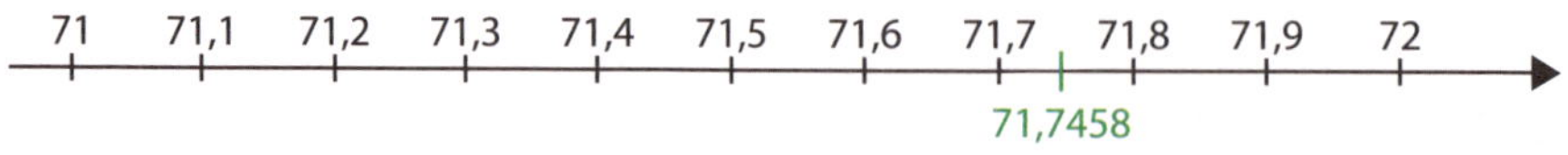

Application

Compléter le tableau.

	Arrondir à 0,1	**Arrondir à l'unité**	**Arrondir à 0,001**	**Arrondir à 0,01**
4,5875	....	....	....	....
25,1759	....	....	....	....

→ Exercices : 12 p. 16, 10 p. 40, 12 p. 166.

Fiche 9 Déterminer l'écriture décimale d'une fraction

Une fraction est le quotient de deux nombres entiers.
Ainsi, $\frac{a}{b}$ est le quotient de a par b (avec $b \neq 0$).
Le nombre a représente le **numérateur**, le nombre b le **dénominateur** et le trait de fraction symbolise l'opération « divisé ».
Pour déterminer la valeur d'une fraction, il faut effectuer une division.
Exemples : $\frac{3}{4} = 0{,}75$ (valeur exacte) ; $\frac{6}{7} \approx 0{,}86$ (valeur arrondie à 0,01).

Application

Compléter le tableau en donnant la valeur exacte ou la valeur arrondie à 0,01 des fractions.

Fraction	$\frac{2}{5}$	$\frac{8}{9}$	$\frac{12}{5}$	$\frac{256}{145}$	$\frac{1}{3}$
Valeur	....	....	....	....	....

→ Exercices : 11 p. 88, 10 p. 154.

Fiche 10 Multiplier un nombre par une fraction

Prendre une fraction d'un nombre, c'est multiplier cette fraction par ce nombre.
Exemple : prendre les $\frac{2}{5}$ de 120, c'est calculer $\frac{2}{5} \times 120$.
Pour le calcul, on applique la formule : $\frac{a}{b} \times c = \frac{a \times c}{b}$ avec $b \neq 0$.
Exemple : $\frac{2}{5} \times 120 = \frac{2 \times 120}{5} = \frac{240}{5} = 48$

Application

Calculer mentalement les expressions suivantes.

Expression	$140 \times \frac{1}{2}$	$120 \times \frac{1}{3}$	$\frac{1}{25} \times 50$	$50 \times \frac{3}{10}$	$9 \times \frac{2}{3}$
Valeur	....	....	....	....	....

→ Exercices : 12 p. 28, 9 p. 64.

Fiche 11 Simplifier une fraction

Un nombre en écriture fractionnaire ne change pas quand on multiplie, ou quand on divise, son numérateur et son dénominateur par un même nombre non nul.
Si a, b et c désignent trois nombres décimaux, avec $b \neq 0$ et $c \neq 0$, alors $\frac{a}{b} = \frac{a \times c}{b \times c}$.
Exemple : $\frac{10}{6} = \frac{2 \times 5}{2 \times 3} = \frac{5}{3}$ en simplifiant par 2.
Quand on **ne peut plus** simplifier une fraction, on dit qu'elle est **irréductible**.

Casio fx-92 Spéciale Collège	TI-Collège Plus Solaire
 lecture → $\frac{4}{8} = \frac{1}{2}$	 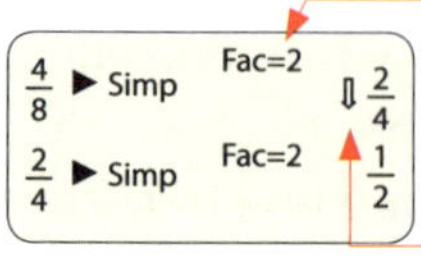 indique que le facteur commun est 2 ; lecture → $\frac{4}{8} = \frac{1}{2}$; flèche qui indique que la fraction est encore simplifiable

Application

Simplifier les fractions suivantes en fractions irréductibles.

Fraction	$\frac{105}{30}$	$\frac{14}{21}$	$\frac{150}{180}$	$\frac{21}{36}$
Fraction irréductible	....	....	....	....

Voici un moyen pour vérifier que la simplification est correcte.

Si deux fractions sont égales : $\frac{a}{c} = \frac{b}{d}$, alors $ad = bc$.

Exemple : $\frac{10}{6} = \frac{5}{3}$ (simplification par 2) et $10 \times 3 = 5 \times 6 = 30$.

Application

Vérifier que $\frac{24}{28}$ est égale à $\frac{6}{7}$. ....

→ Exercices : 10 p. 154, 11 p. 166.

Fiche 12 Déterminer la valeur numérique d'une expression littérale

Déterminer la valeur numérique d'une expression littérale, c'est remplacer chaque grandeur (représentée par une lettre) par sa valeur.

Quand on a une suite d'opérations, on effectue dans l'ordre :

- les calculs entre parenthèses ;
- les puissances ;
- les multiplications et les divisions ;
- les additions et les soustractions.

Exemple : l'indice de masse corporelle (IMC) se calcule à l'aide de la formule :

$$\text{IMC} = \frac{\text{Masse (kg)}}{(\text{Taille (m)})^2}.$$

Pour une femme de 1 m 63 ayant une masse de 55 kg, l'IMC est égal à :

$\text{IMC} = \frac{55}{1{,}63^2}$; IMC ≈ 20,7 (valeur arrondie à 0,1).

Application

Déterminer la valeur de l'expression $A = x^2 - 4x + 3$ lorsque $x = 3$.

....

→ Exercices : 11 p. 40, 12 p. 52, 13 p. 130

J'utilise Scratch

Le logiciel Scratch est accessible à l'adresse *scratch.mit.edu.*

1. Les zones de l'interface

① **Barre des tâches** : pour ouvrir, enregistrer un fichier, dupliquer, supprimer, agrandir, réduire…

② **Blocs** : pour choisir une instruction et la déplacer dans la zone des scripts ③.

③ **Scripts** (ou programmes) : pour écrire le programme, les instructions s'assemblent les unes aux autres.

④ **Scène** : pour exécuter et voir les effets du programme.

⑤ **Lutins** : pour choisir de nouveaux lutins.

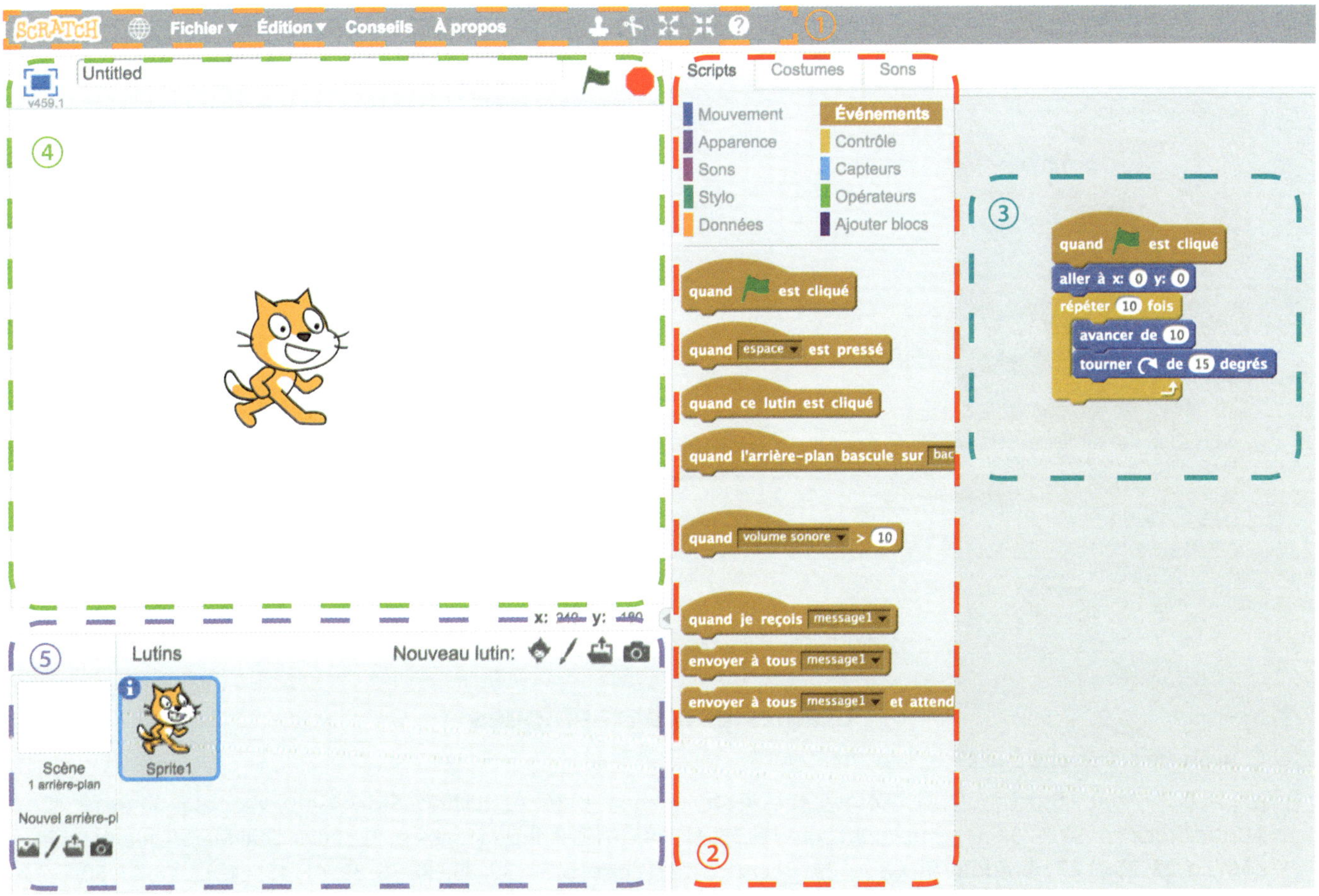

2. Ouvrir et enregistrer un fichier

• Pour **ouvrir** un fichier Scratch (.sb2) déjà réalisé et présent sur l'ordinateur, cliquer sur Fichier puis Importer depuis votre ordinateur. La fenêtre montrant l'archivage des fichiers de l'ordinateur apparaît : sélectionner le fichier puis cliquer sur Ouvrir. Le programme est intégré.

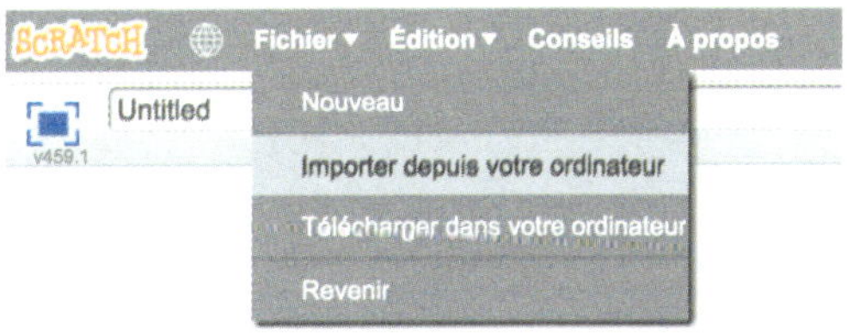

• Pour **enregistrer** un programme réalisé sur l'interface, cliquer sur Fichier puis Télécharger dans votre ordinateur. Sélectionner ensuite l'emplacement de destination sur l'ordinateur, puis nommer le fichier avant de cliquer sur Enregistrer.

3. Quelques instructions utilisées dans ce livre

Il est possible de voir l'effet du programme sur le lutin en cliquant sur le drapeau vert de la zone (4) : le drapeau change de couleur pendant l'exécution. Si nécessaire, un panneau « Stop » permet d'arrêter le programme.

Instructions utilisées	Explication
dire [La fonction est définie par f(x) = 3x]	Demande au lutin de dire la phrase « La fonction est définie par $f(x) = 3x$ ».
penser à [Le pourcentage de réduction est de 10 %]	Demande au lutin de penser à la phrase « Le pourcentage de réduction est de 10 % ».
demander [Quelle valeur de x proposez-vous ?] et attendre mettre [x] à (réponse)	Permet de faire poser une question par le lutin , puis de stocker la réponse donnée dans la variable « x ».
⟨(5) * (x) + (2) = [7]⟩	Permet d'écrire la formule algébrique « $5x + 2 = 7$ ».
nombre aléatoire entre (1) et (6)	Permet d'obtenir un nombre aléatoire entre 1 et 6.
répéter (10) fois mettre [f(x)] à ((3) * (x)) ajouter à [x] (1)	Permet de répéter 10 fois les instructions incluses dans le bloc, soit dans ce cas de réaliser le calcul de $3x$ en ajoutant 1 à x à chaque fois.
si ⟨(5) * (x) + (2) = [7]⟩ alors dire [Bravo ! C'est la solution.] sinon dire [Ce n'est pas la solution. Vous pouvez proposer une autre valeur de x]	Permet d'exprimer une condition (si « Vrai », alors « instruction », sinon « autre instruction »). Dans ce cas, si $5x + 2 = 7$, le lutin dira « Bravo ! C'est la solution », sinon il dira « Ce n'est pas la solution, vous pouvez proposer une autre valeur de x ».

Crédits photographiques

Couverture : © Adobe Stock

p. 7 et 8 : © Adobe Stock ; p. 9 : © XiFotos/iStock/Getty Images ; p. 10 : © NLshop/iStock/Getty Images p. 11 et 13 : © Adobe Stock ; p. 14 : © Sam D Cruz/123rf.com ; p. 15, 17, 19, 20 : © Adobe Stock - p. 22 : Luisa Leal Melo/Dreamstime.com ; p. 23, 25 et 27 : © Adobe Stock ; p. 29 : 36clicks/123rf.com - p. 31, 32, 33, 34, 38, 39, 41, 43, 44, 45, 46, 47, 50, 55, 58, 65, 67, 69, 70, 71, 74, 75, 77, 79, 80, 82g : © Adobe Stock ; p. 82d : © Nathalie Granjoux ; p. 84 g : © Blazic27/Dreamstime.com ; p. 84 (m et dte) 85, 86, 87, 89, 92, 94, 96 : © Adobe Stock p. 97 : © Whiteway/iStock/Getty Images ; p. 98 et 101 : © Adobe Stock ; p. 105 : Globe Turner/Shutterstock.com ; p. 106 et 111 : © Adobe Stock ; p. 118 : Ritu Jethani/123RF.com ; p. 121 : © Shutterstock et Adobe Stock ; p. 122 : Château de Villeneuve-Lembron (Puy-de-Dôme) ; p. 124 : Manufacture Pillivuyt ; p. 125 : © Adobe Stock ; p. 127h : scanrail/iStock/Getty Images ; p. 127m : Calapre Pocholo/123RF.com/Adagp, Paris, 2018 ; p. 127b : randomdigit/iStock/Getty Images ; p. 128 © Adobe Stock ; p. 131 : Nougat Chabert et Guillot ; p. 134 : Vasileios Karafillidis/123RF.com ; p. 136, 139, 143 : © Adobe Stock ; p. 146 : Caspar Benson/Getty Images - p. 151 : IconBunny/Shutterstock.com ; p. 153 : © Adobe Stock ; p. 155 : © Olaf Speier/123RF.com - p. 161 : © Jean-Paul Azam/The Image Bank/Getty Image/CEVM Eiffage/Foster+Partners - p. 167, 169, 173, 177, 181 et 183 : © Adobe Stock

Conception graphique : ADN
Couverture : Les PAOistes
Mise en page et schémas : IDT
Iconographie : Anne-Sophie Hedan

Achevé d'imprimer en mars 2018
par «La Tipografica Varese Srl» Varese en Italie
N° éditeur : 2017-1241 – Dépôt légal : mars 2018